Forschung und Praxis

Band T 3

Berichte aus dem
Fraunhofer-Institut für Produktionstechnik und Automatisierung (IPA), Stuttgart,
Fraunhofer-Institut für Arbeitswirtschaft und Organisation (IAO), Stuttgart und
Institut für Industrielle Fertigung und Fabrikbetrieb der Universität Stuttgart

Herausgeber: H. J. Warnecke und H.-J. Bullinger

MONTAGE · HANDHABUNG · INDUSTRIEROBOTER

Internationaler MHI-Kongreß
im Rahmen der Hannover-Messe '85
18. - 20. April 1985

Herausgegeben von Prof. Dr.-Ing. H.J. Warnecke

Springer-Verlag Berlin Heidelberg GmbH 1985

Dr.-Ing. H. J. Warnecke
o. Professor an der Universität Stuttgart
Fraunhofer-Institut für Produktionstechnik und Automatisierung (IPA), Stuttgart

Dr. Ing. habil. H.-J. Bullinger
o. Professor an der Universität Stuttgart
Fraunhofer-Institut für Arbeitswirtschaft und Organisation (IAO), Stuttgart

ISBN 978-3-540-15500-3 ISBN 978-3-662-30428-0 (eBook)
DOI 10.1007/978-3-662-30428-0

Gesamtherstellung: Informationszentrum RAUM und BAU der Fraunhofer-Gesellschaft, Stuttgart
2362/3020-543210

Vorwort

Die Fähigkeit, Marktbedürfnisse sehr schnell befriedigen zu können, nimmt stetig an Bedeutung zu. Die Rationalisierungsschübe der vergangenen Jahrzehnte brachten zwar in Teilbereichen der Fertigung hochautomatische Fertigungseinrichtungen, doch nur in wenigen Fällen lassen sich diese Anlagen ohne großen Umrüstaufwand an sich rasch ändernde Marktanforderungen anpassen. Eine Produktivitätssteigerung bei gleichzeitiger höherer Flexibilität ist jedoch nur durch eine Integration der einzelnen Funktionsbereiche in die Gesamtstruktur eines Produktionsbetriebes zu erzielen. Die verbindenden Faktoren sind ein straff organisierter Materialfluß und ein durchgehender, transparenter Informationsfluß.
So werden zukünftig die Schnittstellen der Montage- und Handhabungstechnik im Hinblick auf den Materialfluß und die Integration in übergeordnete Systeme eine bedeutende Rolle auf dem Weg zur flexibel automatisierten Fabrik einnehmen.
Der internationale Kongreß Montage — Handhabung — Industrieroboter vom 18. bis 20. April 1985 im Rahmen der Hannover Messe bietet die Möglichkeit zum Erfahrungsaustausch und zur Diskussion. An drei Halbtagen tragen neben Entwicklern und Herstellern sowie Planern und Anwendern auch Wissenschaftler aus Forschungsinstituten zur Klärung von Fragestellungen bei. Der erste Halbtag zeigt Möglichkeiten der Montagetechnik und deren zukünftige Entwicklung auf. Fragen der Handhabung beherrschen den zweiten Halbtag, wobei dem Materialfluß das besondere Augenmerk gilt. Der dritte Halbtag stellt neuartige Anwendungen von Industrierobotern vor. Darüber hinaus steht vor allem die Integration von Teilsystemen zu einem flexiblen hochautomatisierten Gesamtsystem zur Diskussion.
Wesentlicher Bestandteil des Kongresses sind Erfahrungsberichte von Anwendern über bereits realisierte Lösungen. Sie geben u. a. Antworten auf folgende Fragen:

— Wie wurde die Problemlösung angegangen?
— Welche Schwierigkeiten traten bei der Realisierung auf?
— Wurde die erwartete Wirtschaftlichkeit erreicht?

Der vorliegende Tagungsband enthält die Beiträge aller drei Halbtage und gibt einen aktuellen Überblick über den Stand der Technik in einer zukunftsorientierten Branche.
Dieser Kongreß der Fachgemeinschaft Montage — Handhabung — Industrieroboter (MHI) im Verband Deutscher Maschinen- und Anlagenbau e.V. (VDMA), Frankfurt wurde vom Fraunhofer Institut für Produktionstechnik und Automatisierung (IPA), Stuttgart gestaltet in Zusammenarbeit mit der VDI-Gesellschaft Produktionstechnik (ADB), Düsseldorf, dem Projektträger Fertigungstechnik Karlsruhe (PFT) und der Deutschen Messe- und Ausstellungs-AG, Hannover.

Stuttgart, April 1985 Hans-Jürgen Warnecke

Inhalt

Montage

1. Halbtag

Stand und Tendenz der Montagetechnik

Bruno Lotter, EGO Elektrogerätebau GmbH, Sulzfeld

Um den Stand der Automatisierung der Montagetechnik darzustellen, ist es notwendig, nach Branchen vorzugehen.
Der höchste Grad der Automatisierung ist im Bereich der Elektrotechnik/Feinwerktechnik zu finden. Die Gründe hierfür sind in der Produktgröße und im Produktionsvolumen zu suchen. Mit zunehmender Größe und Komplexität eines Produktes nimmt der Automatisierungsgrad ab.
Betrachtet man die gesamte industrielle Montage der Bundesrepublik Deutschland, so wird man feststellen müssen, daß sich der Automatisierungsgrad noch unter der 10%-Marke bewegt.
Ursache dieser geringen Automatisierung ist die Produktgestaltung.
Der Mensch führt mit seinen Händen, seiner Fingerfertigkeit, seinen Sinnesorganen und seiner Intelligenz mit Hilfe von Werkzeugen Montagevorgänge aus. Das Universalgerät, das hämmert, schraubt, nietet, klebt, fügt, greift, anpaßt, wendet, prüft, auf Licht, Laute oder Kommandos reagiert, ist die Hand des Menschen. Über 50 Freiheitsgrade haben Arm und Hand. Die Betriebsmittel der automatischen Montage können diese Funktionen nur zum geringsten Teil nachvollziehen; ein Roboter hoher Preisklasse bringt es auf 6 Freiheitsgrade.
Um den Automatisierungsgrad in der Montage zu vergrößern, ist es notwendig, den Produktaufbau den Möglichkeiten der automatischen Montage anzupassen.
Die Frage nach dem Stand der Montagetechnik ist gleichzusetzen mit der Frage nach dem Stand der montagegerechten Produktgestaltung.
Es versteht sich, daß für relativ kleine Produkte oder Baugruppen, insbesondere bei hohem Produktionsvolumen, die montagegerechte Produktgestaltung leichter erzielbar ist als bei komplexen Produkten [1].
Bild 1 zeigt einen Mikroschalter in montagegerechter Konstruktion (alle Fügevorgänge sind linear senkrecht durchführbar). Bild 2 zeigt die hierfür erstellte Montageanlage, bestehend aus zwei miteinander lose verketteter Rundtaktautomaten, für eine Leistung von 36 Mikroschaltern pro Minute [2]. Der klassische Einzweckrundtaktautomat hat ein großes Einsatzgebiet innerhalb der Elektrotechnik und Feinwerktechnik gefunden, und es dürften in der Bundesrepublik Deutschland ca. 6.000 Stück im Einsatz sein.

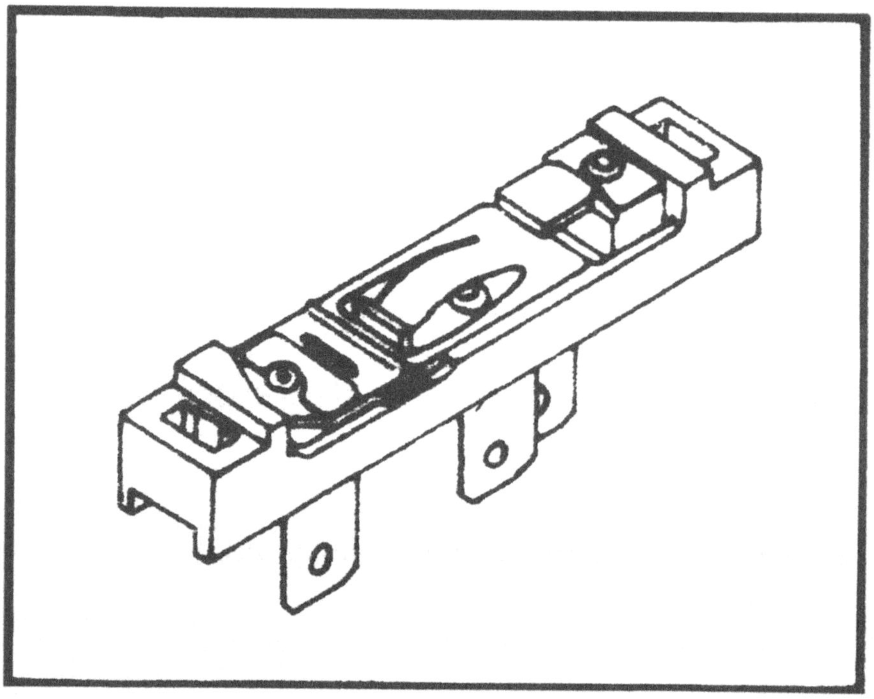

Bild 1: Mikroschalter

Bild 2: Montageautomaten für Mikroschalter nach Bild 1 (OKU – Winterbach)

Die Problematik dieser Montagetechnik liegt in der Tatsache, daß es sich um Einzweckmaschinen handelt und in der Zuführtechnik begründet. Wir wissen aus Erfahrung, daß ca. 80% aller auftretenden Störungen ihren Ursprung in der Teilezuführung haben. Seit der Entwicklung des Vibrationswendelförderers hat sich auf diesem Gebiet leider nichts Entscheidendes mehr getan. Es erhebt sich deshalb die Frage, müssen Teile grundsätzlich als Schüttgut produziert werden, um sie dann für die Montage neu zu ordnen, oder wäre es nicht richtiger, einen einmal erreichten, geordneten Zustand während der Teileher-

stellung beizubehalten? Die Technik des Magazinierens muß aus dieser Überlegung heraus weiterentwickelt werden.
Im Bereich der Elektrotechnik und Feinwerktechnik arbeiten Montageautomaten mit kurzen Zykluszeiten. Der Wunsch zur Nutzung solcher kapitalintensiver Montageautomaten für die sogenannte Geisterschicht, und sei es auch nur über die Pausen hinweg, wird so lange ein Traum sein, so lange Personalbindung zur Beseitigung von Störungen im Zuführbereich notwendig ist. Aus den Untersuchungen des Institutes für Fabrikanlagen der Universität Hannover geht hervor [3], daß die mittlere, ungestörte Laufdauer eines Montageautomaten zur Montage von 6 bis 10 verschiedenen Einzelteilen bei ca. 1,6 min liegt. Um eine 15-minütige Frühstückspause unbemannt zu überbrücken, müßte die mittlere, ungestörte Laufdauer eine zehnfache Verbesserung erfahren. Die Hoffnung auf Realisierung unbemannter, automatischer Montage über eine volle Schicht von 8 Stunden wird aus diesem Grunde für viele Jahre ein Wunschdenken bleiben.
Für Produkte mit hohem Produktionsvolumen bietet sich die integrierte Fertigung an. Für schlecht ordnungsfähige Teile wird der Teileherstellprozeß in die Montageanlage einbezogen. Bild 3 zeigt eine Baugruppe, bestehend aus 10 Einzelteilen.

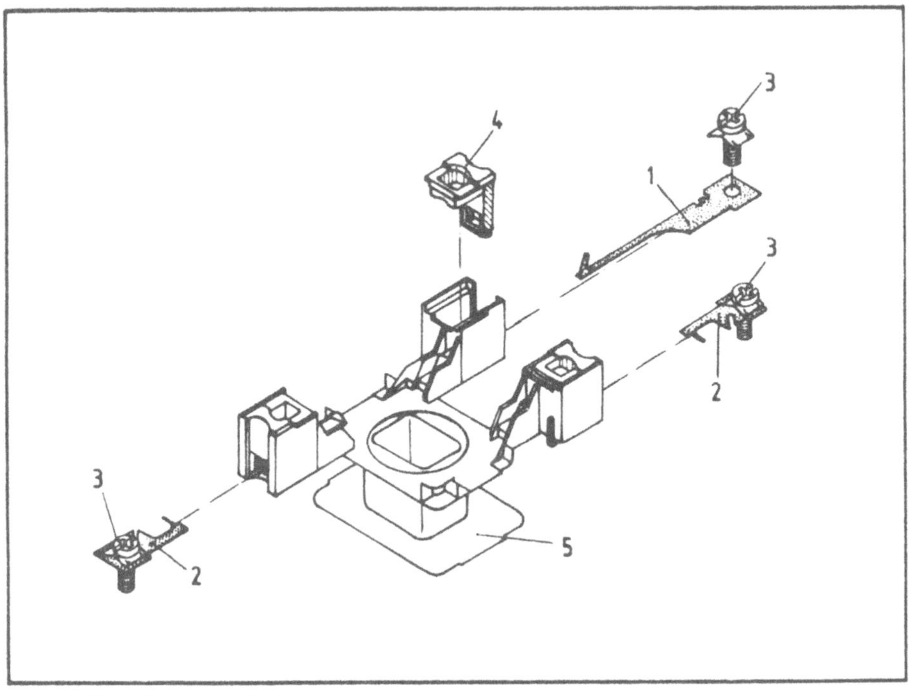

Bild 3: Montage Baugruppe „Spulenkörper" (WÜNSCH — Seeg)

Zwei Teile — eines davon wird zweifach verwendet — werden in der Montagemaschine hergestellt. Die Anlage besteht aus drei miteinander verketteten Einheiten — der Teileherstellung, der Waschanlage und der Montagemaschine. Teil 1 und Teil 2 nach Bild 3 sind ordnungstechnisch schwierig zu handhaben und werden deshalb in der Montageanlage direkt hergestellt. Zwei Bänder werden zugeführt, Teil 1 einfach, Teil 2 paarweise in einer Stanzeinheit im Streifen so freigestanzt, daß die Teile über Stege mit dem Streifen feste Verbindung behalten. In einem weiteren Prozeß werden die Gewinde geschnitten, in einem Folgeprozeß die Schrauben mit Klemmbügeln (Teil 3) automatisch gefügt. Die beiden Streifen mit den vorgefertigten, mit Schrauben und Klemmbügeln gefügten Teile laufen durch eine Waschanlage. In einem Montagezentrum wird der Spulenkörper Teil 5 über Vibrationswendelförderer in die Werkstückaufnahmen zugeführt. Beim Fügen der

Teile 1 und 2 werden diese aus dem Streifen getrennt und mit einem Handhabungsgerät in den Spulenkörper Teil 5 gefügt. Anschließend wird das Teil 4 dreifach in den Spulenkörper gefügt. In einer weiteren Station werden die Schrauben (Teil 3) soweit zurückgedreht, daß Klemmbügel von Teil 1 bzw. Teil 2 frei wird.
Bild 4 zeigt die gesamte Anlage. Die Leistung der Anlage beträgt 20 Stück pro Minute.

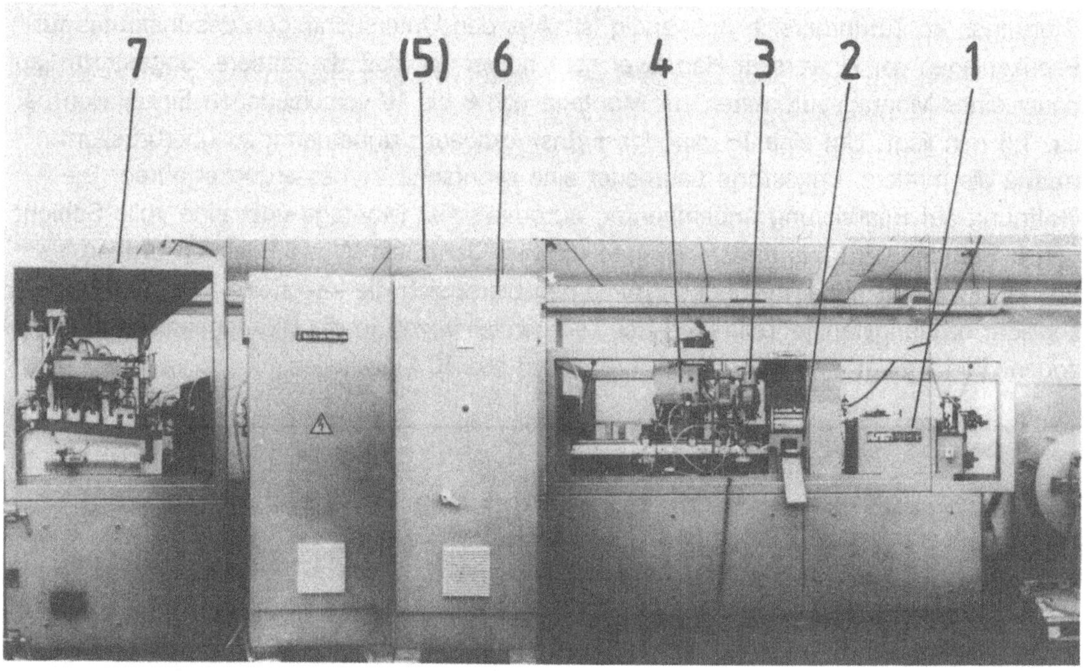

Bild 4: Montageanlage für Baugruppe nach Bild 3 (WÜNSCH-SYSTEME – Seeg)
1 Materialeinzug, 2 Stanzeinheit, 3 Gewindeschneideinheit, 4 Fügen von Schraube mit Klemmbügel, 5 Waschanlage, 6 Schaltschrank, 7 Montagemaschine

Ein weiteres Beispiel integrierter Fertigung zeigt Bild 5.

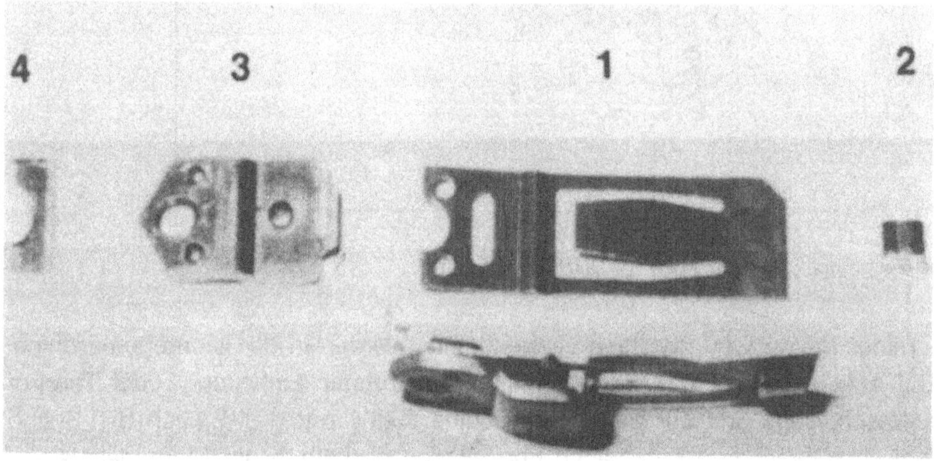

Bild 5: Schaltelement

Ein Schaltelement, bestehend aus 4 Einzelteilen, wird mit einer Leistung von 2.500 Stück pro Stunde hergestellt. Bild 6 zeigt den Aufbau der Anlage. Drei von vier Einzelteilen werden in der Maschine hergestellt. Der Schwerpunkt dieser Anlage liegt bei der Fertigung von drei Einzelteilen, so daß die notwendigen Montageprozesse – Fügen – Schweißen – in einen Stanzbiegeautomaten integriert worden sind. Teil 1 wird im

Streifen vorgestanzt, formgebogen und mit Kontakt Teil 2 versehen. Kontakt Teil 2 wird vom Kontaktprofilband automatisch abgetrennt und über eine Schweißeinheit mit Teil 1 gefügt. Teil 4 wird im Streifen vorgestanzt und im Streifen der Gesamtfügestation zugeführt. Teil 3 wird über einen Vibrationswendelförderer lagegerecht sortiert und der Gesamtfügestation zugeführt. In dieser Station wird Teil 1, Teil 3 und Teil 4 miteinander gefügt und verschweißt. Das fertige Teil wird nach gut und schlecht sortiert ausgeworfen [4].

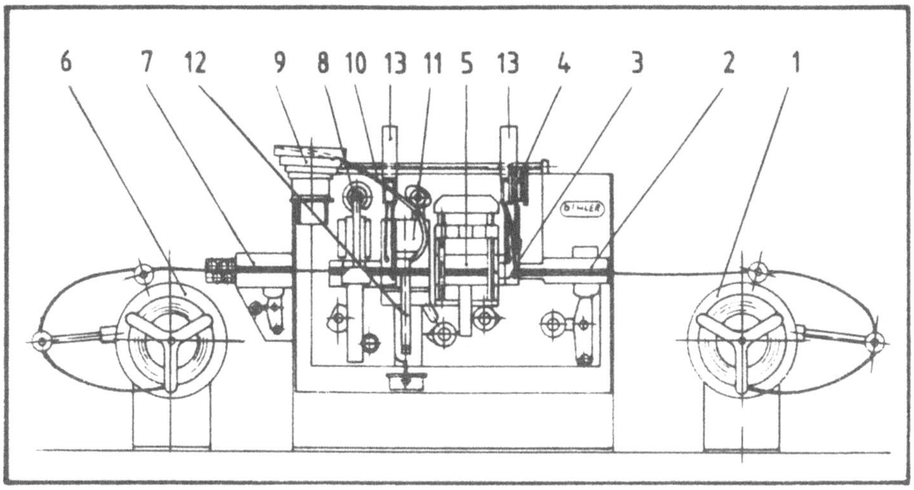

Bild 6: Fertigungsanlage für Schaltelement (BIHLER)
1 Haspel — Bandmaterial Schaltfeder, 2 Vorschub, 3 Trenn- und Schweißwerkzeug für Kontakt, 4 Rolle Kontaktprofilband, 5 Stanz- und Biegewerkzeug Schaltfeder, 6 Haspel — Bandmaterial Abdeckplatte, 7 Vorschub, 8 Stanzeinrichtung Abdeckplatte, 9 Vibrator für Schaltfederlager, 10 Zuführschiene Schaltfederlager, 11 Füge-, Schweiß- und Trenneinrichtung, 12 Auswurfkanal fertiges Mikroschaltelement, 13 Schweißtrafo

Im Bereich der mittleren Serienfertigung ist die Automatisierung auf Einzelvorgänge, wie automatisch Schrauben usw., weitgehendst beschränkt. Betriebsmittel zur Automatisierung des Werkstückflusses innerhalb der Montage sind zahlreich vorhanden. Der Ruf nach flexiblen Montagebetriebsmitteln für mittlere Serienfertigung ist groß.
Der Begriff Flexibilität ist für die Montagetechnik zu definieren. Streng genommen ist nur die manuelle Montage wirklich flexibel. Bei den heute bekannten Bauelementen zur Automatisierung von Montagevorgängen sind nur die frei programmierbaren Handhabungsgeräte bedingt flexibel. Bedingt deshalb, da z. B. eine SCARA-Robotertype nur für linear senkrechte Fügeoperationen geeignet ist. Die gesamte Montageperipherie, insbesondere die Zuführtechnik, wie Vibrationswendelförderer usw., sind nicht programmierfähig und somit nicht flexibel. Sie sind als starre, typengebundene Bauelemente zu betrachten. Für die Montagetechnik läßt sich Flexibilität aufgrund der heute bekannten Betriebsmittel wie folgt definieren [5]:

- Betreiben einer flexiblen Montagezelle für Produktfamilien. Die Varianten dieser Produktfamilien müssen sich auftragsabhängig durch Programmierung montieren lassen.
- Schnelle Umrüstbarkeit einer flexiblen Montagezelle von einem Produkt zu einem anderen Produkt.
- Hoher Wiederverwendungswert der in der flexiblen Montagezelle verwendeten Standard-Baueinheiten zur Nutzung neuer Montageaufgaben.

Hoher Anteil an Wiederverwendbarkeit standardisierter Baueinheiten ermöglicht die Untergliederung bei Platzkostenkalkulationen in kalkulatorische Nutzungsdauer der standardisierten Bauelemente und bedingt produktabhängige Nutzungsdauer der notwendigen produktspezifischen Einrichtungen.

Jede sogenannte flexible Montagezelle steht in Konkurrenz zur manuellen Montage. Die Gründe, warum sich solche flexiblen Montagezellen nach wirtschaftlichen Grundsätzen schlecht rechnen lassen, liegen in den immer noch zu hohen Preisen der Roboter mit ihren Steuerungen und in den notwendigen Peripheriekosten begründet.
Montageroboter als Zentrum einer flexiblen Montagezelle müssen in ihrem Bewegungsablauf schnell, in ihrer Wiederholgenauigkeit präzise arbeiten. Die Tragfähigkeit spielt dabei keine wesentliche Rolle, da in der Regel das Gewicht des Greifers ein Vielfaches des Werkstückgewichtes ausmacht. Die Robotersteuerungen müssen durch entsprechende Schnittstellen das Einbeziehen von Überwachungsfunktionen der Peripherie ermöglichen.
Bild 7 zeigt die Zuordnung der am häufigsten vorkommenden Einzelfunktionen für Montageaufgaben im Bereich der Elektro- und Feinwerktechnik. Der Anteil von ca. 70% für Handhaben und Fügen läßt sich dabei etwa je zur Hälfte auf die Robotertätigkeit und auf das Bereitstellen der Einzelteile aufteilen. Das Einbeziehen von Fügevorgängen durch Umformen, Einpressen, Stoffverbinden oder von Hilfsfunktionen erschwert den Aufbau flexibler Montagezellen.

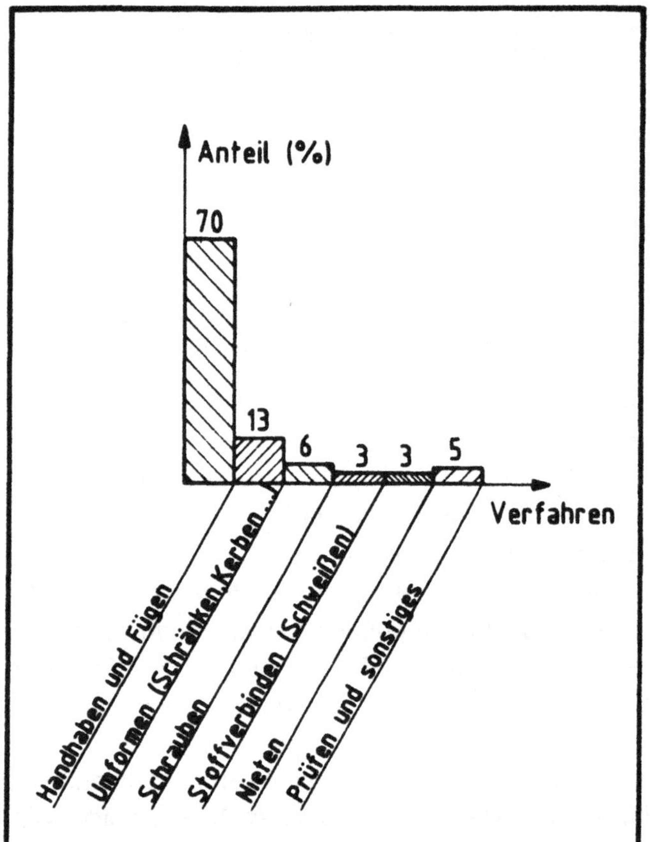

Bild 7: Einzelfunktionen von Montageprozessen der Elektro- und Feinwerktechnik

Was für die Arbeitsplatzgestaltung manueller Montageplätze, nämlich sinnvolle Arbeitsanreicherung bei kleinstmöglichen Greifwegen, Gültigkeit hat, hat volle Gültigkeit für den Aufbau von flexiblen Montagezellen unter Einsatz von Montagerobotern. Wie bei der manuellen Montage führt der Roboter die nach MTM festgelegten fünf Grundbewegungen, Hinlangen, Greifen, Bringen, Fügen und Loslassen, aus. Von den Grundbewegungen Hinlangen und Bringen ist beim Roboter nur die Zeit konstanter Geschwindigkeit durch Festlegung der notwendigen Fahrwege beeinflußbar. Das heißt, die Hinlang-

und Bringwege sind so kurz als technisch anordnungsbar festzulegen. Feste Bezugspunkte für die Bereitstellung der Teile und für die Fügeposition sind Koordinaten vorzuziehen. Um die produktbezogenen Peripheriekosten einer flexiblen Montagezelle für kleine Serien gering zu halten, kann die Teilebereitstellung manuell erfolgen. Eine bereits magazinierte Einzelteilefertigung bietet Ansatzpunkte billiger Peripheriekosten einer flexiblen Montagezelle und somit die Voraussetzung einer Wirtschaftlichkeit. Bild 8 zeigt den Arbeitsraum einer flexiblen Montagezelle zur Montage eines Schalterblockes, bei etwa gleich großem Arbeitsinhalt für manuelle und Robotertätigkeit.

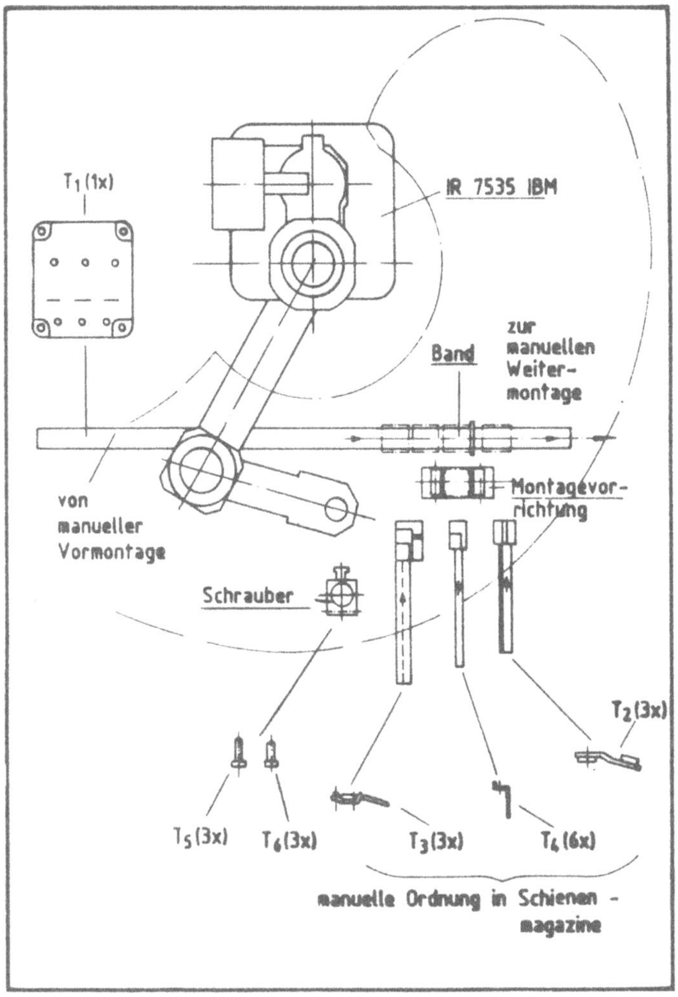

Bild 8: Arbeitsraum einer flexiblen Montagezelle zur Montage eines Schalterblockes

Der Schalterblock besteht aus 19 Einzelteilen, welche sich aus sechs unterschiedlichen Teilen zusammensetzen. Er ist mit einer Leistung von 60 Stück pro Stunde zu montieren. Von einer Werkerin wird die Vormontage durchgeführt. Hierfür ist 50% der Zeit notwendig. Das Basisteil (T_1) ist aus keramischem Werkstoff und wird mit drei Kontaktteilen manuell bestückt und die Kontaktteile verschränkt. Von der Werkerin wird die vormontierte Baugruppe auf ein Gurtförderband zum Transport in den Arbeitsraum des Montageroboters abgelegt. Das Förderband stellt einen Flächenspeicher dar. Von der gleichen Werkerin werden die Gegenkontakte (T_2), die Mikroschaltelemente (T_3) und die Anschlußzunge (T_4) manuell in Schienenmagazine einsortiert. Die Schrauben (T_5 und T_6) werden über zwei Vibrationswendelförderer einem pneumatischen Schrauber zugeführt. Förderband, Zuführung und Abführung der vormontierten Baugruppe, Schienenmagazine sowie die Schrauberposition und die Position der Montagevorrichtung stellen konstante Positionen für den Montageroboter dar. Der Montageroboter ist mit einem Universalgreifer ausgerüstet, geeignet zum Handhaben der Einzelteile und zum Handhaben des pneumatischen Schraubers. Bei dieser Peripheriegestaltung liegen die Kosten für die produktspezifische Einrichtung bei etwa 20% der Grundkosten der frei programmierbaren Montagezelle, bestehend aus Montageroboter, Steuerung, Maschinenständer, Schutzvorrichtung. Eine Wirtschaftlichkeit gegenüber der manuellen Montage wird nur dann erreicht, wenn durch arbeitsorganisatorische Maßnahmen dafür gesorgt wird, daß Förderband mit vormontierten Baugruppen und Zuführschienen mit den Teilen zu den Pausen und zum Ende der Schicht voll belegt sind. Dadurch wird die Nutzungsdauer von 8 Stunden auf etwa 9 Stunden, wobei die letzte Stunde unbemannt arbeitet, vergrößert. Trotz dieser Möglichkeit muß man sich mit einer Amortisationszeit von ca. 4,5 Jahren zufrieden geben [5]. Mit dieser Lösung werden die Montagepersonalkosten um 50% reduziert. Aus der Höhe der Investition errechnet sich die lange Amortisationszeit. Mit weiterer Reduzierung der wöchentlichen Arbeitszeit, jedoch bei Beibehaltung der 40-stündigen Nutzungsdauer pro Schicht durch flexible Arbeitszeitgestaltung, gewinnt der Einsatz von flexiblen Montagezellen an wirtschaftlicher Bedeutung.

Mit zunehmender Produktkomplexität wird das Verketten von flexiblen Montagezellen zur Linie notwendig. Gleichzeitig nimmt der Zwang zur Einbeziehung manueller Montage-

Bild 9: Montagelinie mit Robotern und Werkstückträgertransfersystem (BOSCH – Stuttgart)

arbeitsplätze zu. Durch den Einsatz flexibel gestaltbarer Werkstückträgertransfersysteme und von Montagerobotern lassen sich flexible Montagelinien aufbauen. Bild 9 zeigt den Ausschnitt einer Montagelinie mit Robotereinsatz. Durch entsprechende Arbeitsinhalte der Roboterstationen bewirken bereits wenige, auflaufende Werkstückträger zwischen den Stationen einen hohen Puffereffekt. Mit dem Puffereffekt wird die Entkopplung der Montagelinie vom Zwangstakt erreicht, erhöht die Verfügbarkeit der Gesamtanlage und erleichtert das Einbeziehen manueller Montagearbeitsplätze.
Beim Aufbau solcher Montagelinien kann das flexible Betreiben durch auftragsmäßige Variantenmontage eines Produktes über Programmierung erreicht werden. Inwieweit eine schnelle Umrüstbarkeit gegeben ist, hängt von der Gestaltung schnell auswechselbarer Peripherieeinrichtungen ab. Ein hoher Wiederverwendungswert durch den Aufbau mit standardisierten Baueinheiten ist realisierbar.

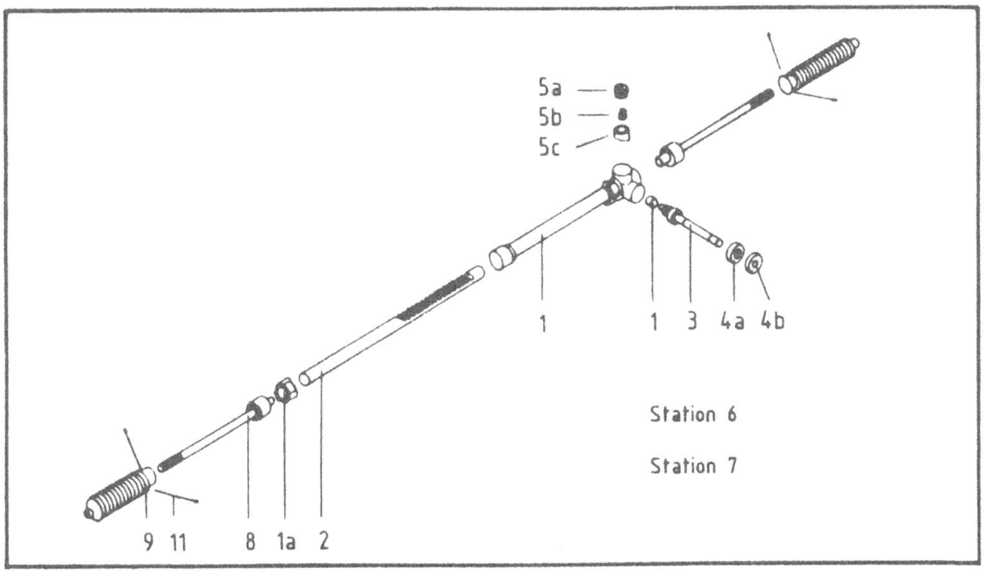

Bild 10: Teile und Fügefolge — Zahnstangenlenkungen (KUKA — Augsburg)

Ein weiteres Beispiel zeigt die Montage von Zahnstangenlenkungen nach Bild 10. Kleine Losgrößen in 4 Grundtypen und 2 Varianten müssen auf einer hierfür programmierbaren Linie in einer Taktzeit von 25 s für zwei Lenkungen montiert werden. Bild 11 zeigt schematisch das Layout der gesamten Anlage; Bild 12 beispielhaft den Aufbau von Station 3. Die Montagelinie ist durch Friktionsrollenförderer zum Transport der Werkstückträger lose miteinander verkettet. Für die Füge- und Handhabungsoperationen sind 11 Roboter vorgesehen. 8 manuelle Arbeitsplätze sind in die Gesamtanlage einbezogen. Durch den Arbeitsinhalt von 25 s pro Werkstückträger wird zwischen den einzelnen automatischen Handhabungs- und Fügestationen und den manuellen Stationen eine hohe Pufferkapazität und somit eine hohe Entkopplung vom Zwangstakt erreicht. Die Entkopplung bedeutet, daß Kurzzeitstörungen an den einzelnen Stationen sich nicht auf die Gesamtverfügbarkeit der Anlage auswirken. Durch die Konzeption der Gesamtanlage wird die verlangte Flexibilität der Produktvarianten erreicht, und durch den Einsatz vorwiegend standardisierter Bauelemente eine hohe Flexibilität in der Wiederverwertung dieser Baueinheiten nach Auslauf des jetzt zu produzierenden Produktes.
Hohe Wirtschaftlichkeit zur Automatisierung von Montagevorgängen kann durch den Einsatz von NC-gesteuerten Einachsenmodulen erzielt werden. Die Modulbauweise läßt Einzweckkombinationen zu, wobei die Flexibilität durch den hohen Wiederverwendungswert

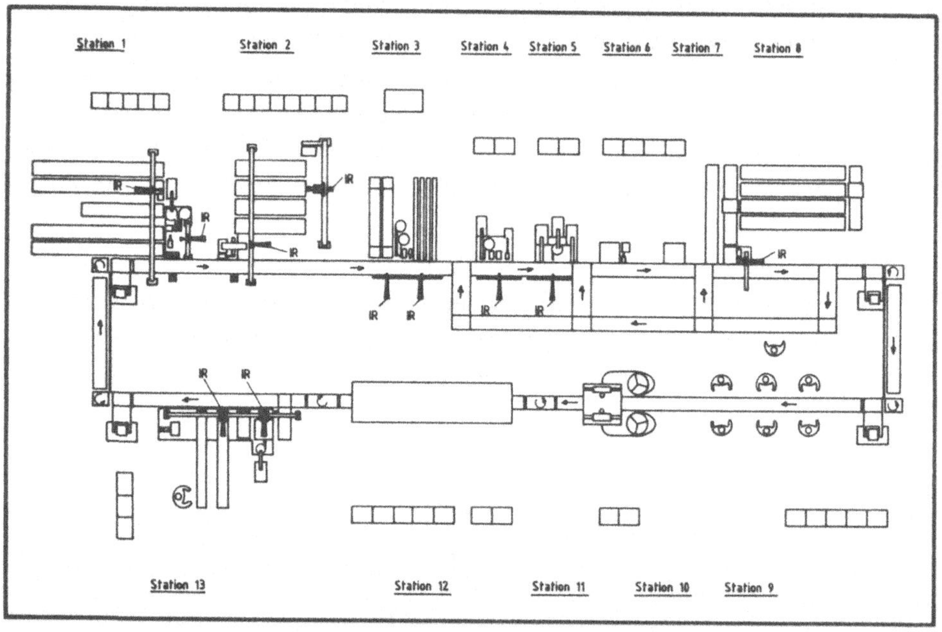

Bild 11: Montageanlage für Zahnstangenlenkungen (IR = KUKA — Industrie Roboter 930/10) KUKA — Augsburg

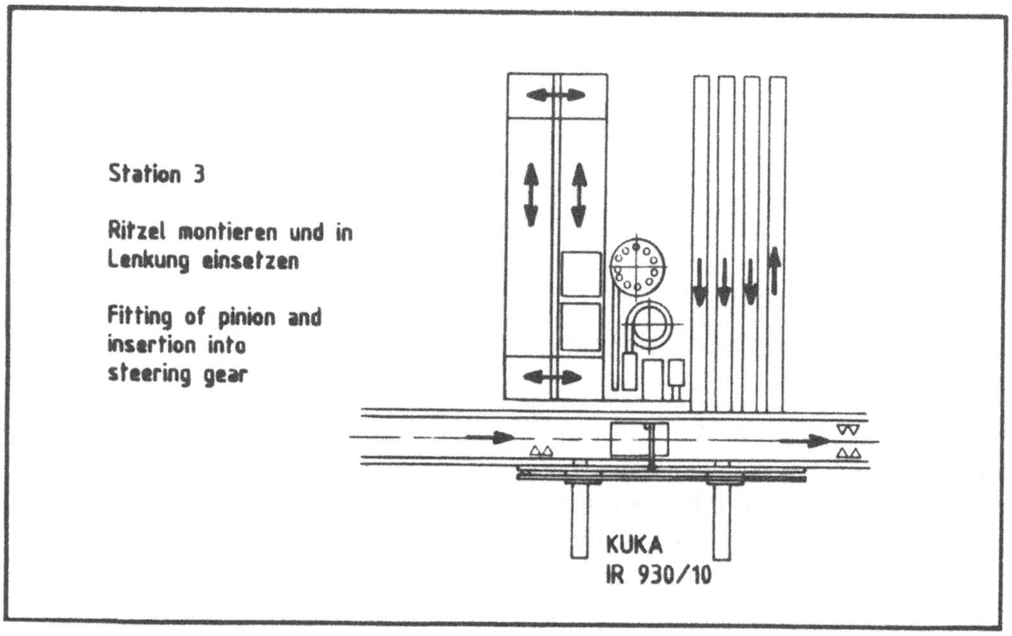

Bild 12: Station 3 aus Bild 11 (KUKA — Augsburg)

solcher Module gegeben ist. Ein klassisches Beispiel hierfür ist die Halle 54 des VW-Werkes in Wolfsburg. Hier sind weitaus mehr einzelne, NC-gesteuerte Handhabungsachsen im Einsatz als komplette Roboter.

Zusammenfassung:

Das größte Rationalisierungspotential industrieller Fertigung liegt im Bereich der Montagetechnik. Der Schlüssel hierzu liegt in der Produktgestaltung. Ein montagetechnisch optimal gestaltetes Produkt ist nicht nur Voraussetzung automatischer Montage, sondern auch Grundlage wirtschaftlicher manueller Montage. Die automatisierungsgerechte Produktgestaltung ist nicht nur ein technisches Problem, auch ein organisatorisches und somit ein Personalproblem. Neue Technologien, wie der Einsatz von CAD/CAM, können die Gegensätze zwischen Produktentwicklung und Fertigungstechnik überbrücken und abbauen. Doch auch ohne Einsatz von CAD/CAM lassen sich durch die Anwendung einfacher Analysenmethoden Voraussetzungen wirtschaftlicher Montage erarbeiten. Beispielhaft sei auf die montageerweiterte ABC-Analyse hingewiesen [6]. Es wird bei dieser Analyse nicht danach gefragt, was kostet ein Teil, sondern was kostet ein Teil bis es seinen Funktionszweck nach erfolgter Montage erreicht hat.

Aus der Sicht der Anwender ist zur Roboterentwicklung zu sagen, daß es an Robotermodellen nicht mehr fehlt. Notwendig wird, daß die Roboter zum Einsatz für Montagetechnik schneller, genauer und insbesondere preiswerter werden. Der weiteren Entwicklung der Sensortechnik, also zur Erhöhung der Intelligenz der Roboter, und eine verstärkte Entwicklung der Peripheriegestaltung ist vorrangig gegenüber der Entwicklung von neuen Robotersystemen.

Die Montagetechnik war über lange Zeit das Stiefkind der Fertigungstechnik. Sie darf aber heute, bei allem Bemühen, die Montage rationeller gestalten zu können, nicht als Einzelaufgabe betrachtet werden. Die Automatisierung der Montage ist eingebettet in den Gesamtablauf eines Produktionsprozesses. Neue Fertigungsstrukturen, insbesondere zur Beibehaltung lagegeordneter Einzelteile, werden die Automatisierung der Montage vereinfachen und somit wirtschaftlicher machen. Ein einmal erreichter, geordneter Zustand zu erhalten ist sinnvoller, als Teile immer wieder neu ordnen zu müssen.

In der Massenproduktion wird Schüttgut bedingt durch Fertigungsprozesse, wie Härten oder Oberflächenbehandeln, nicht zu vermeiden sein. Neue Wege der Zuführtechnik zur Absicherung einer hohen Verfügbarkeit der automatisierten Montagemittel müssen erarbeitet werden.

Bei in Zukunft kürzer werdenden Arbeitszeiten wird die Steigerungsfähigkeit der Produktivität über die Kokurrenzfähigkeit unserer Wirtschaft entscheiden. Wesentliche Erfolge der Produktivitätssteigerung sind in den klassischen Technologien, wie Zerspanen und Umformtechnik usw., nicht mehr zu erwarten. Sie müssen in dem Bereich der Montage gesucht werden. Diese hieraus resultierenden Aufgaben sind nur in gemeinsamer, überbetrieblicher Zusammenarbeit zwischen Industrieausrüstern, Anwendern und Forschungsinstituten lösbar.

Literatur:

[1] Lotter: Arbeitsbuch der Montagetechnik Krausskopf. Ingenieur Digest, März 1982.

[2] Petri: Vortragsmanuskript — Automatisierung der Montage. 5. Deutscher Montagekongress MIC, München 1983.

[3] Wiendahl: VDI-Bericht Nr. 479, Seite 79 — 89, VDI Düsseldorf/1983.

[4] Lotter: Integrierte Montagevorgänge in der Herstellung von Mikroschaltern Feinwerktechnik. Messtechnik 92 (1984) Seite 53 — 56/Hanser-Verlag, München.

[5] Lotter: Vortragsmanuskript Aufbau und Einsatz flexibler Montagelinien am Beispiel der Feinwerktechnik. Kolloquium „Automatische Produktionssysteme" TU München, Februar 1985.

[6] Lotter: Using the ABC-analysis in design for assembly. Assembly Automation Seite 80 — 86 IFS/England/1984.

Teilautomatisierte Montage von Motorsägen

Dipl.-Ing. Wolfgang Möller, Andreas Stihl GmbH, Waiblingen

1. Einleitung

Im Rahmen des Regierungsprogramms „Humanisierung des Arbeitslebens" führt die Firma Andreas Stihl, Waiblingen, ein Projekt mit dem Titel

„Integrierte Arbeitsstrukturierung am Beispiel einer Motorsägenmontage in einem mittelständischen Unternehmen"

durch.

Die wissenschaftliche Begleitforschung wurde übertragen an

- Fraunhofer-Institut für Arbeitswirtschaft und Organisation (IAO), Stuttgart,
- Fraunhofer-Institut für Produktionstechnik und Automatisierung (IPA), Stuttgart,
- Institut für angewandte Betriebswirtschaftslehre und Unternehmensführung, Abteilung Organisations- und Arbeitsforschung (OAF), Universität Karlsruhe.

Die Projektergebnisse wurden in interdisziplinär besetzten Arbeitskreisen erarbeitet.

2. Vorstellung des Unternehmens

Die Firma Andreas Stihl hat sich in den letzten ca. 20 Jahren explosionsartig zum größten Motorsägenhersteller der Welt entwickelt. Mit ca. 5.000 Mitarbeitern in einem weltweit strukturierten Unternehmen wurden im letzten Jahr ca. 900 Mio DM Umsatz erreicht.

3. Zielsetzung des Projektes

Durch eine neue Konzeption verschiedener Arbeitsstrukturen und technologische Veränderungen sollten die Arbeitsbedingungen in der Motorsägenmontage verbessert und den Mitarbeitern ein positiveres Erleben der geleisteten Arbeit ermöglicht werden. Mit dem Einsatz von Schraubstationen und der Entwicklung neuer Motorprüfstände sollte die Lärmbelastung reduziert werden. Darüber hinaus sollte durch die Schraubstationen die Belastung der Hand- und Armgelenke entfallen.

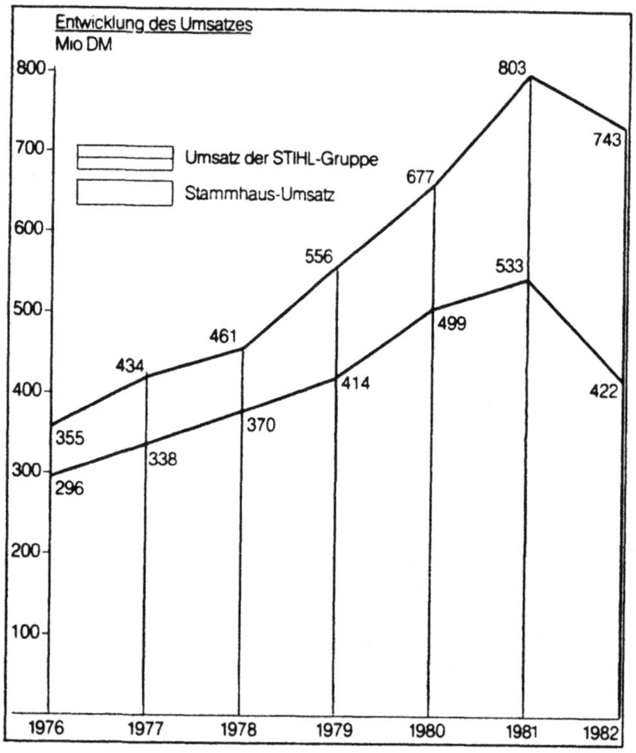

Bild 1: Entwicklung des Umsatzes in den Jahren 1976 – 1982

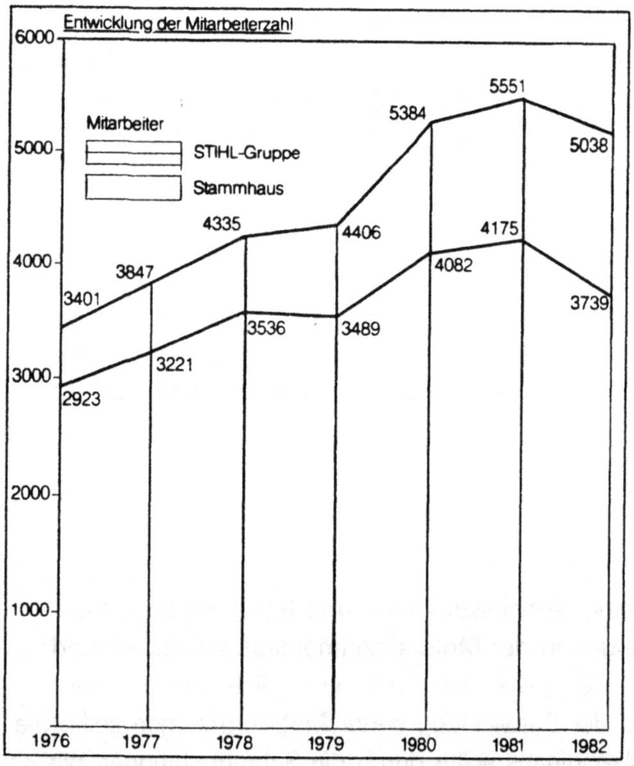

Bild 2: Entwicklung der Mitarbeiterzahl in den Jahren 1976 – 1982

4. Ausgangssituation

Aufgrund der starr verketteten Fließbänder und eines hohen Lärmpegels von ca. 90 dB (A) und zum Teil ca. 120 dB (A) bei schwierigen Raumverhältnissen wurde die Arbeitssituation von den Mitarbeitern als sehr belastend empfunden, was sich in einer hohen Krankheits- und Fluktuationsquote auswirkte. Mitarbeiter mit höherem Anspruchsniveau ließen sich für diese Tätigkeiten nicht einsetzen, so daß es zu einer unausgewogenen Belegschaftsstruktur mit einem Anteil ausländischer Mitarbeiter von über 95% kam.

5. Abgestufte Montagestrukturen in gesamtheitlicher Betrachtungsweise

Die im „**Konzept der abgestuften Strukturen**" verwirklichten Unterscheidungsmerkmale der Montagestrukturen hinsichtlich der Arbeitsstrukturierungsmaßnahmen, mit denen gleichzeitig den Mitarbeitern die Möglichkeit gegeben wird, einen Arbeitsplatz unterschiedlicher Qualifikation entsprechend ihren Fähigkeiten und Neigungen zu wählen, betreffen im wesentlichen:
— den Arbeitsumfang und -inhalt,
— arbeitsorganisatorische Regelungen,
— die Entkoppelung durch Puffer,
— die technischen Einrichtungen.
Hinsichtlich der Arbeitsumfänge wurde eine Spannweite von 1,5 min bis zu 6 min, bei Arbeitsplatzwechsel bis zu ca. 40 min angestrebt.
Arbeitsplatzwechsel und Übernahme von Umfeldaufgaben sollten in einigen Montagestrukturen, teilweise in unterschiedlicher Form, erprobt werden. Die Entkoppelung der Arbeitsplätze wurde durch Arbeitsplatzpuffer und Abschnittspuffer bewirkt. Die Pufferkapazität reicht in gestufter Form bis zu 60 min.

Bez.	Arbeits-umfang min	Puffer-kapazität min	Verkettung	Werkstück-träger	Typen-flexibili-tät	Sonstige Anmerkungen
A	1,5	--	Gurtband	--	--	alter Zustand mit Montagetischen in Skelettanordnung
B	1,5	15	DG-Band	Mulden-träger	--	integrierte Schraubstationen, neue Prüfstände, Arbeitsplatzwechsel
C	1,5	8	DG-Band	Schwenk-träger	2 Typen	integrierte Schraub- u.Prüfstationen, Typenflexibilität, 3 Abschnittspuffer m. ca. 7o min Kapazität, automat.Montagezelle
D	1,5	12	DG-Band	Schwenk-träger	2 Typen	wie C jedoch ohne Abschnittspuffer
E	3,o	3o	DG-Band	Schwenk-träger	3 Typen	in Planung
F	6,o	6o	Dreh-teller Schiebe-tisch	--	--	Arbeitsumfang durch Arbeitsplatzwechsel 4o min, System f. geringere Stückzahlen

Bild 3: Unterscheidungsmerkmale der abgestuften Montagestrukturen

Hinsichtlich der **technischen Einrichtungen** der Montagestrukturen lagen die Schwerpunkte bei den Verkettungseinrichtungen sowie bei mechanisierten oder automatisierten Arbeitsstationen. Durch Übergang auf eine Werkstückträgermontage konnte die Integration von automatischen Prüf- und Schraubstationen ermöglicht werden.
Für die strukturierten Montagesysteme wurden neuartige Prüfstände entwickelt.

Ein wesentliches Kriterium bei der Auslegung der Montagesysteme war die Beachtung von **Flexibilitätsanforderungen**, die sich ergaben aus
- personellen Veränderungen (Personalflexibilität)
- produktspezifischen Veränderungen (Typen- und Variantenflexibilität, Flexibilität bzgl. Betriebsmittel usw.).

Bei der Umgestaltung der Montagestrukturen sollte eine gleiche oder verbesserte Wirtschaftlichkeit gegenüber dem Ist-Zustand gewährleistet sein. Darüber hinaus sollte durch die neuen Montagestrukturen den zukünftig verstärkt steigenden Flexibilitätsanforderungen besser entsprochen werden.

Um dem integrierenden Ansatz des Projektes gerecht zu werden und die Veränderungen im Unternehmen ganzheitlich zu betrachten, war eine Einbeziehung der Montage insgesamt sowie die tangierender Bereiche erforderlich.

Zur Realisierung des Konzepts der „abgestuften" Strukturen waren flankierend folgende Gesichtspunkte zu berücksichtigen:
- Höherqualifizierung der Mitarbeiter im Arbeitsprozeß,
- Fertigungssteuerung und Materialbereitstellung in den abgestuften Strukturen,
- technologische Untersuchungen,
- Einbeziehung älterer und/oder gesundheitlich geschädigter Mitarbeiter,
- Aufgabenverteilung für die unteren Führungskräfte.

6. Teilautomatisierte Motorsägenmontage

Im folgenden soll aus der gesamten Palette der Montagestrukturen an einem Beispiel der Arbeitsablauf dargestellt werden.

Mit Inbetriebnahme der Struktur C konnte aus technologischer Sicht durch Umstellung auf Werkstückträgermontage ein wesentlicher Fortschritt erreicht werden, der darüber hinaus auch für die Mitarbeiter Verbesserungen in Form von Abbau der Muskelbelastungen mit sich brachte.

Der Montageablauf stellt sich folgendermaßen dar: Nach der automatischen Montage der Kurbelwellenlager und Wellensicherungsringe, dem Einbau der Ölpumpe sowie dem Einbau der Kurbelwelle wird das Werkstück an den Werkstückträger angeflanscht.

In dieser Weise durchläuft das Werkstück die einzelnen Arbeitsstationen. Zwischen die einzelnen manuellen Stationen sind automatische Schraubstationen geschaltet, die die Durchführung von solchen Schraubvorgängen übernehmen, die in den herkömmlichen Strukturen mittels Handschraubern und z. T. unhandlichen Drehmomentschlüsseln durchgeführt werden müssen.

An den einzelnen manuellen und automatischen Stationen wird mit Hilfe eines Schwenkelementes am Werkstückträger das Werkstück in die arbeitsgerechte Lage gebracht. Damit entfällt das Aufnehmen des Werkstückes vom Band und Einlegen in die Montageunterlage auf dem Arbeitstisch.

Die zur Förderung von Gruppenprozessen installierten Abschnittspuffer von ca. 60 min Kapazität können einerseits ihre Aufgabe beim Auftreten von Störungen wahrnehmen. Gruppendynamische Prozesse unter Verwendung der Abschnittspuffer lassen sich andererseits jedoch noch nicht eindeutig darstellen.

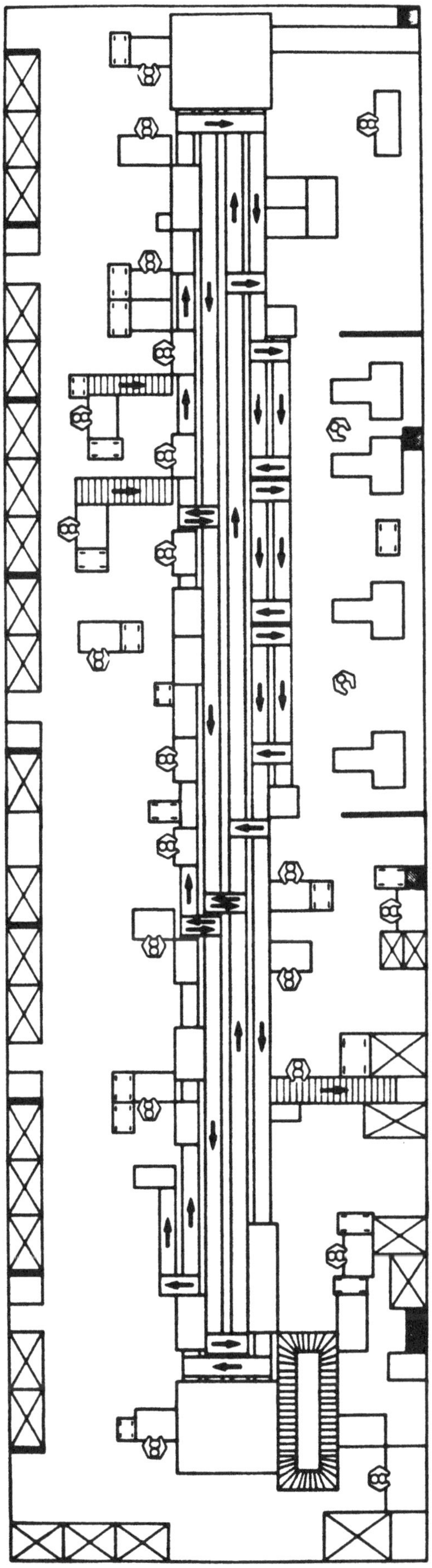

Bild 4: Layout Struktur C

Bild 5: Gesamtansicht Struktur B mit Muldenwerkstückträger

Bild 6: Gesamtansicht Struktur C mit Schwenkwerkstückträger

Bild 7: Arbeitsplatz für automatische Montage der Kurbelwellenlager und Wellensicherungsringe in das Kurbelgehäuse sowie Ölpumpenmontage und -prüfung. Schraubstation für Bundschrauben und Kettenfangbolzen.

Bild 8: Neue Motorenprüfstände in der Montagestruktur C der Firma STIHL, mit denen der Lärmpegel erheblich abgesenkt wird.

7. Untersuchungen zum betriebswirtschaftlichen Verhalten der abgestuften Montagestrukturen

Das Verhalten der abgestuften Arbeitsstrukturen aus betriebswirtschaftlicher Sicht wurde für ausgewählte Montagesysteme aus dem Konzept der abgestuften Strukturen anhand des Ausbringungs- und Leistungsverhaltens, der Montagezeiten, der Mehr- und Verlustzeiten sowie der Montagekosten untersucht. Ergänzend wurden bestimmte Modellrechnungen durchgeführt.
Am Beispiel der Struktur B konnte festgehalten werden, daß die Montagestruktur B gegenüber den bisherigen Strukturen bzgl. des Ausbringungsverhaltens konkurrenzfähig sein wird. Hinsichtlich der Montagekosten ist noch eine Erhöhung festzustellen, die in erster Linie auf die wesentlich höheren Betriebsmittelkosten, in zweiter Linie derzeit noch auf die Kosten für Mehr- und Verlustzeiten zurückzuführen ist. Für letztere kann allerdings im künftigen Verlauf ein weiteres Absinken erwartet werden. Ergänzende Modellrechnungen unter Einbeziehung weiterer möglicher Rationalisierungspotentiale sowie des Einflusses unsicherer Daten erbrachten weitere Kostenreduzierungen, so daß die Montagekosten der neu gestalteten Montagestruktur B letzten Endes bei Ausnutzung aller Möglichkeiten in der Größenordnung der bisherigen Montagesysteme anfallen werden.
Weiterhin konnte am Beispiel des Montagesystems für Sprühgeräte nachgewiesen werden, daß ein flexibles gruppenartiges Montagesystem mit kontinuierlichem Systembetrieb vor dem Hintergrund eines schwankenden Stückzahlbedarfes unter Einbeziehung weiterer Kostenarten (z. B. Kosten für Anlaufverluste, Zinskosten durch gebundenes Fertigwarenkapital) erhebliche Vorteile über den gesamten Stückzahlbereich mit sich bringt.

8. Begleitende Maßnahmen zur Höherqualifizierung der betroffenen Mitarbeiter

Es wurde von arbeitspädagogischer Seite davon ausgegangen, daß gezielte Änderungen in der Qualifikationsstruktur von Arbeitnehmern in HdA-Projekten drei „Ebenen" berühren müssen, um die Anteile fachlicher und allgemeiner Bildung in integrativer Weise zu verbinden:
— Ebene 1: Die Ebene der unmittelbar mit der Auftragserfüllung zusammenhängenden fachlichen Qualifikationen,
— Ebene 2: Die Ebene arbeitsplatz- bzw. betriebsübergreifender Qualifikationen,
— Ebene 3: Die Ebene sozial-kommunikativer Qualifikationen.
Zur Erfüllung der gesetzten Qualifizierungsziele der Ebene 1 wurde ein dreigliedriges Unterweisungsprogramm entwickelt, das alle direkten Montagemitarbeiter beim Systemanlauf absolvieren sollten. Die Programmerprobung erfolgte bislang in den Arbeitsstrukturen B (1119) und F (1118). Die Vermittlung von deutschen Sprachkenntnissen bildete wegen deren Relevanz für die Teilnahme an den Strukturierungs- und Höherqualifizierungsmaßnahmen den ersten Qualifizierungsschwerpunkt zu Beginn der Hauptphase.
In Anbetracht des kurzfristig anstehenden Systemanlaufs 1119 wurde die Neuentwicklung eines Sprachkurses nicht beabsichtigt; vielmehr wurde ein vorhandener Deutschkurs bzgl. der spezifischen Anforderungen überarbeitet. Die Durchführung erfolgte im Rahmen der Qualifizierungsebene 2 mit 36 Teilnehmern.
Durch eine Ausweitung der Ausbildungskapazität der Lehrwerkstatt der Firma Stihl ergab sich ab Herbst 1981 die Möglichkeit, Mitarbeitern aus der Fertigung berufsfeldbezogene

Höherqualifizierungsmaßnahmen im Rahmen einer Blockunterweisung anzubieten. Zehn ausländische Mitarbeiter der Fertigung nahmen an der Durchführung dieser Maßnahme erfolgreich teil.

9. Ergebnisse sozialwissenschaftlicher Begleitforschung

Von den Montagearbeitern werden die Veränderungen, die sich in ihrer Arbeitssituation durch die Einführung der neuen Systeme ergeben, überwiegend positiv bewertet. Deutlich ist jedoch auch, daß die Entwicklung der neuen Strukturen noch nicht abgeschlossen ist. Obwohl insbesondere die technisch-organisatorischen Veränderungen und die intensivere Führung in den neuen Strukturen von den Beschäftigten als Verbesserung betrachtet werden, blieb das Unzufriedenheitspotential in den höher mechanisierten Strukturen im Vergleich zu den bisherigen Strukturen jedoch in Ausmaß und Struktur weitgehend unverändert.

Die Analyse der Struktur der Arbeitsunzuträglichkeiten liefert Ansatzpunkte, in welchen Bereichen weitere Maßnahmen zur Strukturentwicklung getroffen werden können. So dürfte u. a. die konsequente Einführung eines systematischen Arbeitsplatzwechsels die Unzufriedenheit mit ungerechter Arbeitszuweisung wie auch mit häufigen Umsetzungen reduzieren. Deutlich wird auch, daß die Eröffnung von Handlungsspielräumen wie auch Qualifizierungsfortschritte in den höher mechanisierten Strukturen auf Grund der größeren technisch-organisatorischen Determiniertheit schwieriger zu erreichen bzw. zu stabilisieren ist.

Insgesamt ist ein Potential an Qualifizierungsbereitschaften bei den Beschäftigten vorhanden, das durch entsprechende Arbeitsbedingungen und -anforderungen noch gefördert werden kann. Kurzfristige Personalumsetzungen stellen für die Mehrheit der Beschäftigten weiterhin einen Problembereich dar. In den neuen Strukturen zeigt sich jedoch eine gewisse größere Aufgeschlossenheit gegenüber Umsetzungen. Die Höherqualifizierung der Beschäftigten wie auch die Gewöhnung an systematischen Platzwechsel erhöhen die Bereitschaft zur Flexibilität.

Zentrale Aufgaben bei der Einführung des F-Systems bildeten die Höherqualifizierung der Gruppenmitglieder und die Entwicklung effizienter kooperativer Beziehungen bei gleichzeitigem hohem kollektivem Handlungsspielraum der Arbeitsgruppe. Die Höherqualifizierung der Gruppenmitglieder konnte nach einigen Schwierigkeiten zügig voranschreiten, auch Kooperationsprobleme, die sich u. a. durch die Aufgabe der Integration neuer Gruppenmitglieder ergaben, konnten mit Hilfe unterstützender Gruppengespräche gelöst werden. Die Arbeitsgruppe regelt sich weitgehend selbst.

Im Mittelpunkt der Entwicklung der Struktur B standen Problemstellungen, die sich durch technische Veränderungen (u. a. die Entkoppelung der Arbeitsstationen) und durch das für dieses Montagesystem vorgesehene organisatorische Prinzip des Arbeitsplatzwechsels ergaben. Der Umgang mit diesen neuen Merkmalen der Arbeitssituation führte zunächst zu Orientierungs- und Arbeitsschwierigkeiten, die aber durch entsprechende Qualifizierungsmaßnahmen abgebaut werden konnten. Es konnte eine zunehmende Akzeptanz der neuen Struktur erreicht werden.

Leiterplattenmontage mit Industrierobotern

Dipl.-Ing. (FH) Dieter Kelch, messma-kelch-robot gmbH, Schorndorf

Industrieroboter kontra Bestückungsautomat

Selbst aus der Sicht des Roboterherstellers darf dieser Satz nicht ohne Widerspruch bleiben. Es wird sich zeigen, daß diese Aussage im Widerspruch zu der Praxis steht und daß die Anwender verunsichert werden könnten. Die Hersteller der Bestückungsautomaten sind sich der Leistungsfähigkeit ihrer Systeme bewußt. Die Roboterhersteller, gerade weil diese Technik so jung ist, müssen noch mehr beweisen, daß ihre Systeme sehr wohl ihre Berechtigung haben, daß sie wirtschaftlich einsetzbar sind und gewinnbringend arbeiten. Es wäre vermessen zu behaupten, der Roboter könnte die Bestückungsautomaten verdrängen, oder gar ersetzen.

Die Industrie hat bei der Leiterplattenbestückung ein breites Leistungsspektrum zu bewältigen, das sowohl die Massenfertigung mit hohen Stückzahlen genauso aber auch die Herstellung einzelner Prototypen umfaßt. Es darf nicht angenommen werden, daß wir heute in der Lage wären, mit dem Roboter eine Einzelteilfertigung zu verwirklichen oder gar die Bestückungsautomaten mit ihren extrem geringen Bestückzeiten zu ersetzen. Die Leiterplattenbestückung mit Robotern wird also dort anzuwenden sein, wo es sich um eine Vielzahl verschiedener Bauteile in mittleren Stückzahlen oder um die Exotenbestückung bei großen Stückzahlen handelt. Handarbeitsplätze, Roboterarbeitsplätze und Bestückautomaten werden in der Zukunft eng miteinander verbunden sein. Es hat sich als praxisgerecht und wirtschaftlich erwiesen, Leiterplatten zuerst mit axialen Bauteilen, wie Widerständen und Dioden oder IC's und andere Massenteile durch Automaten zu bestücken. Danach werden die Leiterplatten der Roboterstation mit einem Transfersystem direkt zugeführt. Dabei erfolgt die Bestückung sogenannter Exoten oder Baugruppen, wie Trafos, Relais, Steckerleisten und anderer Bauteile.

Vor, nach oder zwischen den Roboterarbeitsplätzen werden in vielen Fällen Handarbeitsplätze eingesetzt, auf denen Nachbestückungen von Bauteilen vorgenommen werden müssen, die bis heute nicht automatisch handhabbar sind oder aus wirtschaftlichen Gründen von Hand bestückt werden müssen. Außerdem werden Sichtprüfungen, elektrische und mechanische Prüfungen durchgeführt, für die qualifizierte Mitarbeiter erforderlich sind.

Einzelroboterarbeitsplätze zur Leiterplattenbestückung werden dann verwendet, wenn zum einen die Stückzahlen nicht sehr groß sind, andererseits die auf der Leiterplatte verwendeten Bauteile in verschiedenen Varianten montiert und in den mechanischen Bauformen ähnlich sind, so daß Peripherieeinheiten ohne mechanische Änderung wieder verwendet werden können.
Ein anderer Anwendungsfall für Einzelroboterarbeitsplätze ist die komplette Bestückung von Flachbaugruppen mit einer geringen Anzahl von Bauteilen. Hierbei werden die Leiterplatten einzeln oder im Nutzen zugeführt. Automaten für IC's, axiale Bauteile oder radiale Bauteile wären hierbei nicht ausgelastet, so daß eine komplette Fertigstellung dieser Leiterplatten mit einem Roboter wirtschaftlich gerechtfertigt ist, obwohl die Bestückungszeit pro Bauteil beim Roboter höher liegt als bei einem Bestückungsautomaten. Hierbei spielt die Wirtschaftlichkeitsrechnung in bezug auf Investitionssumme und Ausbringung eine wesentliche Rolle.
Bei der Montage von Flachbaugruppen in mittleren Stückzahlen sollte der Bereitstellungsmenge von Bauteilen und dem Automatisierungsgrad der Bereitstellung besondere Bedeutung beigemessen werden. Je höher der Automatisierungsgrad der Bereitstellung, und je höher der Aufwand an Sensorik für die Verfügbarkeit getrieben wird, um so höher ist der Beschaffungspreis. Es muß hier auch sehr eingehend geprüft werden, inwieweit eine geringere Vorratshaltung am Roboter wirtschaftlicher ist als die Vollautomatisierung der Beschickung, die einen sehr, sehr hohen Aufwand an Verfügbarkeitsüberwachung, Teileprüfung und Teileüberwachung erfordert.

Anforderungen an die Leiterplatte

Bei der automatischen Bestückung von Leiterplatten, gleichgültig ob per Roboter oder Bestückungsautomat, werden hohe Anforderungen an die Genauigkeit der Leiterplatten gestellt. Zur Fixierung werden 2 Bohrungen gebraucht, die eine hohe Relativgenauigkeit zu den gestanzten und gebohrten Löchern der Bauteile haben muß. Unbestückte Leiterplatten werden vom Stapel oder aus Magazinen verarbeitet. Vorbestückte Leiterplatten werden generell aus Magazinen verarbeitet.
Die Lagerichtigkeit wird entweder durch den Bediener gewährleistet, oder sie muß durch Sensoren überprüft werden. Wenn Leiterplatten automatisch zugeführt werden, sollte ein Rand vorhanden sein, der nicht bestückt wird und lediglich zur Magazinaufnahme und zum Transport gebraucht wird. Die Toleranzen zwischen den Außenkanten und der Bohrung in einer Leiterplatte sind normalerweise zu groß, daß die Außenkante zur Fixierung der Leiterplatte beim Bestücken nicht verwendet werden kann. In den Bohrungen durchgelötete Leiterplatten haben häufig unterschiedlich starken Lotauftrag, so daß dabei verschieden große Bohrungen entstehen. Für einen ausreichenden Spalt zwischen den Beinchen und der Bohrung ist zu sorgen.

Anforderungen an das Bauteil

Die Bauteileanlieferung erfolgt üblicherweise als Schüttgut, gegurtet oder durch lagerichtige Plazierung in Paletten. Die Maßhaltigkeit der Bauteile, elektrisch und mechanisch geprüft, sollte als Voraussetzung zur Verwendung auf automatischen Maschinen gewährleistet sein. Bei vorgefertigten Baugruppen, wie Transformatoren, Relais usw. ist dies

meist der Fall, so daß diese Bauteile direkt gegriffen und gefügt werden können. Paletten für solche Bauteile sollten so gestaltet sein, daß die Lagerichtigkeit gewährleistet ist.
Der Spalt zwischen Bauteil und Palette sollte so gewählt sein, daß das Teil auf der einen Seite nicht klemmt, auf der anderen Seite aber nicht so viel Luft hat, daß der Greifer ohne Sensorik das Teil nicht mehr findet. Die Lagerichtigkeit der Bauteile in der Palette nach der vertikalen Drehachse ist nicht von Bedeutung. Wenn jedoch die Bauteile über Kopf, d. h. verdreht zu einer horizontalen Drehachse liegen, ist es für einen Roboter, gleich welcher Bauart, äußerst schwierig, diese Baugruppen zu greifen. Paletten sollten so formstabil sein, daß sie sich durch das Beladen und durch Handhaben maßlich nicht zu stark verändern.
Außerdem sollten sie aus einem Werkstoff bestehen, der abriebfest ist und nicht ausbricht, da sonst die Gefahr besteht, daß Teilchen oder Stücke von der Palette das Fügen behindern.
Bei gegurteten Bauteilen ist die Lieferanten- oder Werksnorm zu beachten, die die Lage der Bauteile im Gurt bestimmt. Vorgegebene Toleranzen sind einzuhalten. Die Klebebänder sollten mechanischen, thermischen und chemischen Eigenschaften standhalten, die im Anwenderbetrieb vorkommen. Die vorherbesprochene Werksnorm ermöglicht die universelle Verwendbarkeit von Roboterperipheriegeräten. Bei doppelseitig geklebten Axialbauteilen gibt es heute auf dem Markt immer noch verschiedene Baumaße. Radialgegurtete Bauteile haben heute üblicherweise ein Trägerband mit einer genormten Lochung. Bei Nachlieferungen ist darauf zu achten, daß die Lage des Bauteils im Verhältnis zur festgelegten Lochung nicht geändert wurde. Potentiometer, Kondensatoren, Sicherungssockel, Tasten und ähnliche Bauteile können als Schüttgut verarbeitet werden. Voraussetzung dafür ist gleichbleibende Maßhaltigkeit, Maßbeständigkeit bei der Lagerung und beim Schütten. Die Zuführung und Vereinzelung wird dann zum Problem, wenn ein undefinierbarer Grat, Rückstände vom Spritzgießen oder Fremdkörper vorhanden sind.
Die Verfügbarkeit bei Schüttgüter ist wesentlich geringer als bei gegurteten oder palettierten Teilen. Dies liegt in vielen Fällen nicht an den Geräten, sondern am Zustand der Bauteile.

Handhabung von Leiterplatten

Leiterplatten können in drei verschiedenen Automatisierungsstufen zugeführt werden.
Die erste Möglichkeit ist, in eine vorbereitete Aufnahme mit mechanischer Fixierung Leiterplatten von Hand einzulegen und mechanisch zu befestigen. Diese Methode wird dann angewandt, wenn sehr unterschiedliche Leiterplattengrößen und kleine Stückzahlen bearbeitet werden sollen. Nachteilig dabei ist, daß dabei in den Arbeitsraum des Roboters gegriffen, und dieser während des Wechselzeitraums abgeschaltet werden muß.
Die zweite Möglichkeit ist, die Vorrichtung auf eine Schlittenführung aufzubringen, so daß die Leiterplatten von Hand oder automatisch in den Arbeitsraum geschoben werden.
Eine weitere Möglichkeit besteht darin, 2 Schlittenführungen übereinander anzubringen, so daß immer eine Vorrichtung im Arbeitsraum zur Bestückung bereit steht, während die andere außerhalb des Arbeitsraumes beladen wird.
Die dritte Möglichkeit und die eleganteste dieser drei Varianten ist der Transport der Leiterplatte oder des Leiterplattennutzens über ein Transportband oder Kettensystem, bei dem die Leiterplatte zugeführt, vorfixiert und zur Bearbeitung indexiert wird. Dabei werden die Leiterplatten entweder von einem Stapel geschoben, von einem Stapel abge-

hoben und auf das Band gelegt, oder sie werden aus einem Magazin auf das Transportband geschoben, wobei die Magazine automatisch zugeführt werden können. Der Abtransport der bestückten Leiterplatten erfolgt entweder direkt zur Lötmaschine oder geht vom Roboter wieder in ein Magazin. Von hier aus können die bestückten Leiterplatten dann zu anderen Arbeitsplätzen transportiert werden. Genauso lassen sich diese Magazine als Puffer verwenden, um unterschiedliche Arbeitszeiten zu überbrücken oder um Handbestückungsplätze von den Taktzeiten des Roboters zu trennen. Bei diesem System ist es notwendig, die Leiterplattenbreite festzulegen. Das Verstellen der Bandbreite ist möglich, aber teuer. Eine weitere, in der Praxis viel verwendete Methode ist die Zusammenfassung mehrerer Leiterplatten zu einem Nutzen.

Handhabung von Bauteilen

Zur Bereitstellung der Bauteile stehen verschiedene Peripheriegeräte zur Verfügung. Einige Beispiele sollen hier erläutert werden:

a) IC's werden üblicherweise in Stangenmagazinen angeliefert, sortiert nach Type, Raster, Beinchenzahl, lagerichtig vorbereitet. Die Beinchen sollten geprüft, vorgerichtet und, wenn erforderlich, beschnitten bereitgehalten werden.
   Verarbeitet werden sie dann im Linearförderer.
   Der Linearförderer nimmt ca. 20 IC-Bahnen auf, in welche jeweils der Inhalt von 2 Stangen paßt. Die Abnahme mit dem Greifer erfolgt auf einer festen Abnahmebank. Die andere Möglichkeit ist die Verwendung eines Kettenmagazines, das 50 Stangen verschiedener IC's beinhaltet.
b) Blockkondensatoren können aus einem Wendelförderer zugeführt und vereinzelt werden.
   Die bessere Methode ist aber, die Bauteile im gegurteten Zustand zu beziehen. Die Bauteile werden auf Rollen angeliefert. Das Band mit den Bauteilen wird bis zur Abnahmestation geführt. Die Beinchen werden gerichtet und abgeschnitten. Die Übernahme mit dem Greifer erfolgt an den Beinchen.
c) Stecker werden über WF zugeführt und vereinzelt. Ganz allgemein kann gesagt werden: Bauteile, die so formstabil sind, daß sie sich beim Schütten in Ihrer Form nicht verändern, bzw. elektrisch oder mechanisch nicht beschädigt werden können, sind auf einem Wendelförderer verarbeitbar.
d) Widerstände und Dioden lassen sich auf dem Roboter zwar sehr gut verarbeiten, die Wirtschaftlichkeit hängt im wesentlichen von der Anzahl pro LP ab. Axialgegurtete Bauteile werden direkt von der Rolle zugeführt, aus dem Gurt geschnitten, gebogen und einzeln oder bis zu fünf Bauteilen gleichzeitig gegriffen und einzeln eingesetzt.
e) Relais, Trafos oder Spulen werden in Paletten angeliefert, mit dem Greifer übernommen und meist zum Richten in eine Lehre gesteckt. Dabei können gleichzeitig die Beinchen beschnitten werden.
f) Verschiedene Baugruppen, wie Trafos, Schalter, Stecker usw. eignen sich gut für die Bereitstellung auf Transportbändern.

Greifer

Für jedes maßlich unterschiedliche Bauteil wird ein spezieller Greifer verwendet. Radiale und axiale Bauteile liegen an einem definierten Platz im Bauteilspender und werden vom Greifer an den Beinchen gegriffen und in die Leiterplatte gefügt.

Blockkondensatoren, die aus dem Wendelförderer kommen, werden am Gehäuse gegriffen, die Beinchen werden gerichtet und beschnitten. Dann erfolgt der Fügeprozeß. Stecker, Sockel, Trafos und ähnliche Teile werden am Gehäuse gegriffen. Es muß jedoch sichergestellt sein, daß die Beinchen zum Körper eine definierte Lage haben.
Einzelgreifer werden dort verwendet, wo die Wechselzeit nach Möglichkeit nicht in die Bearbeitungszeit eingeht, oder durch entsprechende Taktzeiten die Zeit zum Greiferwechsel keine Rolle spielt. Die andere Möglichkeit ist, verschiedene Greifer, die sich gegenseitig nicht behindern, als Mehrfachgreifer auszubilden. Ein Revolverkopf für insgesamt 6 Greifer ist bei niedrigen Taktzeiten eine besonders praktische Lösung.
Der Greiferwechsel findet während eines Bewegungsablaufes statt. Die Greifer sind mit integrierter Luftversorgung ausgestattet. Sensorleitungen und elektrische Versorgungsleitungen sind ebenfalls im Greiferwechsel integriert. Das gleiche gilt bei Verwendung des 6fach Revolvers.

Sensorik an Spendern, Zuführungen und Greifer

Bei der Planung einer Bestückungsanlage sollten sich der Kunde und der Lieferant sehr eingehend darüber unterhalten, welcher Sicherheitsgrad beim Betreiben der Anlage verlangt wird. Es gibt praktisch für jede Anforderung den geeigneten Sensor. Die wirtschaftlichen Überlegungen und die Einschränkungen der Verfügbarkeit einer Anlage durch die Sensorik dürfen dabei nicht außer acht gelassen werden. Jede Abfrage eines besonderen Merkmales oder der Eigenschaft der zu verarbeitenden Bauteile kostet Zeit und sehr viel Geld. Man wird sich darüber unterhalten müssen, was an jeder einzelnen Zuführung, was an dem Greifer, was am Transportsystem im einzelnen überprüft werden muß. An dem Beispiel Leiterplatte läßt sich dies folgendermaßen erläutern. Sie können auf der einen Seite der Auffassung sein, daß Ihre Bedienpersonen ganz sicher Leiterplatten von geprüfter Qualität seitenrichtig und lagerichtig in einen Stapler einlegen und diese dann ohne Prüfung der Lage zugeführt werden können. Wenn Sie aber der Auffassung sind, daß diese Aufgaben von Ihrem Bediener nicht zu erwarten sind, werden Sie beim Einlauf der Leiterplatte zu prüfen haben, ob die Leiterbahnen auf der richtigen Seite sind, und ob die richtige Seite der Leiterplatte vorne ist. Daß die Längs- und Querrichtung vertauscht wird, ist nicht zu erwarten.
Die gleiche Betrachtung machen Sie bitte für jedes einzelne Bauteil. Was wollen Sie in der Anlage prüfen? Verfügbarkeit, Länge der Staustrecke, Fühlgrad des Spenders, lagerichtige Zuführung, Vorhandensein der Beinchen und vieles andere mehr. Besteht die Notwendigkeit abzufragen, ob der Greifer ein Bauteil gegriffen oder das Bauteil abgegeben hat, ob der Greifer das Bauteil verloren hat oder ob Kollisionsgefahren bestehen? Es ist sehr oft mit einfachen Mitteln möglich festzustellen, ob bestimmte Zustände erreicht sind. Wirtschaftliche Gesichtspunkte spielen auch hier eine wesentliche Rolle.

Anforderungen an einen Montageroboter zur Bestückung von Leiterplatten

An einen Roboter zur Bestückung von Leiterplatten werden in bezug auf Genauigkeit und Zuverlässigkeit sehr hohe Anforderungen gestellt. Die Toleranzen der Leiterplatten, der Bauteile bis zur Fixierung summieren sich. So wird vom Roboter selbst eine Positionierungsgenauigkeit von 0,02 mm verlangt.
Die Leiterplatte wird von oben montiert. Deshalb kann von einer Freiprogrammierbarkeit in 4 Achsen ausgegangen werden, wobei die 4. Achse senkrecht zur Leiterplatte steht.

Hohe Verfahrgeschwindigkeiten der Achsen sind von Vorteil zur Erreichung kleiner Bestückungszeiten. Universelle Greifer für alle Bauteile sind in der Praxis fast nicht zu verwirklichen. Deshalb wird ein automatischer Werkzeugwechsel notwendig. Hohe Bahngeschwindigkeiten in den Achsen, eine Vielzahl von Sensoren, die abzufragen sind, erfordern eine hohe Rechengeschwindigkeit. Diese wird mit einem 32-Bit-Rechner erreicht. Über ein Handsteuergerät wird das Programm in die Steuerung eingegeben. Die Programmierung kann im Teach-in Verfahren wie auch über die Tastatur eingegeben werden. Änderungen im Programminhalt können sehr schnell vorgenommen werden. Ein großer Programmspeicher, vor allem bei der Unterprogrammtechnik, ist von großem Vorteil. Eine große Anzahl von elektrischen Ein- und Ausgängen in der Steuerung für die Peripheriesteuerung und -überwachung ist erforderlich.

Beispiel einer Roboter-Transferanlage

Wie Sie aus den bisherigen Ausführungen entnehmen konnten, ist es zwar wichtig, daß sich ein Roboter überhaupt zur Leiterplattenbestückung eignet, denn er muß Eigenschaften haben, die nur mit einer sehr hohen Technologie und Genauigkeit zu verwirklichen sind. Besonders wichtig ist jedoch das Zusammenspiel zwischen dem Roboter und seiner Peripherie. Es ist deshalb von großer Bedeutung, daß ein solches Komplettsystem aus einer Hand kommt, die Schnittstelle der Verantwortlichkeit muß klar definiert sein. Aus diesen Gründen wurde ein modulares Robotertransfersystem entwickelt, das aus Modulen zusammengestellt werden kann.
Begonnen wird mit der Bereitstellung der Leiterplatten, die in Magazinen oder im Stapel angeliefert werden. Es werden verschiedene Magazine auf ein Transportband gestellt. Von hier gehen diese einzeln in einen Hublift. Von hier aus werden die Leiterplatten einzeln auf das Transportband geschoben. Das entleerte Magazin wird über ein zweites Transportband entsorgt. Die auf dem Transportmodul aufliegenden Leiterplatten werden über das System getaktet und zwar nach dem System der freien Plätze. Erreicht eine Leiterplatte den Roboterarbeitsplatz, der wieder aus einem Modul besteht, wird die Leiterplatte vorfixiert und danach genau indexiert. Peripherien werden direkt auf dem Robotermodul aufgebaut, so daß kurze Fahrwege des Roboterarmes entstehen. Robotermodule und Handarbeitsplatzmodule können beliebig aneinandergereiht werden. Zur Entkuppelung von Handarbeitsplätzen zu Robotern, die im Takt arbeiten, stehen vertikale Puffer zur Verfügung, die bis zu 20 Leiterplatten beinhalten. Sie werden automatisch befüllt und entleert, wenn am Folgearbeitsplatz Leiterplatten bearbeitet werden oder diese stehen bleiben. An diesem praktischen Beispiel der Verbindung von Roboter- und Handarbeitsplätzen, die in der Praxis verwirklicht sind, können Sie ersehen, daß die Komplettbestückung einer Leiterplatte mit dem Roboter noch nicht in allen Fällen möglich ist. Sichtprüfungen, elektrischer und mechanischer Art, werden von Bedienpersonen durchgeführt oder es werden automatische Vorrichtungen zu Prüfungen und Testzwecken verwendet. Der Abtransport der fertiggestellten Leiterplatten erfolgt entweder wieder über Magazine, die in einem Lift getaktet werden, oder die Leiterplatten gehen direkt zu einer anderen Weiterverarbeitung, wie Löten oder Montieren. Bei bestimmten Prüfverfahren ist es erforderlich, die Leiterplatte wieder zurückzuführen — an vorangegangenen Arbeitsplätzen wieder einzuschleusen und ein zweites Mal über eine bestimmte Montagestrecke laufen zu lassen. In diesen Fällen werden zusätzliche Stapler in die Strecke eingebaut und über eine zweite Transportstrecke, die entweder unter- oder oberhalb der ersten liegt, zurückgeführt.

Eine weitere Möglichkeit ist das Ausschleusen in horizontaler Richtung — das Zurückführen und das Wiedereinschleusen in die Hauptstrecke.
Sie sehen aus dieser Ausführung, daß es mit diesem Transfermodulsystem möglich ist, sehr viele Varianten der Montagedurchführung zu lösen.
Das hier vorgestellte Roboter-Transfersystem wird sowohl in der Leiterplattenmontage als auch bei vielen anderen Montagen verwendet. Die Transportstrecken werden sowohl mit Kettentransport als auch mit Bandtransport ausgeführt, so daß Leiterplatten, Paletten und Magazine zu- und abgeführt werden können.
Mit der Entwicklung von Robotern in Verbindung mit Peripheriegeräten ist ein wesentlicher Beitrag zur Rationalisierung in der Montage erbracht worden. Damit schließt sich eine große Lücke zwischen der manuellen und der Automatenmontage. Wir werden uns in der Zukunft mit Kombinationen aus allen drei Verfahren zu beschäftigen haben. Die im Einzelfall wirtschaftlichste Methode wird bei der Beschaffung mit Recht ausschlaggebend sein.

Automatisierung der Kabelbaummontage

Dr.-Ing. Jürgen Maskow, Messerschmitt-Bölkow-Blohm (MBB) GmbH
Unternehmensbereich Transport- und Verkehrsflugzeuge, Hamburg

1. Problemstellung

Der Automatisierungsgrad und die Systemverknüpfung sind in zunehmendem Maße entscheidend für den Markterfolg unterschiedlicher Industriezweige. So ist derzeit zu erkennen, daß im Bereich der automatischen Steuerungs- und Regelungstechnik — und damit verbunden die Meß- und Prüftechnik — Problemlösungen gefragt sind, die dazu verhelfen sollen, den gegenwärtig verfolgten Zielen, wie höhere Produktivität, Qualität, Flexibilität und damit einhergehend niedrigere Herstellungskosten näher zu kommen.
Die rasche Folge von Produktinnovationen und die ständige Forderung nach Kostenminderung stellen die Fertigungstechnik also vor neue Aufgaben. Hier wird versucht, integrierte Systeme aufzubauen, die von der Produkt- und Prozeßentwicklung über die Disposition bis zur Fertigung und Endprüfung überwacht, optimiert mit Rechnerunterstützung ablaufen. Ein Schritt in diese Richtung ist die Kopplung von Maschine und Rechner mit Hilfe von Informations- und Steuerungseinrichtungen, die weiterhin zu einem flexiblen System integriert werden können. Dies schließt den Einsatz von Minirechnern oder Leitrechnern für den gesamten Kreislauf von Wareneingang über die Betriebsdatenerfassung an den Maschinen bis zur Steuerung von Materialfluß, Werkzeugmaschinen und Robotern in der Fertigung ein. Denn ein ausgewogenes Maß von autarken Funktionen und von zentralen Leitfunktionen gewährleistet eine hohe Verfügbarkeit der gesamten Fertigung und erleichtert die flexible Anpassung an die sich wandelnden Gegebenheiten.
Bei Messerschmitt-Bölkow-Blohm (MBB) GmbH, im Unternehmensbereich Transport- und Verkehrsflugzeuge, Werk Hamburg, sind erste erfolgreiche Ansätze zur Rationalisierung und Flexibilisierung der Fertigung — und hier bei der Montage von Kabelbäumen — abgeschlossen worden. Das neue Gesamtkonzept wird bis Ende 1990 realisiert werden.
In dem im Werk Hamburg auszurüstenden Fertigungsanteil des AIRBUS A300 werden 180 Kabelbäume mit zusammen 38.000 m Kabellänge verlegt. Die bisherige Methode zur Fertigung der Kabelbäume — die in anderen Industriezweigen noch Stand der Technik ist [1] — war durch hohe Rüst- und Nebenzeitanteile sowie durch hohe statische Belastungen der Mitarbeiter gekennzeichnet.

Durch Realisierung des im Werk Hamburg entwickelten Konzeptes können die Kabelbündel heute wesentlich schneller an ergonomisch günstiger gestalteten Arbeitsplätzen gefertigt werden.

2. Zustand vor der Umstellung

Die Arbeitsgänge vor der Umstellung auf die neue Fertigung stellten sich wie folgt dar:

1) Kabellagerung
Die Kabel wurden nach der Wareneingangskontrolle an die Fertigung geliefert und dort in einem Lager mit freiem Zugriff gelagert.

2) Zuschneiden
Entsprechend der nach Auftrag anzufertigenden Stückzahl wurden einzelne Kabel entsprechend Zeichnung zugeschnitten. Nach den Kriterien Leitungstyp, Querschnitt und Länge wurden die Kabel sortiert und mit einem gekennzeichneten Klebeband umwickelt (vgl. Bild 1).

Bild 1: Manuelles Zuschneiden von Kabeln

3) Kennzeichnen
Das Kennzeichnen der Kabel wurde auf einer Druckmaschine vorgenommen.
In Abhängigkeit von Leitungstyp und Querschnitt des Kabels wurde die Maschine vom Bediener nach folgendem Schema voreingestellt:
- Bestücken des Typenhalters mit 10 Lettern,
- Einstellen der Drucktemperatur,
- Einstellen der Druckzeit,
- Einstellen des Druckabstandes (entsprechend der gültigen Norm beträgt der Druckabstand auf einer definierten Abschnittslänge am Ende und Anfang eines Drahtes ca. 7,5 cm, im mittleren Leitungsabschnitt ca. 38 cm. Aus Gründen der Wirtschaftlichkeit hat sich ein Druckabstand von 7,5 cm über die Gesamtlänge als zweckmäßig erwiesen).

Nach dem Kennzeichnen wurden die Leitungen steckerorientiert sortiert und mit einem Klebeband umwickelt. Die so zusammengefaßten Leitungen wurden in einem Zwischenlager abgelegt.
Für die Kennzeichnung der Stecker und Bündel wurden separat Kennzeichnungskabelabbinder und Kennzeichnungshülsen gefertigt. Die Kabelbinder und Kennzeichnungshülsen wurden mit den im Speziallager kommissionierten Zubehörteilen (Stecker, Verteiler, Hülsen usw.) und den gekennzeichneten Leitungen am Arbeitsplatz des Kabelverlegers bereitgestellt.

4) Kabel verlegen
Die Leitungen wurden manuell auf dem Kabelformbrett verlegt und zu einem Zielpunkt hin „ausgekämmt".
5) Konfektionieren des Kabelbündels
Die nächste Arbeitsfolge war das Aufziehen von Schutzschläuchen sowie Abbinden der Leitungen pro Bündel mit Kabelabbindern. Danach wurden alle Leitungen auf ihre endgültige Länge zugeschnitten, mit Kontakten versehen und an einen Stecker oder Verteiler aufgeschaltet. Abschließend wurden die Stecker und Bündel mit Kennzeichnungsabbindern bestückt.
6) Prüfung des Kabelbündels
Das Kabelformbrett war zugleich Prüfvorrichtung. Alle Einzelleitungen wurden auf dem Kabelformbrett „durchgeklingelt".
7) Transport des Kabelbündels an das Lager
Nach der Prüfung wurde das Kabelbündel vom Kabelformbrett abgenommen, verpackt und an das Lager geliefert.

Insbesondere zwei Nachteile der bisherigen Fertigung von Kabelbündeln führten zur Konzipierung einer neuen Struktur:

1) Die Funktionen „Zuschneiden", „Kennzeichnen" und „Kabellegen" waren sehr personalintensiv.
Durch die bei den Tätigkeiten auftretenden statischen Belastungen waren Ermüdungen der Mitarbeiter zu verzeichnen, die durch Erholungspausen — über die Verteilzeit hinaus — kompensiert werden mußten.
Darüber hinaus traten beim Arbeitsgang „Kennzeichnen" erhebliche Rüst- und Nebenzeiten auf.
2) Da die genannten Arbeitsgänge an verschiedenen Arbeitsplätzen nach dem Prinzip der Fließfertigung ausgeführt wurden, war ein arbeitsplatzbezogenes Puffern der Kabel notwendig. Dies führte zu überhöhten Durchlaufzeiten und damit zu erheblicher Kapitalbindung.
Die Zwischenlagerung erforderte zusätzlich den Arbeitsgang „Kennzeichnung mit Klebeband".

3. Anforderungen an eine hochautomatisierte Kabelbaumfertigung

Aus den Nachteilen der manuellen Kabelbaumfertigung wurden für eine automatisierte Fertigung folgende Anforderungen definiert:

- geringere Rüstzeit,
- geringere Nebenzeit,
- Verkürzung der Durchlaufzeit,
- Automatisierung der Arbeitsgänge Zuschneiden, Kennzeichnen und Kabellegen,
- Entfall der Zwischenlagerung,

— geringerer Platzbedarf des zukünftigen Fertigungssystems und
— keine monotone und statische Arbeitsbelastung für den Mitarbeiter im Sinne einer ,,Humanisierung des Arbeitslebens".

4. Neues Fertigungskonzept

Die Anforderungen an die neue Fertigungsstruktur der Kabelbaumfertigung und -Montage führten zur Realisierung des CIM (Computer Integrated Manufacturing)-Konzeptes, nach dem Konstruktion, Fertigungsvorbereitung und Fertigung incl. Qualitätsprüfung NC-gesteuert Kabelbündel produzieren sollen. Das Konzept zur Steigerung des Technisierungsgrades sieht drei Realisierungsstufen vor (vgl. Bild 2).

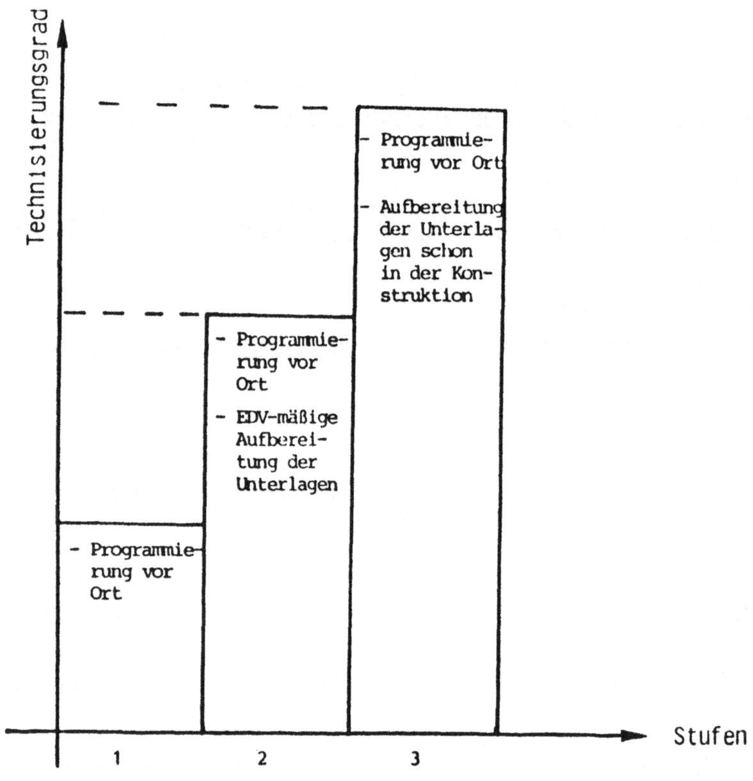

Bild 2: Technisierungsgrad [2] und Realisierungsstufen des CIM-Konzeptes am Beispiel ,,Kabelbaummontage"

In der ersten Stufe wurde die Programmierung vor Ort mit den vorhandenen Konstruktions- und Fertigungsanlagen wie
— Stückliste,
— Zeichnung,
— Kabeltypangaben/-Kennzeichnung,
— Kabelquerschnittsangabe,
— Kabellängenangabe und
— Fertigungsplan
eingeführt.
In der zweiten — derzeit realisierten — Stufe wurde die Programmierung durch zusammengefaßte und EDV-mäßig aufbereitete Unterlagen wie
— Fertigungsplan und
— EDV-Liste mit den unter Stufe 1 genannten Angaben
erleichtert.

In der dritten Stufe werden die unter Stufe 1 genannten Angaben bereits während der Konstruktionsphase EDV-mäßig erfaßt und aufbereitet, d. h. Erstellung des Fertigungsplanes mit allen für die Kabelbaumfertigung notwendigen Daten und Unterlagen.
Die Eingabe von Änderungen erfolgt wie bei Stufe 1 und 2 vor Ort am Fertigungssystem.
Ein Layout der realisierten Kabelbaumfertigung, d. h. der Stufe 2 der Realisierungsstufen des CIM-Konzeptes zeigt Bild 3.

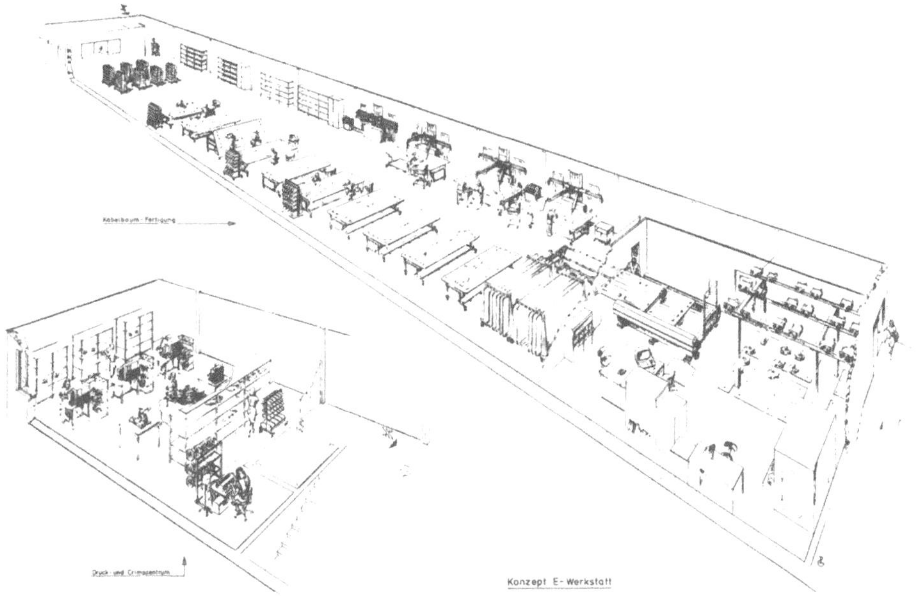

Bild 3: Layout der Kabelbündelfertigung

Durch die Einführung einer CNC-Kabelverlegemaschine haben sich die Arbeitsgänge in der automatisierten gegenüber der überwiegend manuell ausgeprägten Version geändert:

1) FEMI-Herstellung
   Die Verlegepläne, die für die manuell herzustellenden Kabelbäume noch benötigt werden, werden heute am Bildschirm erzeugt. Auf die gleiche Weise wird auch das NC-Programm erstellt, mit dem die Nagellöcher in die Paletten für die Kabelverlegemaschine automatisch gebohrt werden.
2) Kabellagerung
   Die Kabel werden nach der Wareneingangskontrolle an die Fertigung geliefert und in unmittelbarer Nähe des neuen Fertigungssystems in einem Freestock gelagert.
3) Rüsten der CNC-Kabelverlegemaschine
   Die Drahtstationen werden mit Rollen und Paletten für den zu fertigenden Kabelbaum bestückt.
4) Gleichzeitiges Kennzeichnen und Verlegen der Kabel
   Entsprechend der Daten des NC-Programmes werden die Kabel auf der Maschine gekennzeichnet und verlegt. Die Kabelformpalette wird nach Abschluß der Arbeiten mit einem Hubwagen zum Konfektionierarbeitsplatz gefahren.
5) Konfektionieren des Kabelbaumes
   Die nächste Arbeitsfolge ist — wie bei der manuellen Kabelfertigung — das Aufziehen von Schutzschläuchen sowie das Zusammenfassen der Bündel mit Abbindern. Alle Leitungen werden auf ihre endgültige Länge zugeschnitten, mit Kontakten bestückt und an einen Stecker oder Verteiler angeschlossen. Die Stecker und Bündel werden abschließend mit Kennzeichnungskabelabbindern versehen.

6) Prüfen des Kabelbaumes
   Die Kabelformpalette wird zum NC-Prüfplatz gefahren. Der Kabelbaum wird dort mit den Gegensteckern der Prüfanlage verbunden und geprüft.
7) Transport des Kabelbaumes zum Lager
   Nach Prüfung des Kabelbaumes auf der Prüfanlage wird dieser von der Kabelformpalette abgenommen, gekennzeichnet, verpackt und an das Lager geliefert.
   Die Kabelformpalette wird in einem Regal abgelegt bzw. wieder der Produktion zugeführt.

Die zum Einsatz kommende Kabelverlegemaschine („Wirematic") zur integrierten Bearbeitung des Kennzeichnens und Kabellegens wurde zur Verlegung von bis zu 40 verschiedenen Leitungen in den Größen AWG (American Wire Gage) 16 bis 24 konzipiert (vgl. Bild 4).

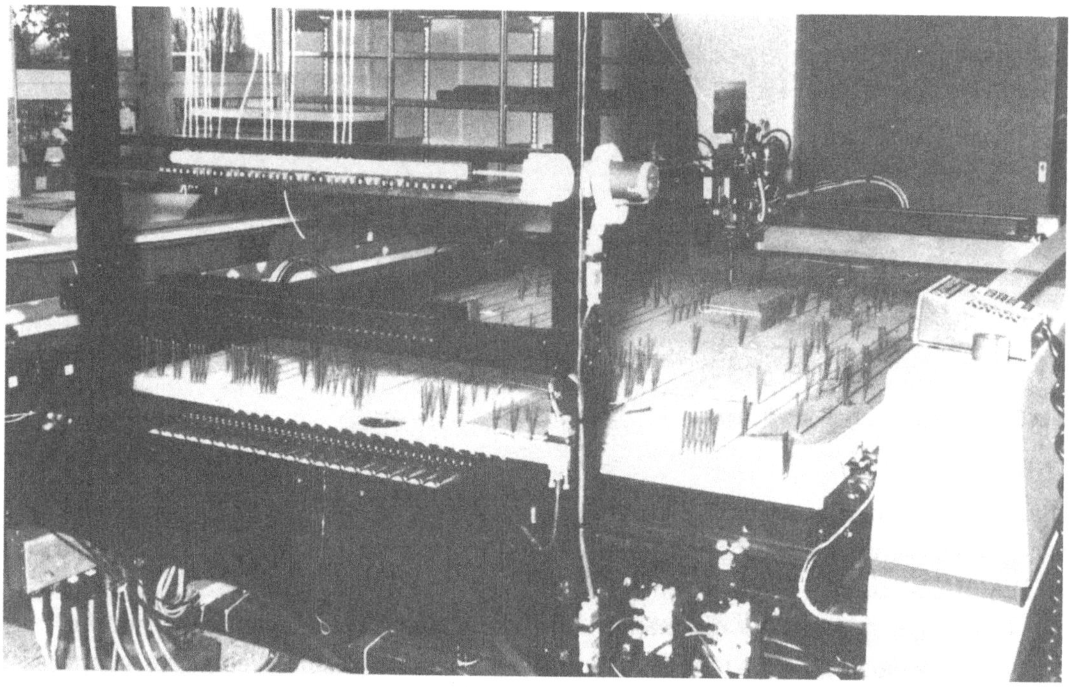

Bild 4: NC-Kabelverlegemaschine

Eine Besonderheit der Maschine ist der bei MBB entwickelte Kabelverlegekopf mit integriertem Walzendrucker. Der Walzendrucker ist auf dem Verlegewagen unmittelbar vor dem Verlegefinger angeordnet.
Das automatische Abbinden der Leitungsbündel befindet sich derzeit in der Labor-erprobung. Das pneumatisch arbeitende Abbindegerät wird über eine Steuereinheit versorgt, auf der sich eine Spule mit 5.000 gegurteten Kabelbindern befindet. Diese Menge reicht für etwa einen Tagesbedarf. Das Abbindegerät selbst ist an ein Handhabungsgerät adaptiert. Die Funktionen des Abbinders (Öffnen und Schließen der Klauen, Auslösen des Abbindevorganges) werden über den Rechner des Handhabungsgerätes gesteuert.
Um den Abbindevorgang ausführen zu können, müssen die Leitungen ca. 12 bis 15 mm von der Palette abgehoben werden. Zu diesem Zweck wurde eine Abhebevorrichtung entwickelt, die aus einem Klauenpaar besteht, daß sich beim Herauffahren an die Palette selbsttätig schließt und dabei die Leitungen von der Palette abhebt (vgl. Bild 5).
Als Rationalisierungspotential konnte eine Zeitanalyse aufzeigen, daß ca. 50% der Hauptzeit durch das neue Fertigungskonzept beeinflußbar waren. Mit der realisierten Stufe 2

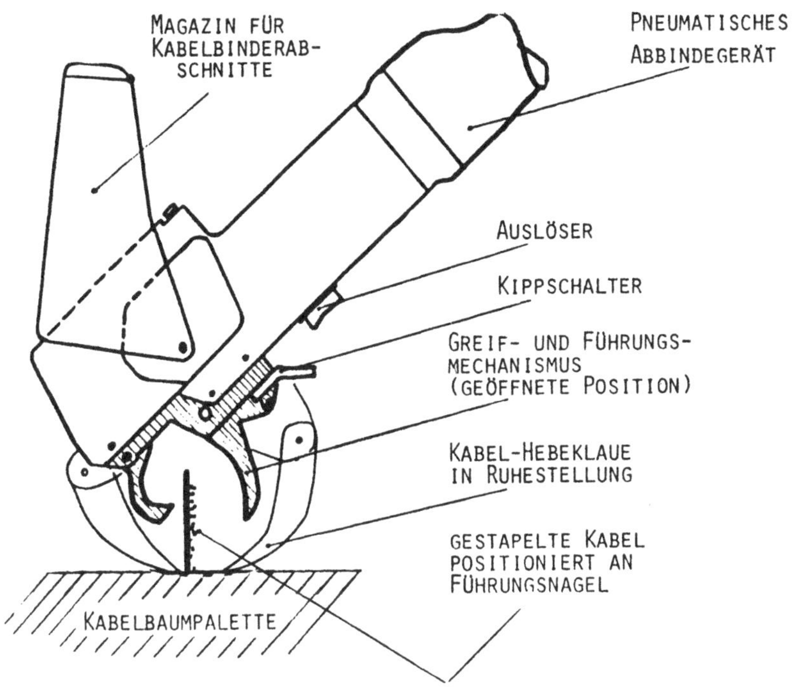

Bild 5: Pneumatisch arbeitendes Abbindegerät

des neuen Gesamtkonzeptes wurde diese Zeit in Abhängigkeit von der Kennzeichnungs- und Verlegegeschwindigkeit auf 1/8 ihrer ursprünglichen Zeit reduziert. Der Arbeitsplatz wurde durch das neue Arbeitssystem ergonomisch günstiger gestaltet. Bis heute wurden mehr als 50% der bisherigen Kabelbaumfertigung entsprechend dem neuen Fertigungskonzept umgestellt.

5. Zusammenfassung

Die rasche Folge von Produktinnovationen und die ständige Forderung nach Kostenminderung stellen die heutige Fertigungstechnik vor neue Aufgaben.
Deshalb wird versucht, diesen Herausforderungen durch Einführung von integrierten Produktionssystemen zu begegnen, d. h. Produktionssysteme, die von der Produktentwicklung über hochautomatisierte Fertigungssysteme bis zur automatischen Endprüfung überwacht, optimiert mit Rechnerunterstützung, ablaufen.
Am Realisierungsstand des Beispiels ,,Kabelbaummontage" in einem Unternehmen der Luft- und Raumfahrtindustrie werden neue Fertigungstechnologien solch eines Systems erläutert.

Literatur:

[1] Lehmann, B.: Mikroprozessorgestützte Herstellung von Kabelbaumverdrahtungen und konfektionierten Leitungssätzen. In: ZWF (1982) 6, S. 266 – 268.
[2] Maskow, J.: Beitrag zur Erfassung von Arbeitsinhalten im Bereich der Teilefertigung und Montage. Düsseldorf 1981, S. 67.

Flexible Automatisierung in der Montage — Voraussetzungen, Planung, Lösungsbeispiele

Dr. Ing. K. W. Witte, PLATOS GmbH, Herzogenrath-Kohlscheid

1. Einleitung

Die Notwendigkeit, sich gegenüber in- und ausländischen Wettbewerbern am Markt zu behaupten, zwingt unsere Unternehmen permanent dazu, Möglichkeiten zur Reduzierung der Herstellkosten und zur Verbesserung der Qualität ihrer Produkte zu finden. Maßnahmen zur Verringerung der Kosten sind erfahrungsgemäß am wirkungsvollsten, wenn sie dort ansetzen, wo die höchsten Kostenanteile entstehen. Untersuchungen in mehreren Firmen, die gebrauchsfertige Produkte in größeren Stückzahlen produzieren, zeigten, daß sich der Schwerpunkt der Kostenentstehung in den letzten Jahren immer mehr von der mechanischen Fertigung zur Montage verlagert hat. In vielen Unternehmen haben die Montagekosten bereits einen Anteil von 50 — 70% an den gesamten Herstellungskosten erreicht. Analysiert man die Ursachen dieser Entwicklung, so ist festzustellen, daß die Rationalisierung in der mechanischen Fertigung in der Vergangenheit viel konsequenter betrieben wurde als in der Montage. Dies ist insofern nicht verwunderlich, als die Aufgaben bei der Fertigung von Einzelteilen in der Regel erheblich einfacher zu lösen sind als das Zusammenfügen einer Vielzahl von Bauteilen unterschiedlichster Eigenschaften zu einem funktionsfähigen Produkt. Nicht zuletzt deshalb weist die mechanische Fertigung bei Serienprodukten üblicherweise einen recht hohen Automatisierungsgrad auf. Während hier das Spektrum der eingesetzten Einrichtungen von unverketteten NC-Maschinen bis hin zu flexiblen Transferstraßen reicht, geschieht die Montage noch weitestgehend „von Hand". Eine umfassende Mechanisierung ist hauptsächlich bei der Montage von Massenprodukten anzutreffen, wobei die verwendeten Einrichtungen speziell auf die jeweiligen Montageaufgaben zugeschnitten sind.
Diese Situation sollte nicht zu dem Schluß führen, im Bereich der Montage von Serienprodukten wäre eine wirtschaftliche Automatisierung auf absehbare Zeit nicht möglich. Es stimmt zwar, daß in den meisten Betrieben die Voraussetzungen für eine solche Automatisierung erst noch zu schaffen sind, und daß die angebotenen Einrichtungen für eine flexiblere Montage hinsichtlich Preis und Leistung noch viele Wünsche offen lassen. Es ist aber naheliegend, daß jede Maßnahme zur Verbesserung dieser Situation langfristig ein

erheblich größeres Rationalisierungspotential erschließt als Maßnahmen gleichen Aufwandes zur weiteren Steigerung der Effizienz in der mechanischen Fertigung. Die NC-Technik wurde auch nicht über Nacht in die industrielle Praxis eingeführt, und wer sich nicht schon vor Jahren mit dieser Technik auseinandergesetzt hat, sieht sich heute mit Entwicklungssprüngen konfrontiert, die angesichts des fehlenden Know-hows überhaupt nicht mehr oder nur mit riesigem Aufwand nachvollzogen werden können. Eine ähnliche, wahrscheinlich noch schnellere Entwicklung wird sich bei der Montage von Serienprodukten einstellen. Unternehmen, die die Rationalisierungsreserven ihrer Montage nutzen wollen, müssen damit heute beginnen — verlorene Zeit wird immer schwerer einzuholen sein. Diese Aussage wird auch dadurch bestätigt, daß die Unternehmen, die sich auch heute noch einer guten Ertragslage erfreuen dürfen, in der Regel diejenigen sind, die mit neuen Techniken vertraut waren, bevor sie wirtschaftlich eingesetzt werden konnten. Diese Unternehmen sind aufgrund ihrer Erfahrung auch in der Lage, den Zeitpunkt, zu dem eine neue Technologie wirtschaftlicher wird als die bisher verwendete, sicherer zu bestimmen und Rationalisierungsmöglichkeiten dann konsequent zu nutzen.
Die stärksten Hemmnisse bei der Durchführung von Automatisierungsmaßnahmen in der Montage sind aufgrund unserer Erfahrungen:
— die Unsicherheit über die zukünftige Entwicklung des Produktionsprogramms,
— eine im Hinblick auf die Belange der Montage ungeeignete Produktgestaltung sowie
— eine unzureichende und ungleichförmige Qualität der zu montierenden Bauteile.
Hinsichtlich des ersten Punktes kann auch eine noch so gute Marktanalyse die Unsicherheit nur mindern, nicht aber beseitigen. Ein geplantes Montagesystem sollte deshalb eine dem Unsicherheitsspielraum entsprechende Flexibilität aufweisen. Hierauf wird später noch ausführlicher eingegangen. Bezüglich der Bauteilqualität sind in vielen Fällen höhere Anforderungen zu stellen. Die dadurch bedingten Mehrkosten müssen sich letztlich über die Gesamteinsparungen durch die Automatisierungsmaßnahme rechtfertigen lassen. Die montagegerechte Produktgestaltung ist schließlich eine der wichtigsten Voraussetzungen für die Realisierung wirtschaftlicher Montagesysteme. Welche Maßnahmen zur Erzielung montagegerecht gestalteter Produkte durchzuführen sind, wird im Folgenden kurz erläutert.

2. Montagegerechte Produktgestaltung — wichtigste Voraussetzung für die Realisierung wirtschaftlicher Montagesysteme

Die wesentlichsten Anforderungen an einen montagegerechten Produktaufbau sind in Bild 1 dargestellt.
Eine automatisierungsgerechte Abgrenzung vormontierbarer Baugruppen ist im wesentlichen dann gegeben, wenn sich überschaubare und automatisierbare Montageumfänge ergeben, eine separate Funktionsprüfung vormontierter Baugruppen möglich ist und somit Fehlmontagen oder Bauteilfehler nicht erst am komplettierten Produkt festgestellt werden, die Endmontage vereinfacht wird und schließlich Produktvarianten baukastenförmig aufgebaut werden können.
Die Forderung nach einer geringen Anzahl unterschiedlicher zu montierender Bauteile läßt sich sehr wirksam durch eine konsequente Standardisierung erfüllen. Bedenkt man, daß der Flächenbedarf für ein Montagesystem mit der Zahl pro Zeiteinheit bereitzustellender unterschiedlicher Bauteile und deren Größe wächst, so wird schnell erkennbar, daß insbesondere bei der gemischten Montage von Produktvarianten die Zahl der unterschiedlichen Bauteile die Realisierung des gesamten Systems beeinflußt. Selbstverständlich erleichtert

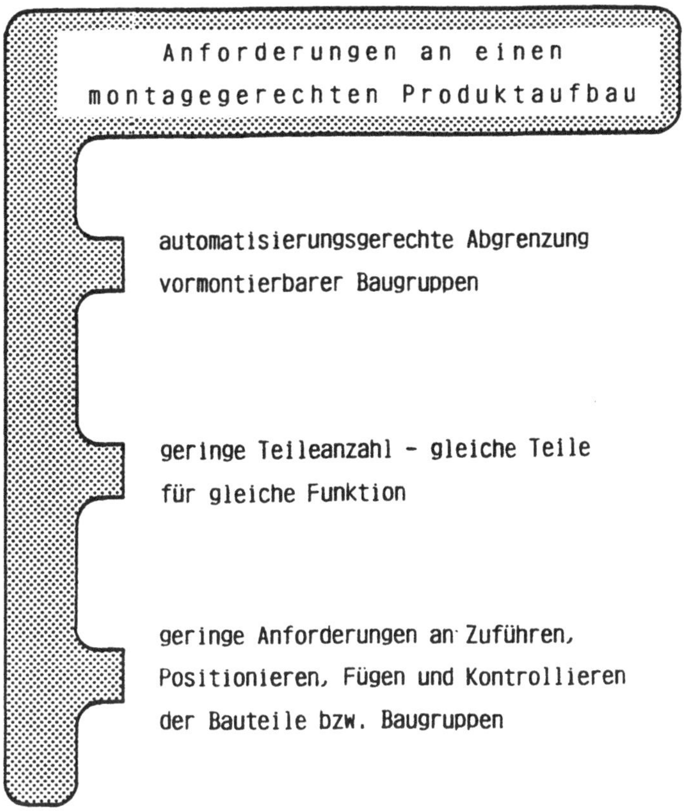

Bild 1: Anforderungen an einen montagegerechten Produktaufbau

die Reduzierung der Teilevielfalt auch die Fertigungssteuerung und verringert die organisatorisch bedingten Stillstandzeiten des Montagesystems.
Um zu erreichen, daß die Produkte geringe Anforderungen an das automatische Zuführen, Positionieren, Fügen usw. stellen, ist es wichtig, sich mit den Eigenschaften der hierfür benutzbaren Geräte auseinanderzusetzen. Selbst ein mit allen technischen Finessen ausgestatteter Montageroboter — dessen Wirtschaftlichkeit sehr in Frage zu stellen ist — wird auch nicht annähernd die sensorischen und motorischen Fähigkeiten des Menschen aufweisen können. Deshalb ist es erforderlich, sich bereits bei der Produktgestaltung auf das begrenzte Leistungsangebot dieser Einrichtungen einzustellen.
So ist beispielsweise anzustreben, daß möglichst wenig unterschiedliche Fügerichtungen und Fügebewegungen bei der Montage erforderlich sind. Der Idealfall ist eine sog. Schichtenstruktur des Produktes, bei der die Bauteile immer von oben aufmontiert werden können. Die Anforderungen an die Bewegungsmöglichkeiten der eingesetzten Handhabungseinrichtungen sind relativ gering. Auf Schwenk- und Dreheinrichtungen kann verzichtet werden und die Beibehaltung einer definierten Bauteillage wird durch die Schwerkraftwirkung vereinfacht. Insgesamt erhält man einen einfacheren und sicheren Montageprozeß [1].
Die weiteren Anforderungen an eine automatisierungsgerechte Konstruktion von Bauteilen und Baugruppen können in diesem Rahmen natürlich nicht vollständig und mit der von der Sache her gebotenen Ausführlichkeit dargestellt werden. Es sollen deshalb nur einige der wichtigsten Anforderungen hier aufgezählt werden:
— Vorhandensein von Merkmalen zur eindeutigen Lageerkennung von Bauteilen,
— Vorhandensein definierter Greifstellen,
— gleiche Greifstellen bei Variantenteilen,
— keine Behinderungen im Bewegungsablauf,

— Vorhandensein von Positionierhilfen,
— keine Überbestimmung der Verbindung,
— ausreichend Platz für Fügewerkzeuge,
— Vermeiden biegeschlaffer Teile
— usw.

Ein Beispiel für eine automatisierungsgerechte Produktgestaltung aus dem Bereich des Automobilbaus zeigt Bild 2.

nach: VW

Bild 2: Einbau des Triebsatzes in PKW [2]

Hier wurde zunächst dafür gesorgt, daß die Karosse in der Montagestation eine definierte Position und Lage aufweist. Ferner wurde durch Öffnung der Frontpartie des Fahrzeuges erreicht, daß bei der Zuführung des sperrigen Triebsatzes keine Behinderungen auftreten, und schließlich wurden die Verbindungsstellen so gestaltet, daß die Baugruppe automatisch festgeschraubt werden kann.

Ein anderes Beispiel für die Vereinfachung von Montagevorgängen zeigt Bild 3. Hier konnte durch den konsequenten Einsatz von Rast- und Schnappverbindungen sowie durch die Integration mehrerer Bauteile in einem Komplexteil die Zahl der Bauteile und damit auch die Zahl der Montagevorgänge stark reduziert werden.

So wünschenswert und notwendig eine montagegerechte Produktgestaltung ist, so vielfältig sind auch die Meinungen darüber, wie man sie erreichen kann. Es kann als sicher angesehen werden, daß ein umfangreiches Regelwerk zur montagegerechten Produktgestaltung neben den übrigen Ordnern mit Richtlinien und Vorschriften, die der Konstrukteur einhalten sollte, weitgehend ungenutzt liegenbleibt. Die Konstrukteure sind heute schon in vielen Unternehmen durch die Fülle an Richtlinien überfordert. Der in der Regel herrschende Termindruck läßt das relativ aufwendige Arbeiten mit Richtlinienkatalogen oft nicht zu.

Erfolgversprechend sind demgegenüber eine problemorientierte Schulung der Konstrukteure und die Bereitstellung von Hilfsmitteln in Form einfach und schnell zu nutzender

Bild 3: Beispiel für die Anwendung von Rast- und Schnappverbindungen

Checklisten [3]. Die größte Effizienz wird allerdings dann erreicht, wenn die Entwicklung und Konstruktion eines Produktes einerseits und die Planung des Montagesystems für dieses Produkt andererseits nicht mehr als zeitlich aufeinanderfolgende Aufgaben betrachtet werden, die ohne nennenswerte Kooperation zwischen den verantwortlichen Bereichen durchgeführt werden, sondern als bereichsübergreifende Aufgaben, deren zeitlich parallele Durchführung von einem auf beiden Gebieten fachkundigen Team geleitet wird (Bild 4).

3. Planung flexibel automatisierter Montagesysteme

Es gibt immer noch zu viele potentielle Anwender automatisierter Montagesysteme, die der Meinung sind, das Konzipieren einer flexibel automatisierten Montageanlage sei ausschließlich Sache der Hersteller solcher Anlagen. Als Folge dieser Auffassung erhält dann eine Gruppe von Herstellern einige Produkte oder Baugruppen, von denen man glaubt, daß sie automatisch montiert werden sollten, mit der Bitte, ein ausführliches Angebot für eine geeignete Montageanlage abzugeben. Die eingehenden Angebote werden nach technischen und wirtschaftlichen Kriterien miteinander verglichen. Nachdem einzelne Hersteller noch einige Änderungswünsche berücksichtigt haben, fällt dann die Entscheidung. Hierbei gibt es naturgemäß verschiedene Alternativen. Die erste besteht darin, daß man von einer Realisierung des Vorhabens Abstand nimmt, weil die gewünschte Rentabilität offensichtlich nicht erreicht wird. Entscheidet man sich jedoch für die Investition, so gibt es wiederum zwei Möglichkeiten, die sich auf den praktischen Betrieb der Anlage beziehen. Entweder die Anlage arbeitet — wie ursprünglich erwartet — reibungslos und ohne nennenswerte Störungen, oder es dauert Monate, bis die Anlage nach zahlreichen technischen Änderungen ihre geplante Leistung erbringt. In dem Fall, daß die Anlage ohne Anlaufschwierigkeiten ihre volle Leistungsfähigkeit zur Verfügung stellt, hat man entweder Glück gehabt, oder man hat die Anlage bei einem Hersteller gekauft, der nicht nur über umfangreiches Know-how auf dem Gebiet der flexiblen Montageautomatisierung verfügt, sondern der auch bereits Erfahrungen (gute und schlechte) mit gleichen oder ähnlichen Produkten besitzt.

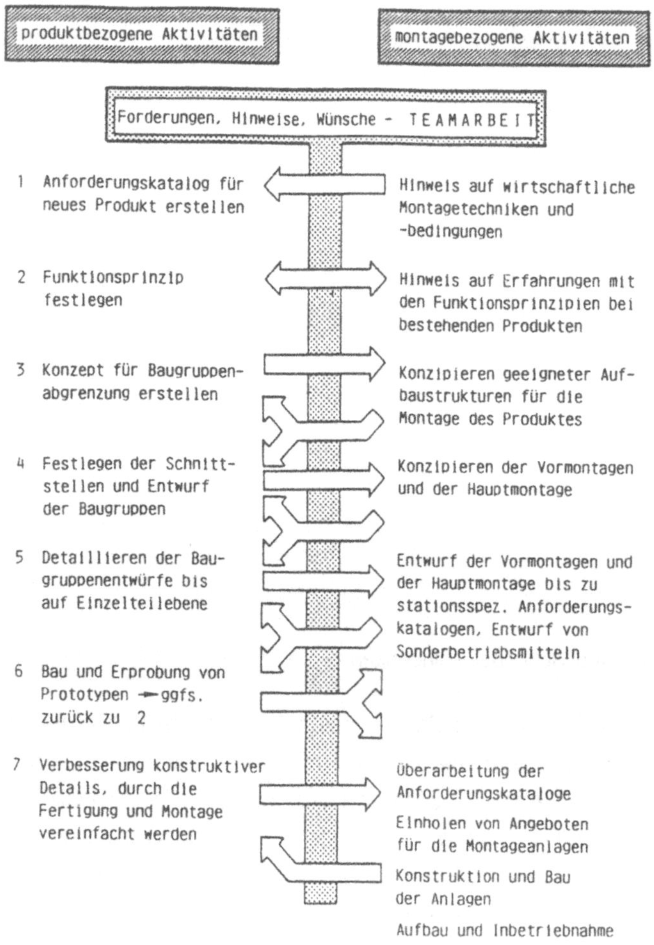

Bild 4: Planung flexibel automatisierter Montagesysteme — eine bereichsübergreifende Aufgabe

Die hier kurz beschriebenen Entscheidungssituationen und -resultate sind bewußt überspitzt worden, um deutlich hervortreten zu lassen, welche Konsequenzen es hat, wenn sich der Anwender einer automatisierten Montageanlage nicht ausreichend an deren Konzipierung beteiligt.

Tritt der zuerst geschilderte Fall ein, daß die ursprünglich vorgesehene Investition aufgrund offensichtlich ungenügender Rentabilität nicht getätigt wird, so werden die den Angeboten zugrunde liegenden Produkte oder Baugruppen meist langfristig aus jeglichen Automatisierungsüberlegungen ausgeschlossen. Im Unternehmen faßt die Überzeugung Fuß: ,,Diese Produkte können nicht automatisch montiert werden. Wir haben das schon einmal versucht. Das war aber ein Fehlschlag.'' Die Gründe für die ungenügende Rentabilität bleiben in den meisten Fällen verborgen. So kann zum Beispiel das dem Hersteller von Montageanlagen vorgelegte Produktspektrum Montageanforderungen gestellt haben, die aufgrund ihrer zu großen Unterschiedlichkeit die Anlagekosten in die Höhe trieben. Das schließt aber nicht aus, daß für ein eingegrenzteres Spektrum an Produktvarianten eine Montageautomatisierung nicht doch hätte außerordentlich rentabel sein können. Eine andere mögliche Ursache für ungenügende Rentabilität sind schwierige Handhabungs- und Fügeoperationen, die aufgrund einer Produktkonstruktion erforderlich werden, die nicht auf eine automatische Montage ausgerichtet ist. Diese Schwächen seiner Produkte im Hinblick auf die automatische Montage lernt der potentielle Anwender automatisierter Montagesysteme in der Regel nicht kennen, wenn er sich an der Konzipierung der Mon-

tageanlage nicht genügend beteiligt. Er kann sie somit bei Folgeprodukten auch kaum vermeiden. In solchen Fällen beraubt sich mancher Produzent von Serienprodukten selbst der wirtschaftlichen Vorteile einer automatisierten oder zumindest teilautomatisierten Montage.
Auch in Fällen, in denen eine Entscheidung für die Realisierung eines automatisierten Montagesystems getroffen wird, kann mangelnde Eigeninitiative in der Konzipierungsphase negative Folgen haben. Liegen alternative Systemkonzepte vor, von denen man annimmt, daß sie alle ihre Funktion, nämlich die Montage der vorgegebenen Produkte in den geforderten Stückzahlen, erfüllen, so tendiert man oft zu schnell dazu, dem preiswertesten Anbieter den Zuschlag zu geben. Dies ist vor allem dann festzustellen, wenn sich der spätere Anwender des Montagesystems nicht genügend mit spezifischen Montageproblemen seiner Produkte auseinandergesetzt hat und somit seine Urteilsfähigkeit hinsichtlich der Eignung verschiedener Lösungsalternativen für einzelne Montageaufgaben eingeschränkt ist. In solchen Fällen kann beispielsweise durch Umbauten während des Systemanlaufs oder Ausfallzeiten aus einem preiswerten Angebot schnell eine kostspielige Anlage werden.
Aus diesen Schilderungen wird deutlich, daß der potentielle Anwender automatisierter Montagesysteme selbst umfangreiches Know-how und personelle Kapazität in die Konzipierung eines Montagesystems einbringen muß, um erfolgreich zu sein [4].
Bei der Planung flexibel automatisierter Montagesysteme hat sich folgende Vorgehensweise bewährt:

1. Erfassung der Rahmenbedingungen auf die Planung des Montagesystems, z. B.
   — Produktionsanlaufkurven
   — verfügbare Fläche
2. Beschreibung der Montageaufgabe, z. B.
   — Montagevorgangsfolge
   — Art und Eigenschaften der Bauteile
   — Produktvarianten
3. Zuordnung der Montagevorgänge zu Montagestationen, z. B. aufgrund:
   — Automatisierungseignung
   — Arbeitsinhalt
   — grober Zeitabschätzung
4. Erarbeitung der Grundstruktur des Montagesystems
5. Planung des Transportsystems und der Bauteilträger
6. Konzipieren der Montagestationen hinsichtlich:
   — Bauteilbereitstellung
   — Bauteilspeicherung
   — Bauteilzuführung
   — Fügen der Bauteile
   — Durchführung von Prüf- und Einstelloperationen
   — Gestaltung manueller Arbeitsplätze
7. Auslegung und Gestaltung von Pufferstrecken
8. Konzipieren der organisatorischen Steuerung des Montagesystems, z. B.
   — Informationsfluß im System
   — Einsteuerreihenfolgen für Produktvarianten
   — Strategien für „Notbetrieb"
9. Konzipieren der operativen Steuerung
10. Planung der Ausbaustufen
11. Darstellung des Gesamtsystems und Erstellung eines Lastenheftes für Hersteller

12. Einholen von Angeboten
13. Angebotsbewertung und Wirtschaftlichkeitsrechnung
14. Investitionsentscheidung

Für einzelne dieser Arbeitsschritte sollen im folgenden einige Ergebnisbeispiele gezeigt werden. Im ersten Fall bestand die Aufgabe darin, ein Montagesystem für komplexe Geräte mit einer hohen Anzahl von Varianten zu planen. Aufgrund der hohen Variantenzahl und der nicht gerade riesigen Stückzahlen war von vornherein klar, daß eine vollautomatische Montage nicht in Betracht kommt. Dennoch sollte mit zunehmenden Stückzahlen eine schrittweise Automatisierung möglich sein. Die Grundstruktur des unter diesen Randbedingungen entstandenen Montagesystems zeigt Bild 5.

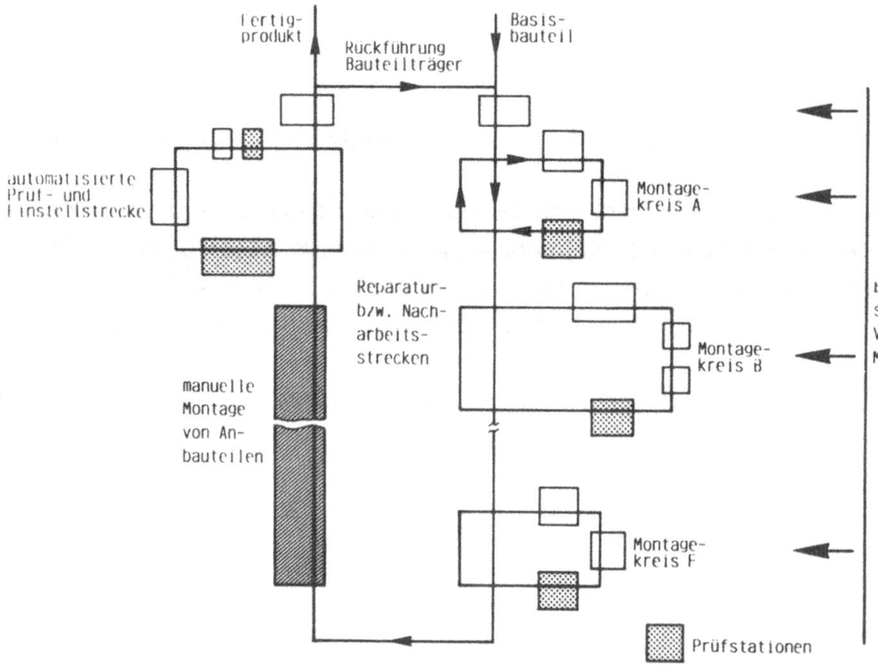

Bild 5: Grundstruktur eines teilautomatisierten Montagesystems für komplexe Geräte

Der Materialfluß in diesem System erfolgt in Form eines Karrees. An dieses Grundkarree sind verschiedene Montagekreise angeschlossen, in denen abgegrenzte, prüfbare Montageumfänge automatisch durchgeführt werden. Die Montage spezieller Variantenteile erfolgt manuell in einem stark durch Puffer entkoppelten Teil des Grundkarrees. Am Ende der Montagestrecke befindet sich eine automatisierte Prüf- und Einstellstrecke.

Diese Grundstruktur hat mannigfaltige Vorteile, insbesondere hinsichtlich des stufenweisen Systemaufbaus (Bild 6). In der ersten Ausbaustufe ist zur Sicherstellung der Produktqualität schon bei kleinen Stückzahlen nur der Prüf- und Einstellkreis automatisiert. Die restlichen Montagevorgänge werden manuell am Grundkarree durchgeführt. In den weiteren Ausbaustufen werden die Montageumfänge automatisiert, die am wenigsten durch Varianten beeinflußt sind.

Ein Vorteil dieses Grundkonzeptes besteht u. a. darin, daß der gesamte Montageablauf durch den Aufbau und die Inbetriebnahme der automatisierten Montagekreise nicht gestört wird, da die manuelle Montage erst bei voller Funktionsfähigkeit der Einzelkreise eingestellt wird.

Im zweiten Fall waren Produkte aus dem Haushaltssektor automatisch zu montieren. Im Gegensatz zum ersten Fall lagen hier so hohe Stückzahlen vor, daß sie mit einem ein-

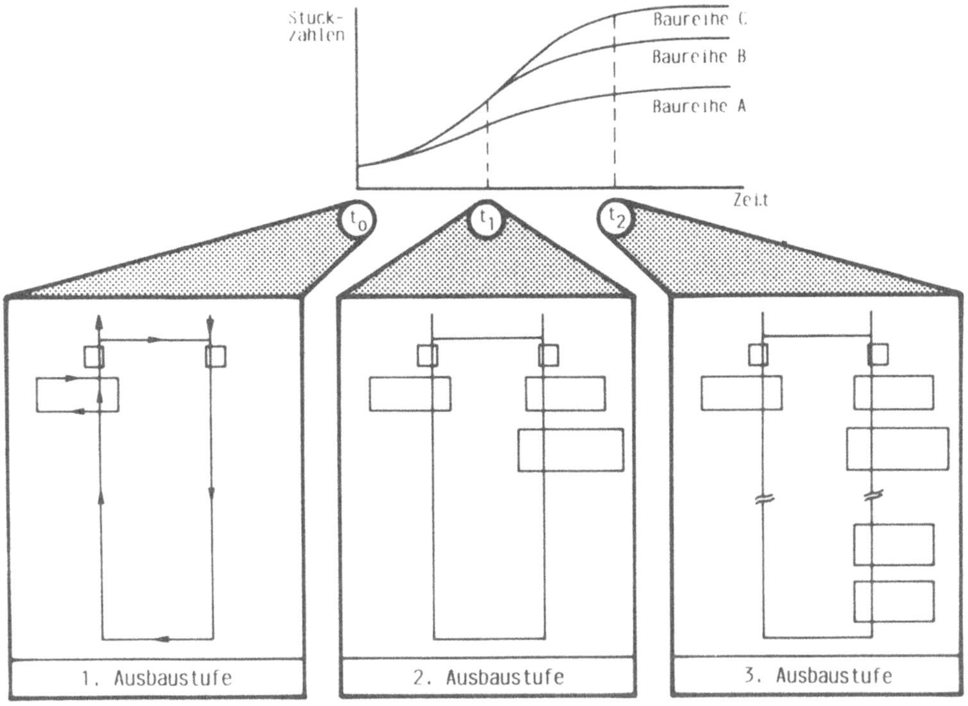

Bild 6: Ausbaustufen des Montagesystems

zigen Montagesystem nicht zu bewältigen waren. Dennoch trat eine Vielzahl an Produktvarianten auf. Als Grundstruktur der zu realisierenden Montagesysteme wurde die in Bild 7 gezeigte Ausführung gewählt.

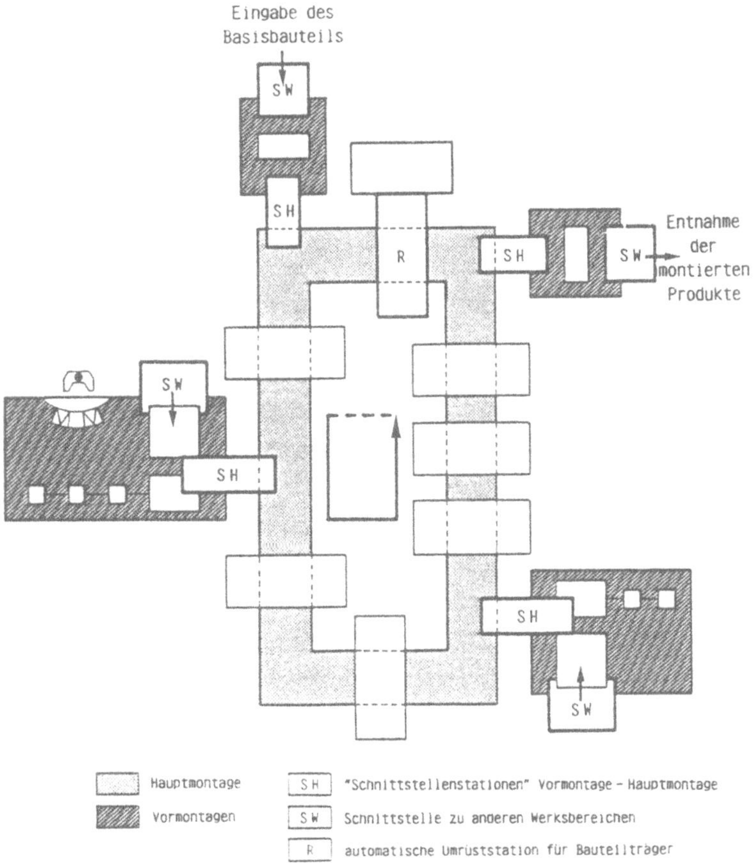

Bild 7: Grundstruktur eines Systems zur automatisierten Montage variantenreicher Massenprodukte

Aufgrund einer konsequenten Gestaltung der Produkte nach montagetechnischen Gesichtspunkten, wurde erreicht, daß nahezu alle variantenspezifischen Produktmerkmale nur in Vormontageumfängen zum Tragen kamen. Auf diese Weise war es möglich, ein weitgehend variantenunabhängiges Montagekarree aufzubauen und die erforderliche Flexibilität in die über standardisierte Schnittstellenstationen angekoppelten Vormontagebereiche zu verlagern. Das einzige Flexibilitätsmerkmal des Grundkarrees bestand in der Möglichkeit, je nach Baureihe des Produktes unterschiedliche Basisbauteile aufzunehmen. Hierzu wurde eine automatische Umrüststation für Bauteilträger in das System integriert. Da alle Baureihen und Varianten gleichzeitig und kurzfristig am Markt verfügbar sein mußten, wurde zunächst eine naturgemäß sehr flexible, manuelle Montage aufgebaut (Bild 8).

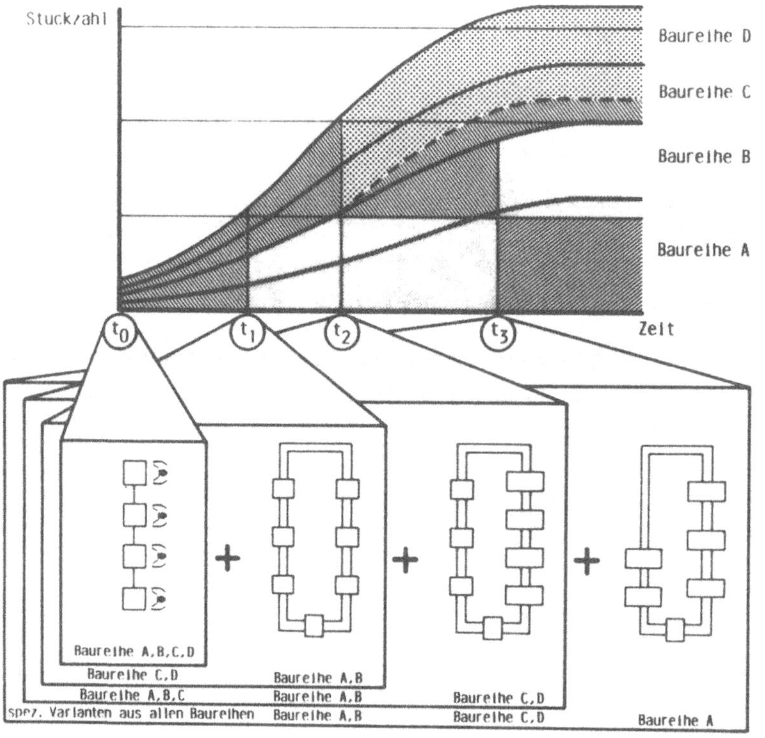

Bild 8: Ausbaustufen der Montagesysteme

Gleichzeitig wurde das automatische System der nächsten Ausbaustufe in Auftrag gegeben. Die Einrichtungen für die manuelle Montage sind nach Realisierung der verschiedenen Ausbaustufen keineswegs überflüssig, da diese weiterhin zur Abdeckung nachfragebedingter Kapazitätsspitzen benötigt werden.

Die Planung der vorgestellten Montagesysteme wurde zusammen mit dem Anwender bis hin zu Auslegungskonzepten für die verschiedenen Montagestationen durchgeführt. Den prinzipiellen Aufbau der automatisierten Umrüststation für Bauteilträger zeigt Bild 9. Die verschiedenen von der jeweils zu montierenden Baureihe abhängigen Bauteilaufnahmen sind in einem Hub-Stapel-Magazin gespeichert und werden je nach Bedarf von einem recht einfachen Handhabungsgerät in die standardisierte Aufnahme im Bauteilträger eingesetzt. Auf diese Weise ist es möglich, ohne manuelles Umrüsten des Montagesystems, Produkte verschiedener Baureihen zu montieren.

Abschließend ist festzustellen, daß, allen vermeintlichen und tatsächlichen Automatisierungshemmnissen zum Trotz, der Einsatz flexibel automatisierter, modular aufgebauter Montagesysteme vielfach nicht nur wirtschaftlich möglich ist, sondern unbedingt nötig,

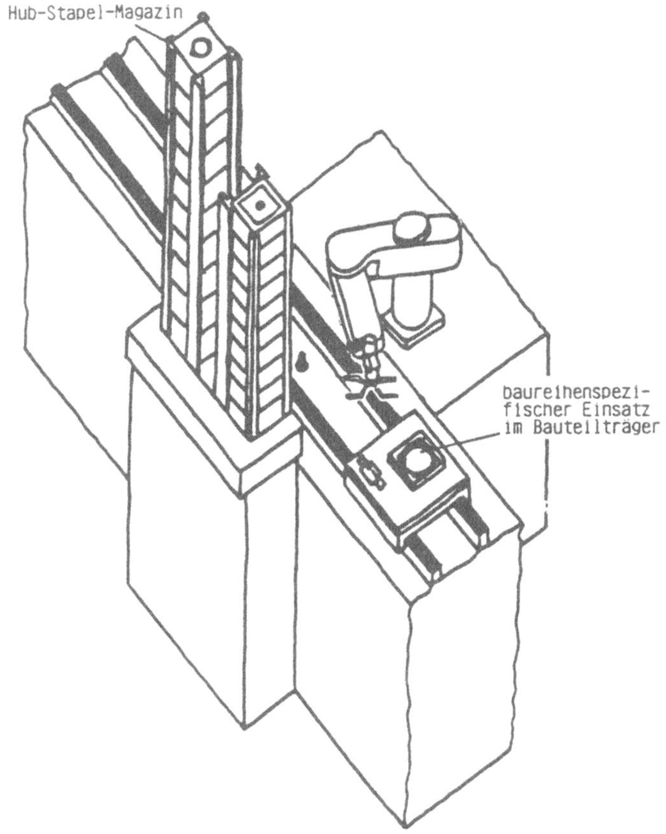

Bild 9: Prinzipieller Aufbau einer automatisierten Umrüststation für Bauteilträger

um die Wettbewerbsfähigkeit zu erhalten [5]. Die durch mangelndes Know-how über die Voraussetzungen und Möglichkeiten einer wirtschaftlichen Montageautomatisierung verursachte Unsicherheit ist ein größeres Investitionshemmnis als die in der Regel nicht konkret begründeten Annahmen über mangelnde Aussichten auf wirtschaftlichen Erfolg. Zum wirtschaftlichen Erfolg gehört allerdings nicht nur die Planung und Durchführung technischer Maßnahmen. Es ist auch zu planen, welche Rolle der Mensch beim Betrieb automatisierter oder teilautomatisierter Montagesysteme übernimmt. Die Art der Gestaltung und Integration manueller Arbeitsplätze sowie die Auswahl und Schulung aller Mitarbeiter, die mit dem Betrieb des neuen Montagesystems zu tun haben, werden in hohem Maße die Systemverfügbarkeit und die Produktqualität beeinflussen. Diesen Punkt zu unterschätzen hieße, den wirtschaftlichen Erfolg fahrlässig aufs Spiel zu setzen.

Literatur:

[1] Witte, K. W.: Konstruktion senkt Montagekosten. VDI-Z 126 (1984) 22, S. 835 – 840.
[2] Lünzmann, F.: Montagetechnik in Halle 54. Veröffentlichung der Volkswagenwerk AG Wolfsburg, Februar 1984.
[3] Witte, K. W.: Montagegerechte Produktgestaltung, Schulungsunterlagen für Konstrukteure. PLATOS GmbH, Herzogenrath, 1984.
[4] Witte, K. W.: Rationalisierungsreserven nutzen: Flexible Automatisierung in der Montage. VDI-Z 125 (1983) 10, S. 363 – 367; VDI-Z 125 (1983) 11, S. 461 – 467.
[5] Autorenkollektiv: Rationelle Montage von Produktvarianten. Industrieanzeiger 106 (1984) 56, S. 79 – 86.

Industrieroboter in der Montage Erfahrungen – neue Einsatzgebiete – Entwicklungstendenzen

Dr.-Ing. Eberhard Abele, Fraunhofer-Institut für Produktionstechnik und Automatisierung, (IPA), Stuttgart

1. Einleitung

Industrieroboter sind seit Anfang der siebziger Jahre für unterschiedliche Anwendungsbereiche (Schweißen, Beschichten, Werkzeugmaschinenbeschickung) erfolgreich eingesetzt.
Industrieroboter, die hinsichtlich Arbeitsraum, Geschwindigkeit und kinematischem Aufbau für die Montage optimiert sind, wurden erst relativ spät entwickelt. Deshalb ist auch die Anzahl der im Montagebereich verwendeten Industrieroboter im Vergleich zu anderen Fertigungsbereichen derzeit noch relativ gering. So führten von den bis Ende 1984 in der

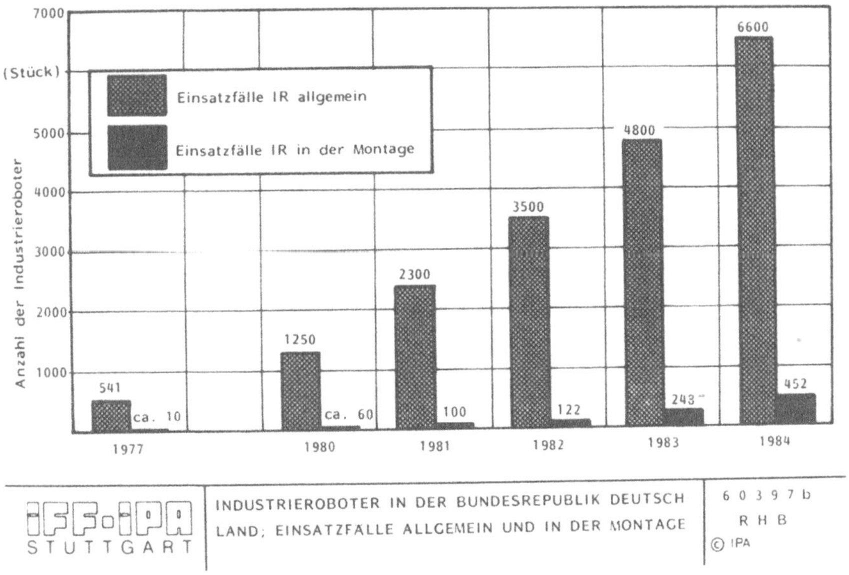

Bild 1: Eingesetzte Industrieroboter in der Bundesrepublik Deutschland (Stand: Dezember 1984)

Bundesrepublik Deutschland verwendeten 6.600 Industrieroboter lediglich 452 Geräte Montagetätigkeiten aus (Bild 1). Bild 1 zeigt jedoch, daß die Zuwachsraten der Montageroboter in den letzten Jahren überdurchschnittlich hoch waren (1983 und 1984 ca. 100% Zuwachs).
Sowohl in bezug auf die Entwicklung als auch den Einsatz von Montagerobotern erschien die Bundesrepublik Deutschland — im Vergleich zu anderen führenden Industrienationen — noch deutlich zurückliegend. Während in Japan 60 bzw. in den USA 31 Montageroboter entwickelt wurden, waren in der Bundesrepublik Deutschland bis Mitte 1983 nur 6 unterschiedliche, im Inland entwickelte Montagerobotertypen verfügbar. Der Rückstand beim Einsatz von Montagerobotern war — wie Bild 2 zeigt — in der Vergangenheit noch größer.

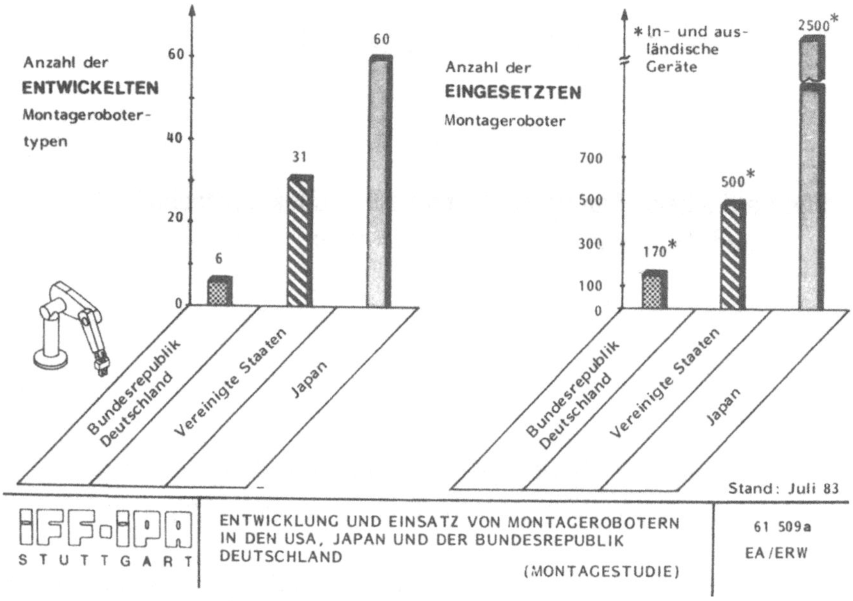

Bild 2: Entwicklung und Einsatz von Montagerobotern (IPA)

2. Verfügbare Gerätetechnologie

2.1 Montageroboter

In den letzten beiden Jahren war jedoch sowohl bei den deutschen Herstellern als auch bei vielen Anwendern eine außerordentlich starke Aktivität auf dem Gebiet der Montageroboterentwicklung bzw. des Montagerobotereinsatzes zu erkennen. Auf einige neue Entwicklungen soll im folgenden eingegangen werden.
Die Firma Bosch, sie seit Jahren auf dem Gebiet der flexiblen Automatisierung tätig ist, hat 1984 den Montageroboter SR 800 in Horizontal-Knickarm-Bauweise mit 2 bis 4 freiprogrammierbaren Achsen vorgestellt (Bild 3). Dieses Gerät zeichnet sich durch eine große Reichweite, hohe Verfahrgeschwindigkeit und eine komfortable Steuerung mit einfacher Programmierung in wahlweise deutscher oder englischer Sprache aus. Neben Montageaufgaben kann dieser Industrieroboter aufgrund seines robusten mechanischen Aufbaus auch Bohr-, Fräs- und Entgrataufgaben durchführen.
Weitere Neuentwicklungen auf dem Montageroboter-Sektor wurden von der Fa. Mantec und Fa. ASEA vorgestellt.

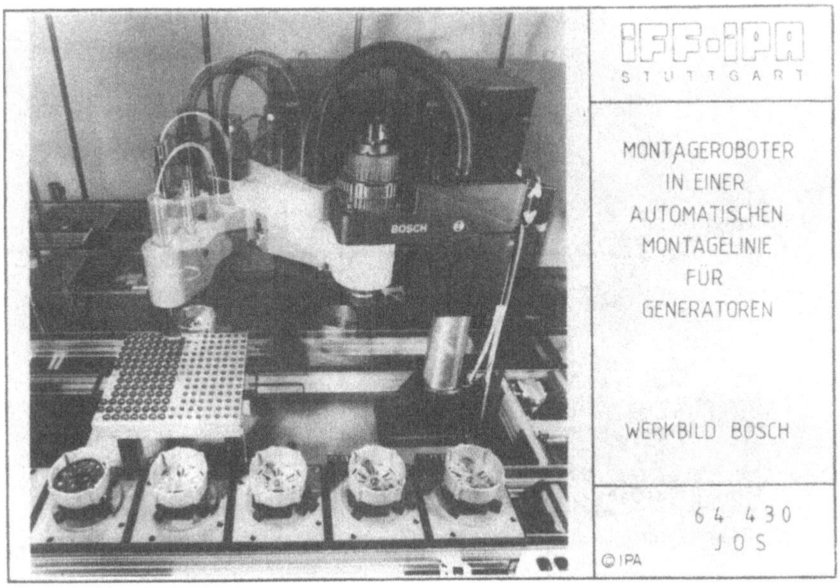

Bild 3: Montageroboter SR 800 (Fa. Bosch)

Der Mantec-Roboter h1 ist ebenfalls als Horizontal-Knickarm-Gerät aufgebaut (Bild 4) und eignet sich beispielsweise für die Bestückung von Leiterplatten.

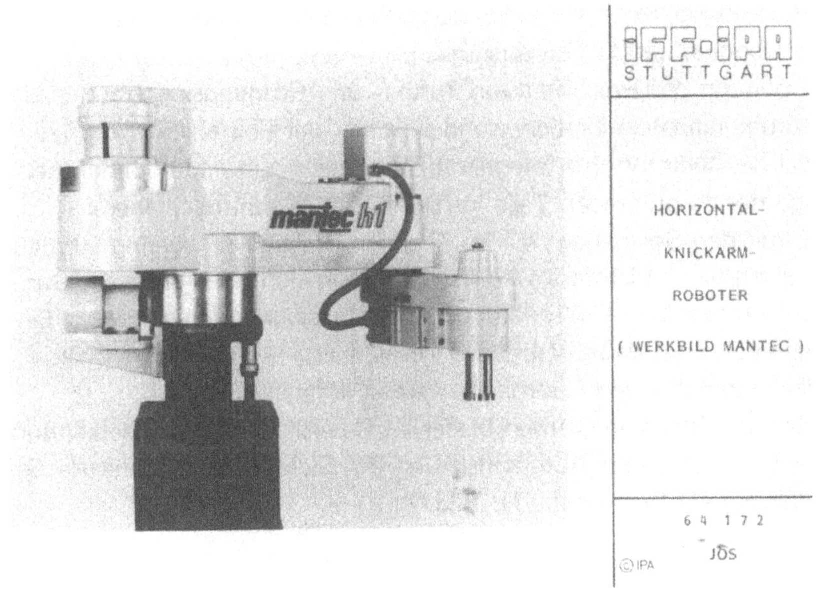

Bild 4: Montageroboter h1 (Fa. Mantec)

Die Firma ASEA hat ihren neuen Montageroboter IRB 1000 mit vertikalem Arm ausgeführt (Bild 5). Bedingt durch die günstige Massenverteilung zeichnet sich dieser sechsachsige Industrieroboter durch eine außerordentlich große Beschleunigung beim Anfahren und Bremsen aus.

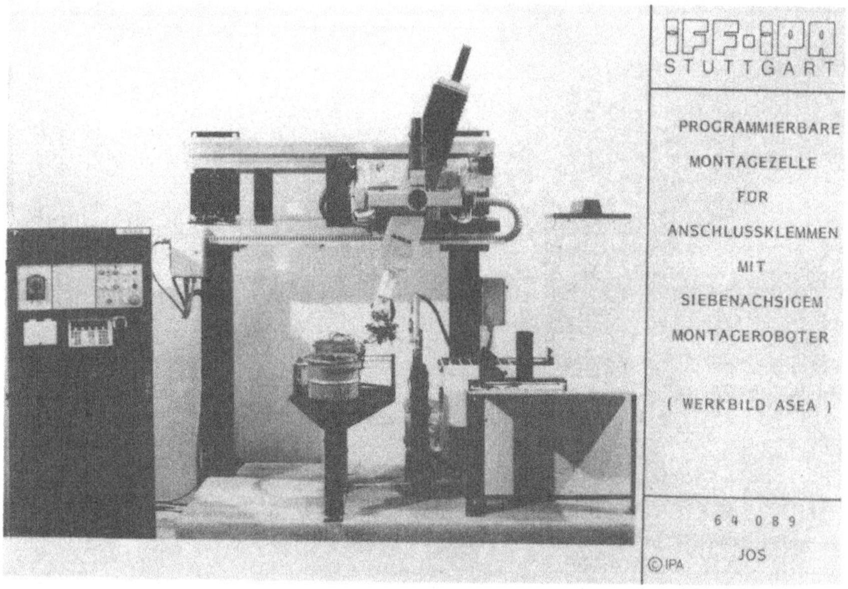

Bild 5: Montageroboter IRB 1000 (Fa. ASEA)

2.2 Peripherie für Montageroboter

Neben der Entwicklung problemangepaßter Montageroboter rückt auch in zunehmendem Maße die bisher vernachlässigte Roboter-Peripherie in den Mittelpunkt. Denn erst mit dem Einsatz flexibler Zuführ- und Ordnungssysteme sowie neu entwickelter Sensoren lassen sich weitere Einsatzmöglichkeiten für Industrieroboter in der Montage erschließen bzw. die Flexibilität des Roboters tatsächlich ausnützen.
Eine Entwicklung zur Erhöhung der Flexibilität von Zuführ- und Ordnungssystemen stellt beispielsweise der sensorunterstützte Vibrationswendelförderer der Firma MRW dar [2]. Über eine in der Wendel des Vibratortopfs integrierte Sensorzeile aus lichtempfindlichen Halbleitern wird die Lage der zu prüfenden Teile im Durchlauf erkannt. Bei Übereinstimmung der Ist-Maße mit den Sollmaßen, die im Teach-in-Betreib vorgegeben werden, läuft das betreffende Teil weiter, andernfalls wird es mittels Druckluft ausgeblasen. Der Preis dieses Gerätes liegt in derselben Größenordnung wie für einen konventionellen Einzweck-Vibrationswendelförderer, so daß auch ganze Teilefamilien auf derselben Anlage wirtschaftlich und flexibel zugeführt und verarbeitet werden können.
Sogenannte bildverarbeitende Sensoren wurden bisher im Bereich der Positionserkennung bei teilgeordneten Werkstücken und zur Automatisierung der Sichtprüfung (Kontrolle der Vollständigkeit, Rißerkennung etc.) eingesetzt (s. Bild 6).

3. Neue Anwendungsgebiete

Als ein unmittelbar bevorstehender Entwicklungsschritt ist die Erschließung neuartiger Anwendungsmöglichkeiten für Montageroboter. Wesentliche, neuartige Einsatzgebiete werden zukünftig sein:

- beim Bestücken von „Nicht-Standard-Bauelementen"
- bei Kabelbaummontagen
- bei der Montage unter Reinraumbedingungen (z. B. Montage von Halbleiterkomponenten, Floppy-Disc-Laufwerke etc.)

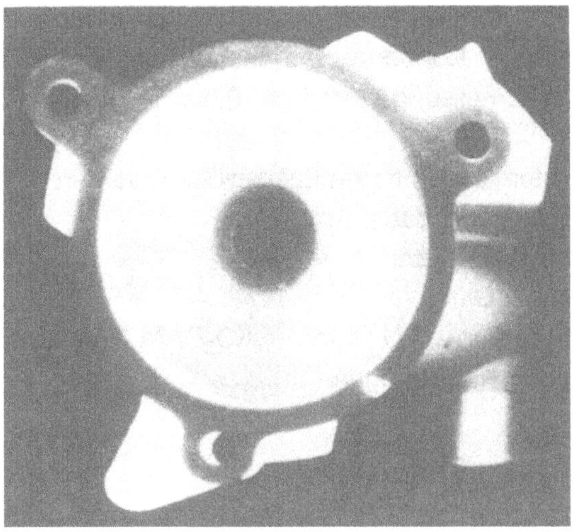

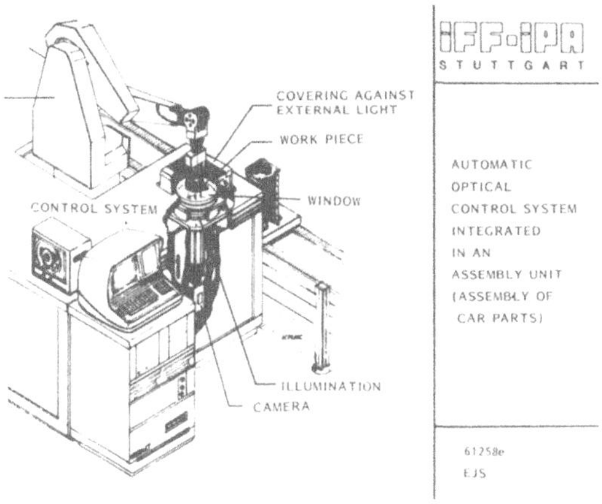

61674e
EJS

Bild 6

3.1 Montagerobotereinsatz bei der Kabelbaummontage

Bisher erfolgt die Montage von Kabelbäumen größtenteils manuell. Nur im Bereich der Kabelkonfektionierung sind hochautomatisierte Abläng-, Abisolier- und Anschlagmaschinen im Einsatz. Diese Maschinen sind aber nur für ein eng begrenztes Werkstückspektrum ausgelegt, so daß schon die Verwendung eines anderen Kabeldurchmessers oder eines anderen Kontakttyps mit hohem Umrüstaufwand verbunden ist. Neben der großen Typen- und Variantenvielfalt der zu verarbeitenden Einzelteile sind die biegeschlaffen Kabel das größte Automatisierungshemmnis bei der Kabelbaummontage [5]. Insgesamt sind in der Automobil-, Haushaltsgeräte- und Flugzeugindustrie ca. 55.000 Werker im Bereich der Kabelstrangfertigung beschäftigt [4]. Deshalb besteht in diesem Bereich ein großes Rationalisierungspotential und damit auch ein großer Markt für Anbieter von Automatisierungseinrichtungen.
Zur Komplettmontage von Kabelbäumen existieren weltweit erste Pilotanlagen mit programmierbaren Handhabungsgeräten. Diese Anwendungen automatisieren nur Teilumfänge der Komplettmontage und sind eng auf spezifische Problemstellungen zugeschnitten. Die Wirtschaftlichkeit dieser Systeme ist im allgemeinen als noch nicht befriedigend einzuschätzen.
Eine der ersten Pilotanlagen zur Kabelbaummontage mit Industrierobotern wurde von der Fa. IBM in Järfälla aufgebaut.
Der Arbeitsumfang der Montagezelle der Firma IBM umfaßt das Ablängen und Abisolieren der Leitungen, das beidseitige Anschlagen der Kontakte, das Verlegen der Leitungen, die Montage der Stecker und das Anbringen von Kabelbindern. Für das Ablängen, Abisolieren und Anschlagen wird ein konventioneller Vollautomat eingesetzt. Die anderen Arbeitsgänge werden vom IBM-Portalroboter RS 1 ausgeführt. Eine Anbindung an einen übergeordneten Rechner zur Weitergabe der Koordinatenpunkte der Bewegungsprogramme für unterschiedliche Kabelbaumvarianten ist geplant (Bild 7).
Das System eignet sich nur für die Verarbeitung einer Kabelsorte und gleicher Kontakte. Unterschiedliche Kontakte und Kabel können nur mit erheblichem Umrüstaufwand verarbeitet werden.

Zukünftig werden zunächst Systeme zum Einsatz kommen, mit denen weniger komplexe Kabelbäume mit maximal 70 Leitungen und geringer Kontakte- und Steckergehäusevielfalt auf Verlegebrettern oder Werkstückträgern mit Abmessungen von ca. 0,5 x 1,5 m automatisch montiert und geprüft werden können.
Weitere Rationalisierungsschritte, die in die Systemkonzeption miteinbezogen werden sollten, umfassen die Arbeitsvorbereitung. Wichtig sind dabei u. a.:
— on-line Arbeitsplanerstellung, ausgehend von CAD-Daten,
— on-line Prüfplanerstellung, ausgehend von CAD-Daten,
— off-line Programmerstellung unter Verwendung von CAD-Daten (CAD-CAM-Kopplung), insbesondere bei komplexen oder variantenreichen Kabelsträngen [5].

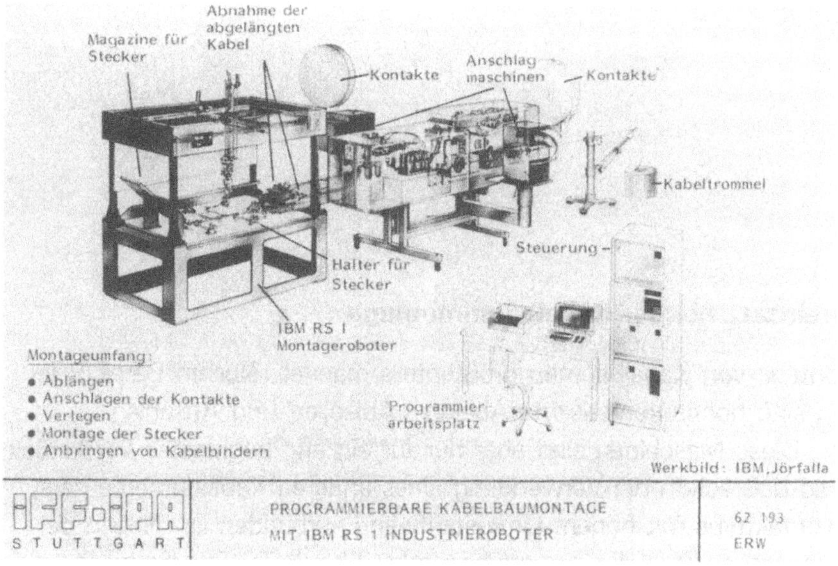

Bild 7: Programmierbare Kabelbaummontage mit IBM RS 1 Industrieroboter

Im Zusammenwirken mit einer automatisierungsgerechten Produktgestaltung (z. B. Standardisierung von Kabelfarben und Steckern) ist darüber hinaus in Zukunft auch bei komplexen Großkabelbäumen mit einer wirtschaftlichen Montageautomatisierung zu rechnen.

3.2 Bestücken von Sonderelementen mit Montagerobotern

3.2.1 Problemstellung

Mit den heute zum allgemeinen Stand der Technik gehörenden Standard-Bestückautomaten lassen sich Leiterplatten bis zu 80% maschinell komplettieren. Der restliche Montageinhalt, die Bestückung der Sonderbauelemente, wird derzeit meist manuell durchgeführt. Dies bedeutet, daß die Montagekosten für die Restbestückung der Sonderbauelemente überproportional hoch liegen.
Typische Sonderbauelemente sind z. B.
— große Kondensatoren,
— axiale Widerstände und Dioden für hohe Leistungen,
— DIP-Bauelemente mit mehr als 40 Beinchen,
— Hybride,

— Transistoren (außer TO 92),
— Stecker in den unterschiedlichsten Formen,
— oberflächenmontierbare integrierte Schaltkreise (Flat-packs).

Nach wie vor werden auch heute noch viele Standardbauelemente manuell bestückt. Konventionelle marktgängige Bestückautomaten kommen hier aufgrund ihrer mangelnden Flexibilität nicht zum Einsatz, da

— nur geringe Jahresstückzahlen von Leiterplatten,
— kleine Losgrößen,
— geringe Anzahlen von Bauelementen pro Leiterplatte der jeweiligen Bauelementtypen und
— eine hohe Anzahl von Leiterplattenvarianten

bestückt werden muß. In diesem Fall sind auch Standardbauelemente interessant für eine Bestückung mittels Montageroboter (s. Bild 8/9).

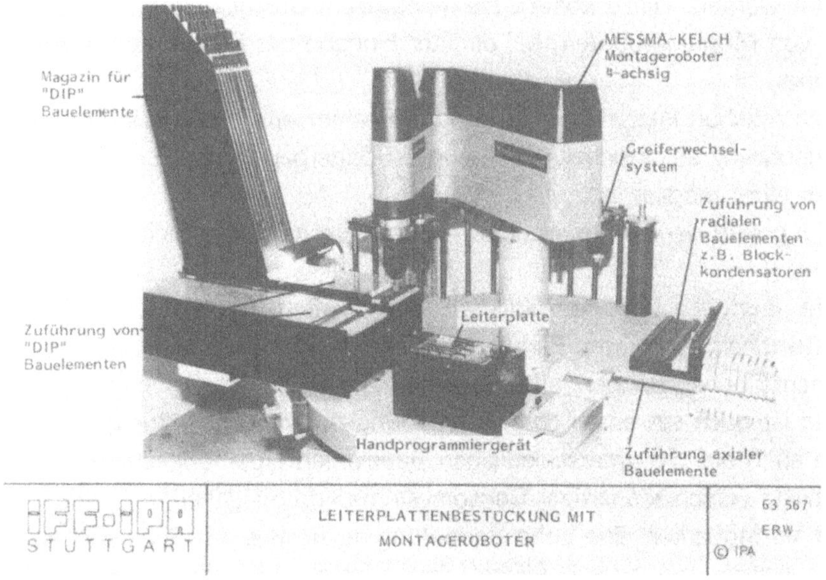

Bild 8: Leiterplattenbestückung mit Montageroboter

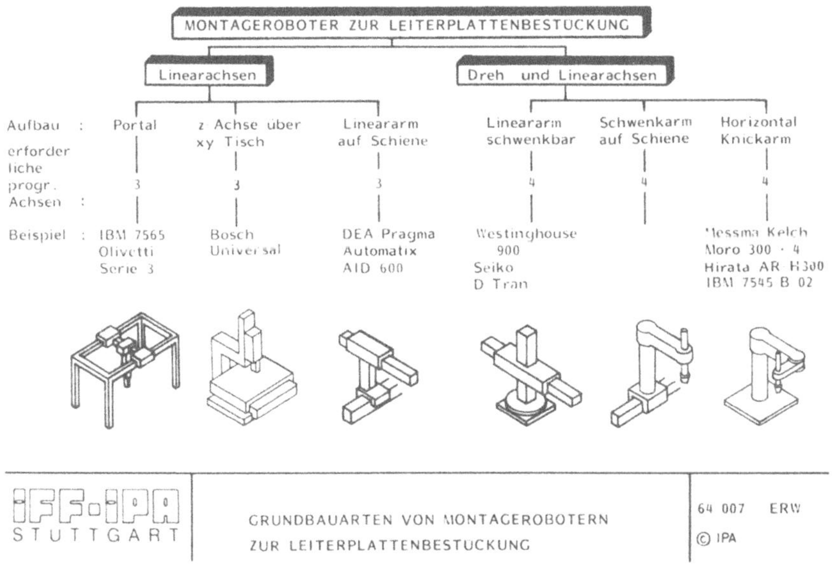

Bild 9: Grundbauarten von Montagerobotern zur Leiterplattenbestückung

3.2.2 Fügestrategien

Für die meisten Sonderbauelemente muß eine andere Fügestrategie verwendet werden als bei Standardbauelementen. Diese werden an den Beinchen gegriffen, wobei sie auf das genaue Rastermaß verformt werden. Bei Sonderbauelementen ist dies nur in den seltensten Fällen möglich. Die Beinchen der Sonderbauelemente sind meist nicht so ausgebildet, daß diese als Greiffläche selbst benutzt werden können, wie dies z. B. bei DIP-Bauelementen (federnde Beinchen) möglich ist. Auch hohe Packungsdichten auf der Leiterplatte (kleine Fügefreiräume) verhindern ein mögliches Greifen direkt an den Beinchen. Der Bestückroboter muß die Bauelemente an den Außenkonturen greifen. Bei der Bestückung von Sonderbauelementen müssen also die Einflußgrößen

— Bauelementetoleranzen,
— Genauigkeit der Bauelementbereitstellung und
— genaue Ausrichtung der Beinchen (diese sollten nicht verbogen sein)

zusätzlich berücksichtigt werden. Hinzu kommt die, relativ zum Bestückautomat geringere Positioniergenauigkeit von Montagerobotern bei direkter Eingabe der Bestückkoordinaten (off-line-Programmierung).

Die o. g. Einflußgrößen machen letztendlich die genaue Positionierung der Beinchen zur jeweiligen Leiterplattenbohrung so unsicher, daß bei der Sonderbauelement-Bestückung ein „blindes" Anfahren nicht möglich ist.

Für diese Problemstellung sind derzeit nur wenige — aus wirtschaftlicher Sicht — sinnvolle Lösungen bekannt:

— Lagebestimmung der Beinchen über ein Bildverarbeitungssystem,
— Lagekorrektur der Beinchen durch eine Richtstation und
— Fügen der Bauelemente bei schwingender Leiterplatte, siehe Bild 10.

Bei allen drei Lösungen ist noch ein erheblicher Entwicklungsaufwand notwendig, da die jeweilige Fügestrategie auch auf die unterschiedlichen Bauelementtypen abgestimmt werden muß. Dem Einsatz verschiedenartiger Sensorsysteme kommt dabei im Hinblick auf eine Erhöhung der Verfügbarkeit eine hohe Bedeutung zu (s. Bild 11). Eine wichtige Voraussetzung für eine sichere und wirtschaftliche Lösung ist die automatisierungsgerechte Gestaltung der Bauelemente (s. Bild 12).

Die Leiterplatte wird während des Fügens in Schwingungen versetzt:
- kleine Positionsabweichungen können ausgeglichen werden ;
- das Bauelement "fällt" in die Leiterplatte sobald die Position von Beinchen und Bohrungen übereinstimmt.

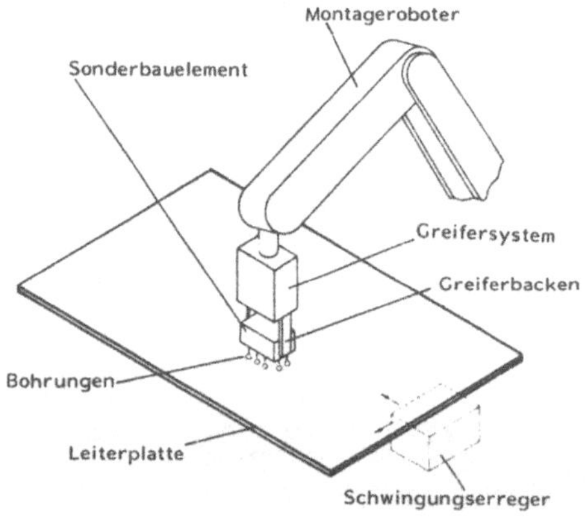

Werkbild: AT & T

IFF-IPA STUTTGART

VIBRATIONSUNTERSTÜTZTES FÜGEN AM BEISPIEL DER BESTÜCKUNG VON LEITERPLATTEN MIT SONDERBAUELEMENTEN (VIBRATORY INSERTION PROCESS)

6 4 5 6 9
E R W
© IPA

Bild 10

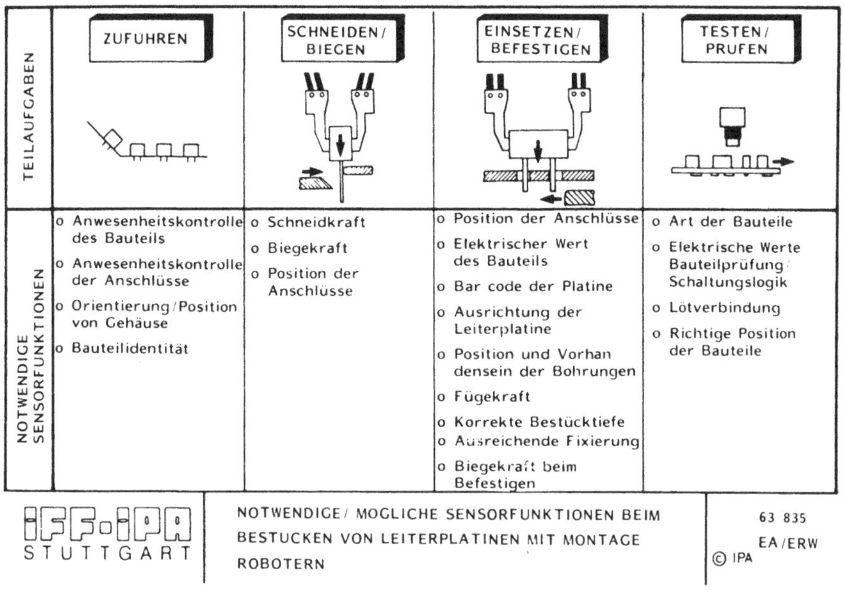

Bild 11

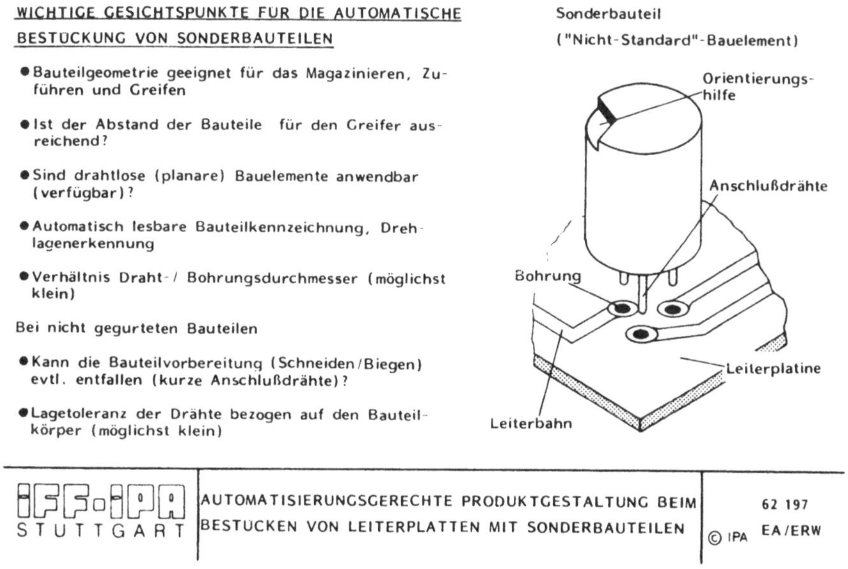

Bild 12

3.3 Reinraumanwendungen

Eine typische Reinraumanwendung für Industrieroboter wird zukünftig bei der Wafer-Handhabung liegen.

Die Herstellung von hochintegrierten, elektronischen Bausteinen erfolgt mit sogenannten Silizium-Wafern. Diese Scheiben, deren Radius ca. 2,5″ beträgt, müssen zwischen den einzelnen Fertigungsschritten, in denen die chemischen und optischen Prozesse ablaufen, gehandhabt werden. Bisher wurde die Handhabung der Wafer innerhalb einzelner Anlagen von speziellen, den Reinraumbedingungen angepaßten, einfachen und starren Verkettungsmitteln übernommen. Der Einsatz von flexiblen Handhabungsgeräten (Industrieroboter) erscheint zunehmend interessant, da

— auch außerhalb der Massenfertigung die Handhabung automatisch ablaufen soll (Reinraumbedingungen),

— die Verkettung der einzelnen Anlagen ebenfalls automatisiert werden soll, da die kapitalintensiven Anlagen eine möglichst 3-schichtige Auslastung erfordern.

Verschiedene Roboterhersteller, insbesondere in den USA und in Japan, sehen in diesem Bereich einen Schwerpunkt ihrer zukünftigen Aktivitäten. Hierfür werden neue spezielle Geräte entwickelt oder bestehende Konstruktionen mit Zusatzeinrichtungen ausgerüstet. Dabei darf jedoch nicht übersehen werden, daß die Reinraumtauglichkeit (Klasse 100) verschiedener Geräte in der Praxis noch nicht erwiesen ist. Probleme bereiten bei den dort vorhandenen Reinraumanforderungen insbesondere auch die peripheren Elemente wie Paletten und Verkettungsbänder und Greifer. Bild 13 zeigt einen Versuchsaufbau der Fa. Panasonic zur Entnahme von Wafern aus einem Magazin.

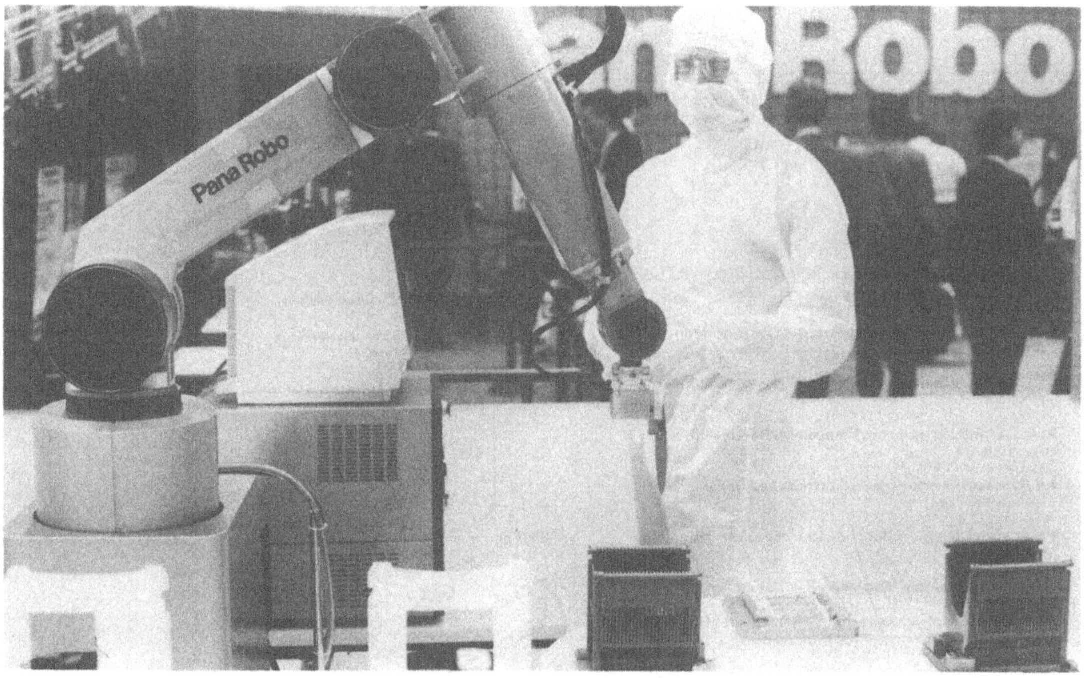

Bild 13: Versuchsaufbau zum Handhaben von Wafern im Reinraum

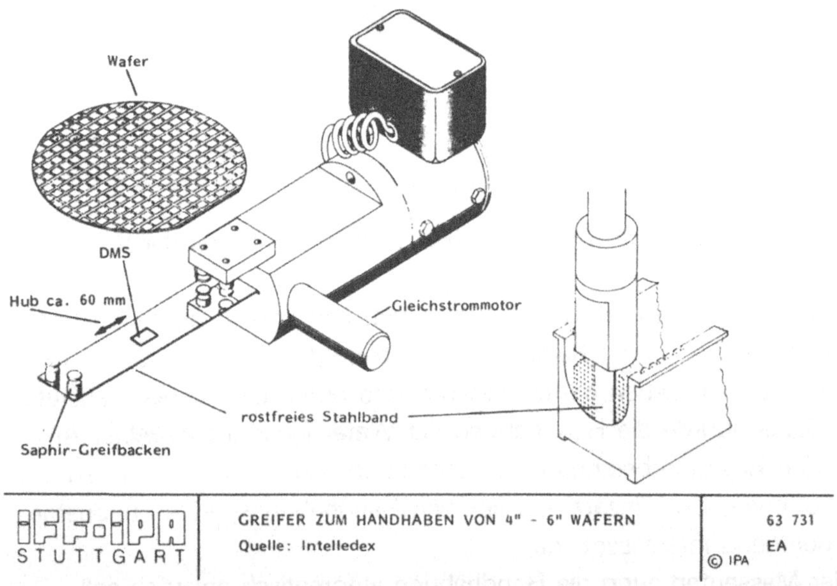

Bild 14: Greifer zum Handhaben von 4" — 6" Wafern

Bei der Gestaltung des Greifers für den Silicium-Wafer ist dabei entscheidend, daß
- die Greiferbacken keinen hohen Anpreßdruck ausüben (sehr sprödes Material),
- bei dem Greifvorgang keine Gleitbewegung zwischen der Greiferbacke und Wafer entsteht (Abrieb),
- der Wafer senkrecht und waagrecht gehandhabt werden kann.

Der Greifer, der in Bild 14 dargestellt ist, kann Wafer mit einem Durchmesser von 100, 125 und 150 mm handhaben und hat hierzu einen programmierbaren Greiferhub. Der Wafer wird dabei insgesamt mit 4 Saphirstiften aufgenommen. Das Ausfahren bzw. Einfahren der äußeren beiden Saphirstifte erfolgt mittels eines Gleichstrommotors und Wegerfassung. Auf dem Stahlband ist eine Dehnmeßstreifen-Vollbrücke angeordnet, so daß kleinste Kräfte, die auf die äußeren Saphirstifte wirken, erfaßt werden können. Damit wird eine eventuelle Kollision, die ein Zerbrechen des Wafers und damit eine Verschmutzung des Raumes zur Folge hätte, verhindert. Die Anwesenheitskontrolle innerhalb des Greifers wird durch einfache Lichtschranken erreicht.

4. Entwicklungstendenzen

Es ist zu erwarten, daß die Anzahl der Industrieroboter im Montagebereich in den nächsten Jahren stark ansteigen wird. Das hauptsächliche Anwendungsgebiet von Montagerobotern wird bei Anwendungsfällen mit hohen Flexibilitätsanforderungen liegen. Das heißt, sie werden verwendet zur Lösung von Montageproblemen, die aufgrund niedriger Stückzahlen, hoher Umrüsthäufigkeit und großer Komplexität bisher manuell gelöst wurden.

Zukünftig wird dabei die Einbindung des Montagesystems in den Materialfluß und Informationsfluß (s. Bild 15) eine große Bedeutung erlangen, da dies eine Voraussetzung für eine hohe Nutzung der kapitalintensiven Anlagen ist.

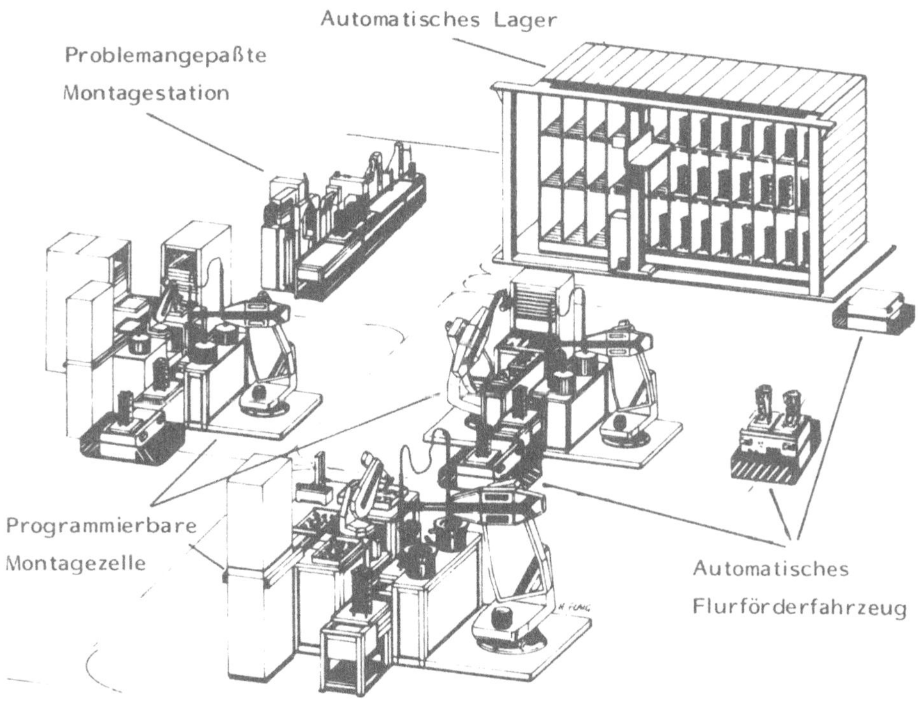

Bild 15: Beispiel eines programmierbaren Montagesystems mit flexibler Verkettungsstruktur

Dabei werden zukünftig zunehmend auch komplexere Montagesysteme, mit mehr als einem Montageroboter und umfangreicher Peripherie, eingesetzt werden.
Die Hochrechnung aus der Repräsentativbefragung und die Befragung [4] der Montagefachleute ergab, daß bis zum Jahre 1982 zwischen 5.000 — 12.000 Montageroboter in der Bundesrepublik Deutschland im Betrieb sein werden (Bild 16).
Wichtige Einflußfaktoren auf die tatsächliche Einsatzentwicklung werden sein:

— Preisentwicklung der Montageroboter,
— zukünftiges Lohnniveau,
— erreichbare Flexibilität der Peripherie.

Ein Vergleich zwischen den geplanten Investitionen für die Montageautomatisierung und den geplanten Montagerobotern und Baukasten-Montageautomaten ergab bei vielen Betrieben eine große Diskrepanz, was darauf schließen läßt, daß die tatsächlichen Kosten der Automatisierung zum Teil erheblich unterschätzt werden [4].

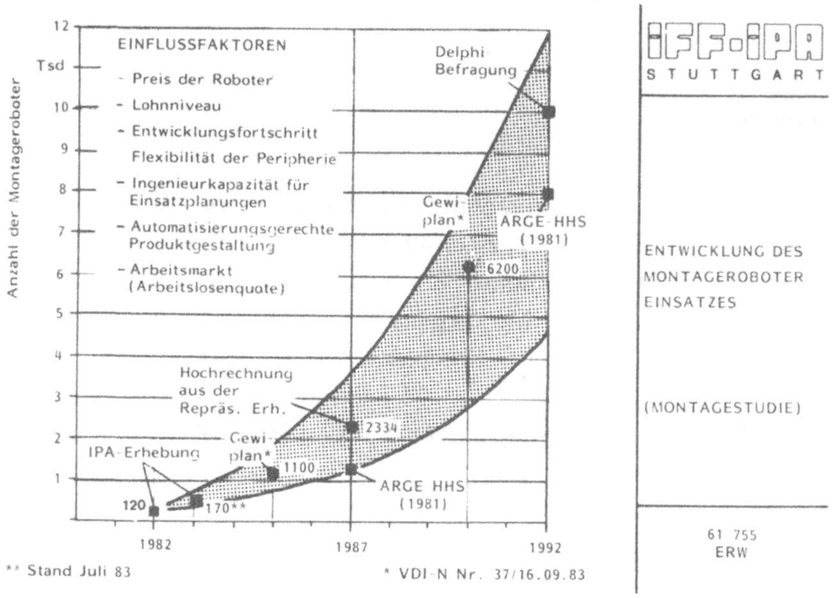

Bild 16: Entwicklung der Montageroboteranwendung in der Bundesrepublik Deutschland

Speziell für den weiteren Einsatz der Industrierobotertechnologie in der elektrotechnischen Fertigung sind jedoch noch einige Forschungs- und Entwicklungsarbeiten notwendig. Der Anwender fordert hier minimale Taktzeiten und Positioniergenauigkeiten im Bereich von 0,02 bis 0,001 mm. Die geforderten Taktzeiten werden heute oft noch nicht erreicht, so daß man heute an neuen Antriebs-/Regelungskonzepten und an neuen Werkstoffen für den Mechanikaufbau des Industrieroboters arbeitet. Dabei werden zur Gewichtsreduzierung zukünftig verstärkt Faserwerkstoffe wie glasfaserverstärkte Kunststoffe (GFK) oder aramitfaserverstärkte Kunststoffe (AFK) zum Einsatz kommen. Die Vorteile dieser Werkstoffe sind neben dem geringeren Gewicht, der hohe Dämpfungswert (4-fach höher gegenüber Stahl) und das damit erreichbare günstige Schwingungsverhalten.
Eine wichtige Voraussetzung für einen breiten, wirtschaftlichen Einsatz von Montagerobotern ist eine flexible Peripherie. Obwohl man schon lange versucht, diese Flexibilität durch Sensoren zu erreichen, waren bisher die Erfolge bescheiden. Erst in jüngster Zeit haben sich einige Roboterhersteller dieses Problemes angenommen, und können steuerungsintegrierte Sensorsysteme anbieten, die den Anwender nicht überfordern.

Ein Entwicklungsdefizit besteht derzeit noch auf den Gebieten der Teilebereitstellung. Der sogenannte ,,Griff in die Kiste" erscheint derzeit trotz einiger Aktivitäten nur in beschränktem Umfang möglich, weil
— die Systeme kein universelles Werkstückspektrum zulassen,
— der Systempreis kaum wirtschaftlich zu rechtfertigen ist und
— die erreichbare Taktzeit noch sehr lang ist.
Deshalb ist die konventionelle Teilebereitstellung und -handhabung oft die einzige Lösung und stellt somit einen Flexibilitätsengpaß dar. Damit die Flexibilität und die Möglichkeiten des Industrieroboters voll ausgenützt werden können, ist es erforderlich, zukünftig auch flexible Ordnungs- und Magaziniersysteme zu entwickeln.
Zur Einschätzung der längerfristigen Technologieentwicklung wurde 1983 vom Fraunhofer-Institut für Produktionstechnik und Automatisierung (IPA) eine sogenannte Delphi-Befragung mit 80 Experten auf dem Montagegebiet durchgeführt (s. Bild 17).

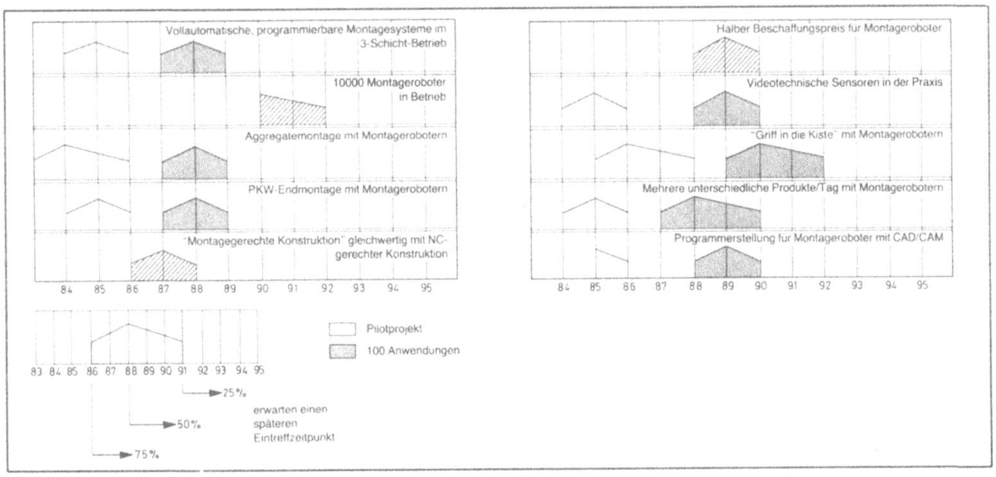

Bild 17: Ergebnisse einer Delphi-Befragung zur flexiblen Montageautomatisierung

Die Bedeutung der montagegerechten Konstruktion wird für die nahe Zukunft hoch eingeschätzt.
Die Erstellung von Roboterprogrammen mit CAD-/CAM-Unterstützung wird in Pilotprojekten bereits für 1985 erwartet. Auf diesem Gebiet sind sowohl bei Roboterherstellern als auch an Instituten Entwicklungsarbeiten am laufen. Ebenso werden derzeit Planungen und Versuche unternommen, um mit Montagerobotern mehrere unterschiedliche Produkte pro Schicht zu montieren.

Literatur:

[1] Spingler, J., Bäßler, R.: Programmierbare Systeme für die Montage: Entwicklungsstand und Tendenz. Maschinenmarkt 89 (1983) 101 S. 2387 — 238.
[2] Warnecke, H.-J., Schlauch, R., Spingler, J.: Neue Formen der Zusammenarbeit zwischen Entwicklung, Produktion und Logistik. VDI-Berichte Nr. 501, 1983, S. 1 — 19.
[3] Abele, E., Bäßler, R., Brüning, R.: Studie zur Untersuchung der Einsatzmöglichkeiten von flexibel automatisierten Montagesystemen in der industriellen Produktion unter Beachtung der technischen, arbeitsorganisatorischen und sozialen Voraussetzungen einer menschengerechten Gestaltung der Arbeit (Montagestudie). Stuttgart, 1984.
[4] Schlaich, G., Walther, J.: Flexibel automatisierte Montage von Kabelsträngen. VDI-Zeitung.
[5] Abele, E., Wolf, E.: Neue Anwendungen für Montageroboter.
[6] Schraft, R.-D., Wolf, E. M.: ,,Anwendungsmöglichkeiten von Industrierobotern für die automatische Montage". iw Maschinenmarkt, Würzburg 90, 1984, 22.

Handhabungstechnik und Materialfluß

2. Halbtag

Möglichkeiten der automatischen Werkstückhandhabung — Einsatzerfahrungen

Dipl.-Ing. Hans Jürgen Sattler, Trumpf GmbH & Co., Ditzingen

Einleitung

Die industrielle Fertigung hat sich in den letzten Jahren grundlegend verändert.
Führte die Einführung der NC/CNC-Technik an den Produktionsmaschinen zu einem Lösen von den manuellen Fertigkeiten der Mitarbeiter, dann infolge zunehmend kleinerer Produktionsstückzahlen zu einer größeren Flexibilität, so steht bei den immer investitionsintensiven Fertigungsanlagen heute die Forderung der verbesserten Nutzung im Vordergrund.
Es werden deshalb verstärkt Produktionseinrichtungen gefordert, die nicht nur eine höhere Qualität und Flexibilität bieten, sondern auch eine höhere Produktivität durch die Automatisierung gewährleisten.
Es stellt sich also die Aufgabe, Flexibilität und Produktivität zu optimieren.
Die Automatisierung bietet die Möglichkeit, die Produktionsanlagen theoretisch 24 Stunden das ganze Jahr über zu nutzen (abgesehen von Reparatur- und Wartungsarbeiten).
Im Einschichtbetrieb mit manueller Bedienung wird eine Produktionsanlage nur zu ca. 10% der theoretisch möglichen Einsatzzeit genutzt, bei gleichzeitig hohem Personaleinsatz.
Die Produktion der Zukunft wird dagegen mit wenigen aber qualifizierten Mitarbeitern und hochautomatisierten, rechnerunterstützten Fertigungsanlagen durchgeführt werden.
Die Möglichkeiten der Erhöhung der Produktivität von Betriebsmitteln — ohne zusätzlichen Personalaufwand — lassen sich in 3 Gruppen einteilen, entsprechend dazu sind auch die Investitionen zu sehen.

Gruppe 1 Automatisierte Werkstückhandhabung mit dem Ziel, Pausen, Erhol- und Verteilzeiten zu überbrücken.

Gruppe 2 Automatische Werkstückhandhabung mit Qualitätsüberwachung und -steuerung; autonome Fertigungszellen/-inseln.

Gruppe 3 Automatische Produktionsanlagen mit integriertem Informations- und Materialfluß.

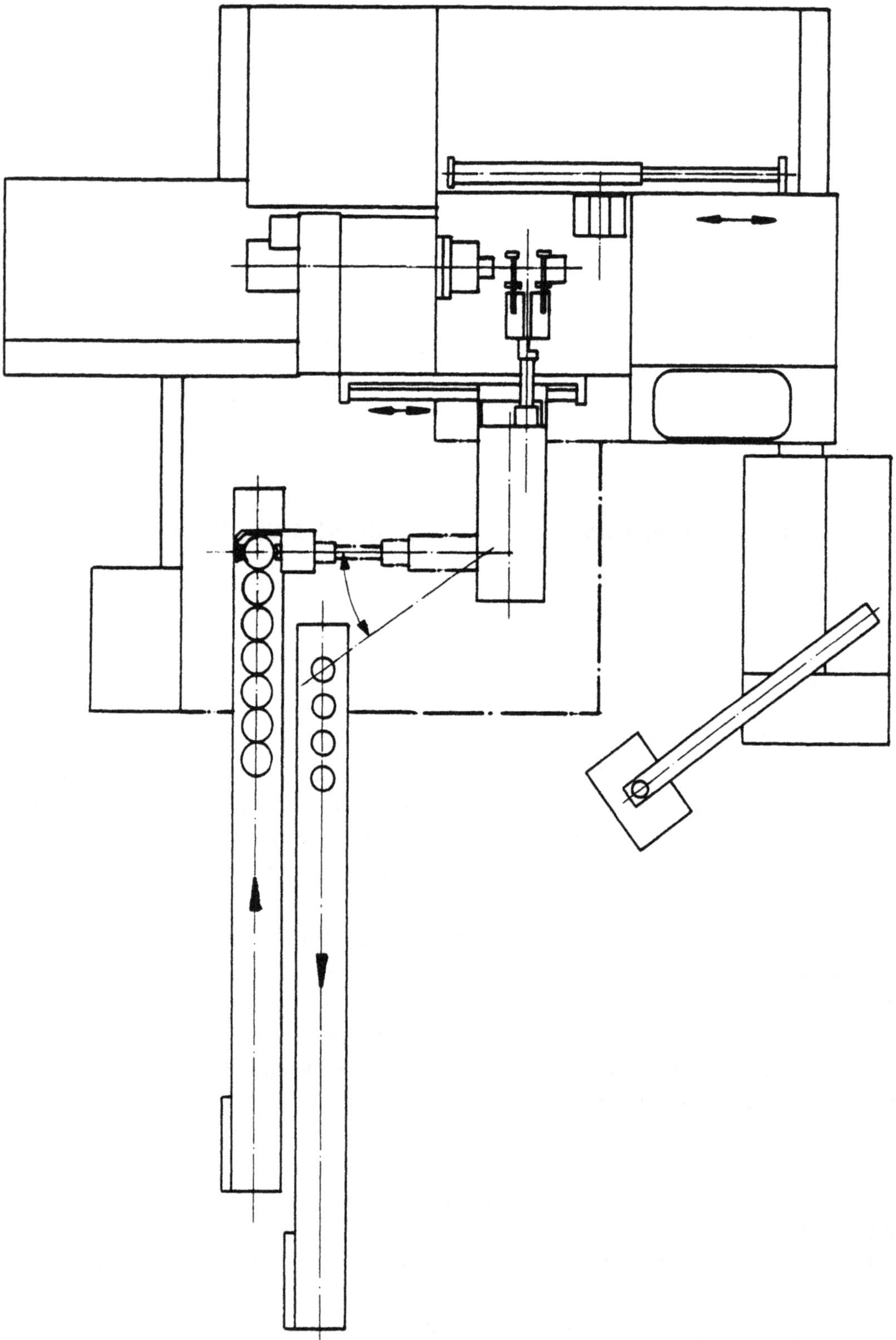

Bild 1: Universal-NC-Drehmaschine mit Roboterbeschickung, Layout

Bild 2: Universal-NC-Drehmaschine mit Roboterbeschickung, Gesamtansicht

Bild 3: Universal-NC-Drehmaschine mit Roboterbeschickung, Teileentnahme durch Roboter

Die nun folgenden Anwendungsfälle sind Beispiele für diese Automatisierungsstufen.

NC-Drehmaschine mit Industrieroboter

An einer NC-Drehmaschine (Typ G 65 der Fa. Index, Esslingen) wurde nachträglich eine automatische Werkstückhandhabung mittels eines Industrieroboters und einer Förder-/Speichereinrichtung installiert (Bild 1 — 3).
Der Industrieroboter (Sirobot O) ist auf einem hydraulischen Schlitten fest mit der Maschine verbunden und erreicht so die Be- und Entladepositionen über Festanschläge.
Der Roboter entnimmt die Rohteile einem Transportband und ist mit einem auf verschiedene Durchmesser einstellbaren Doppelgreifer ausgerüstet, der es gestattet, in kürzester Zeit das Fertigteil dem automatischen Spannfutter der Universal-NC-Drehmaschine zu entnehmen und ein neues Rohteil zuzuführen.
Zusätzlich wurde in diesen Ablauf eine Stempeleinrichtung integriert, die bei Bedarf vom IR bedient wird.
Die Förder-/Transportbänder sind in der Führung so aufgebaut, daß sie durch Verstellen der Leitbleche schnell den verschiedenen Durchmessern angepaßt werden können.
Der Integrationsaufwand ist — abgesehen von der hydr. Verschiebeeinheit — als gering anzusehen, da nur das pneumatische Öffnen der Tür, die Signale Programmende/-start und das Öffnen/Schließen des Futters verarbeitet werden müssen.
Da diese Maschinenanlage keine Überwachungs- und Kontrolleinrichtungen enthält und aufgrund der schwer zerspanbaren Werkstoffe nur geringe Standzeiten der Werkzeuge zuläßt, sind die Laufzeiten der Maschine ohne Beaufsichtigung relativ gering (ca. 1/2 — 1 Std.).

Zweispindeldrehautomat mit Mehrfachhandhabungseinheit

Ein weiteres Beispiel für eine in die Bearbeitungsstation integrierte Handhabungseinheit ist im Bild 4 und 5 zu sehen. Hierbei handelt es sich um einen CNC-Zweispindeldrehautomaten (MSC 12 der Fa. EMAG, Salach), bei dem mit Hilfe eines 4-fach-Greifers beide automatischen Spannfutter gleichzeitig beschickt werden können.
Durch Verbindung mit einer Sonderfräsmaschine mit einer Meßstation wurde eine flexible Dreh- und Fräsfertigungszelle aufgebaut, die die Komplettbearbeitung von Werkstücken einer Teilefamilie übernimmt.
Durch die Verkettung von den Bearbeitungseinheiten entfallen die Liegezeiten zwischen den Bearbeitungsstufen und ein zusätzliches Handling.
Der Umrüstaufwand innerhalb der Bearbeitung der Teilefamilie ist einfach, da nur die Führungselemente der Fördereinrichtungen verstellt werden müssen; die Greifeinrichtung der Drehmaschine überdeckt den geforderten Spannbereich ohne Auswechseln von Elementen.

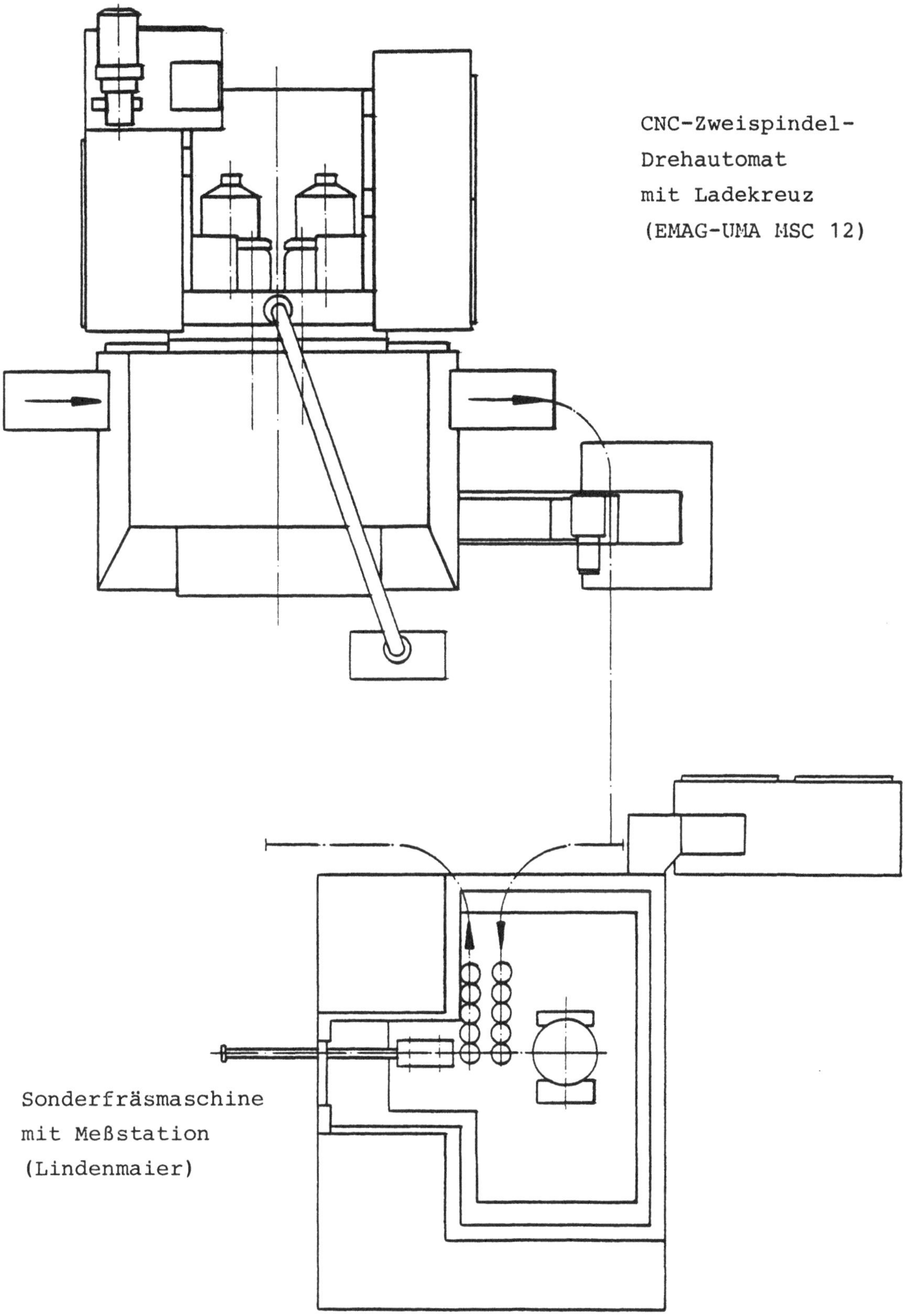

Bild 4: Verkettung zur Dreh-Fräsbearbeitung, Layout

Bild 5: CNC-Zweispindeldrehautomat mit Ladekreuz, Beschickungseinrichtung

Außenrundschleifmaschine mit Portallader

Im Beispiel 3 wird ein integriertes Transport- und Handhabungssystem dargestellt, welches zusätzlich mit einer automatischen Meß-Steuerung ausgerüstet ist (Bild 6).
Eine Schrägeinstich-Außenrundschleifmaschine (Fabrikat Tschudin) wird aus einem Werkstückmagazin mittels Portallader beschickt.
Die Besonderheit hierbei liegt in dem Werkstückmagazin, das so gestaltet wurde, daß die Plätze die Aufnahme verschiedener Werkstücke einer Teilefamilie ermöglichen. Somit wurde der Umrüstaufwand auf die Änderung der Weginformationen und Greifertausch beschränkt.
Die integrierte Meß-Steuerung erlaubt das unbeaufsichtigte Schleifen über einen längeren Zeitraum.

Elektrochemische Entgratanlage

Ein pneumatisches Handlingsgerät versorgt in diesem Beispiel eine elektrolytische Entgratungsanlage (Bild 7). Zusätzlich wurden 2 Stempeleinrichtungen angebaut.
Aus zwei Werkstückmagazinen, die außerhalb der Entgratungsanlage vorgerüstet werden, entnimmt der IR die Teile und führt sie den Bearbeitungsstationen zu.
Desweiteren muß der IR zusätzliche Wasch- und Tauchoperationen, nach der Entnahme des Teiles aus der Bearbeitungsstation, übernehmen.
Durch Integration von mehreren Arbeitsvorgängen und Auslegung eines großen Werkstückspeichers wurde es ermöglicht, mehrere Stunden ohne Beaufsichtigung zu produzieren.

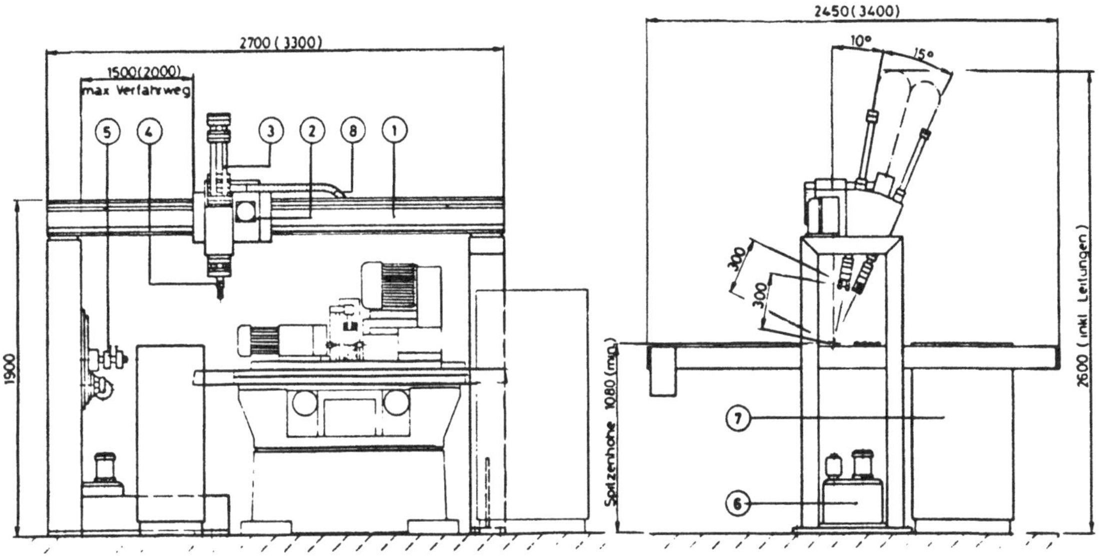

Legende:

(1) Portalständer
(2) Horizontalschlitten
(3) Lineareinheit
(4) Werkstückgreifer
(5) Taktband
(6) Hydraulik
(7) Steuerung
(8) Leitungsführung

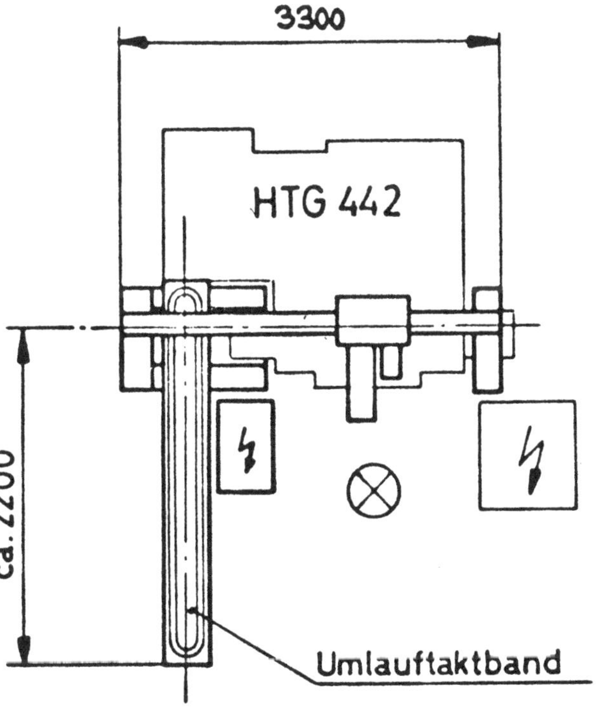

Bild 6: Außenrundschleifmaschine mit Ladeportal (TSCHUDIN HTG 442)

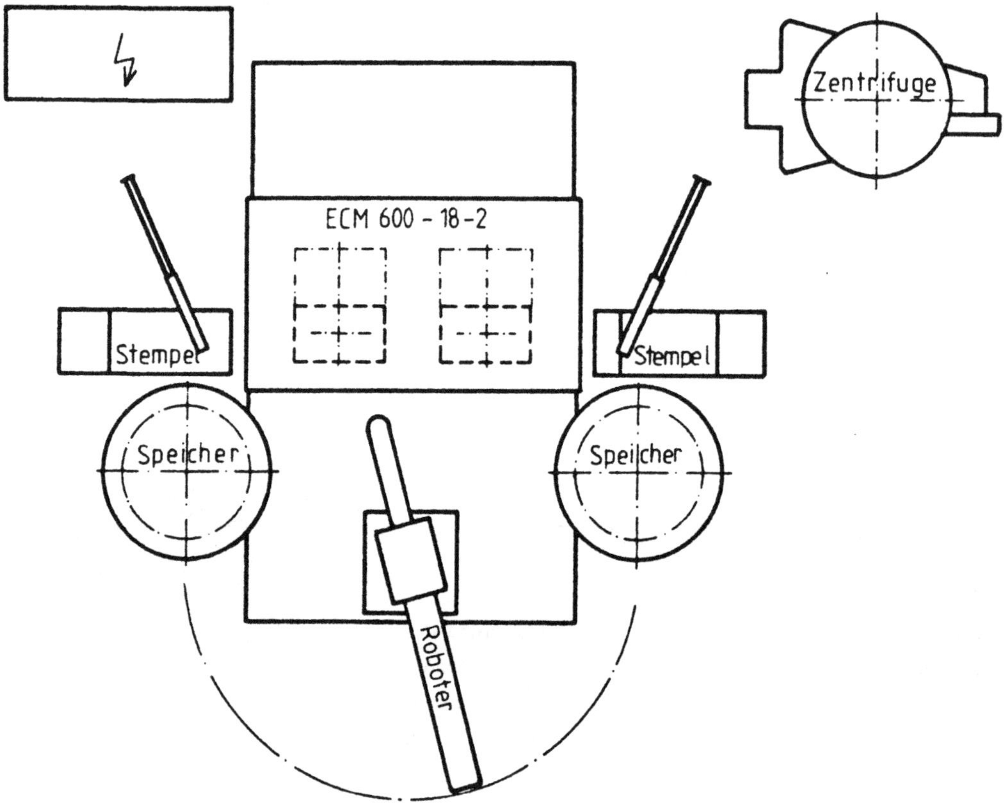

Bild 7: Elektrolytische Entgratanlage

Innenrundschleifmaschine mit Schleifdornwechsler und Industrieroboter

Auch auf dem Schleifmaschinensektor hat sich mittlerweile die Technik hin zur flexiblen Automation gewandelt.
Da beim Innenschleifen, bedingt durch die Technologie, pro Arbeitsschicht mehrmaliger Schleifscheibenwechsel vorgenommen werden mußte, konnte bis heute keine Innenschleifmaschine in ein flexibles Fertigungssystem eingebaut werden.
Mit der Schleifzelle, Typ TST 300 CNC-G (Fa. Tripet), ist nun eine Maschine auf dem Markt, die diesen Anforderungen entspricht, d. h., durch einen 18-fachen Schleifdornwechsler ist eine mehrstündige Bearbeitung möglich (Bild 8).
Die Innenschleifmaschine wurde durch einen Industrieroboter als Handlingsgerät und durch eine integrierte Meß-Station (Bild 9 und 10) als flexible Fertigungszelle aufgebaut.
Bild 10 zeigt das Einlegen der Teile in die Meß-Station. Hierbei ist äußerste Präzision verlangt, die von dem IR gewährleistet sein muß, da die Spannzange nur wenige Zentel Millimeter öffnet.
Die Rückmeldung der Meß-Station an die Maschinensteuerung erfolgt in 3-mm-Schritten, d. h., der Meßwert des letzten Teiles wird um diese Beträge beim Schleifen des nächsten Teiles korrigiert.
Bild 11 und 12 zeigen das Entnehmen der Einzelteile durch den Industrieroboter und das Umsetzen der Leerpalette.
Das Aufgabengebiet des IR ist damit jedoch noch nicht ausgeschöpft.
Um auch exzentrische Bohrungen zu schleifen, hat er Montageaufgaben zu erledigen; d. h., er nimmt ein Werkstück aus der Palette und legt diese in eine Hilfsvorrichtung.

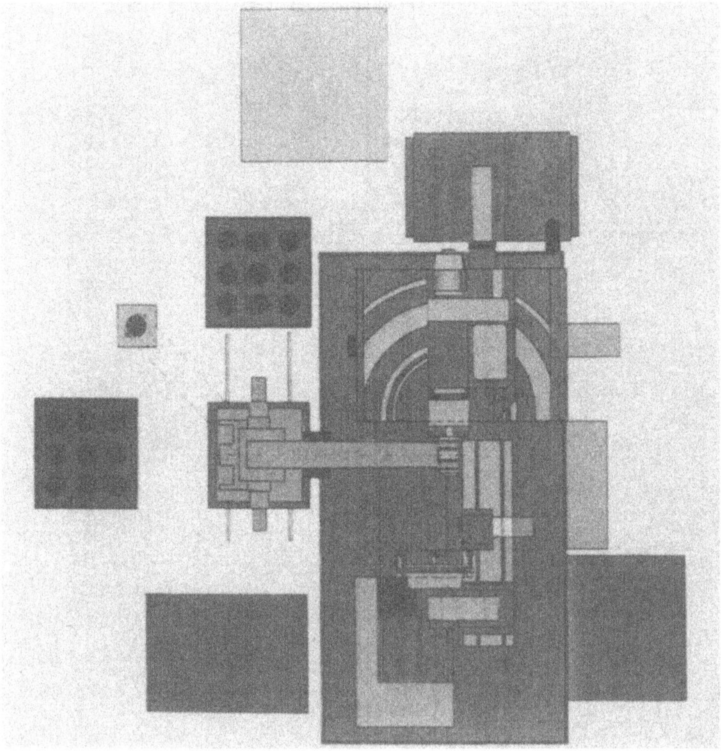

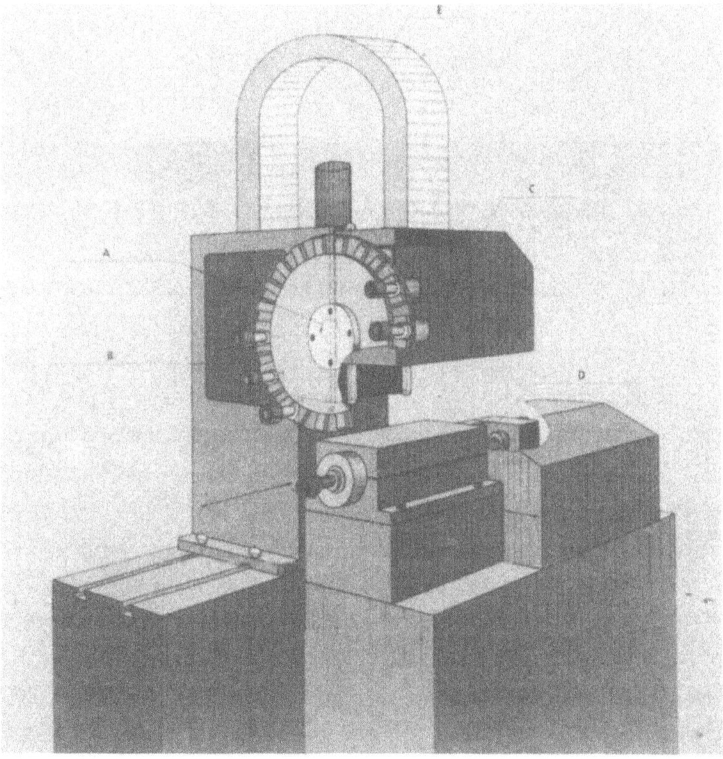

Bild 8: Innenschleifzelle mit automatischem Schleifdornwechsler, Roboter und externer Meßstation

Bild 9: Innenschleifzelle, Gesamtansicht

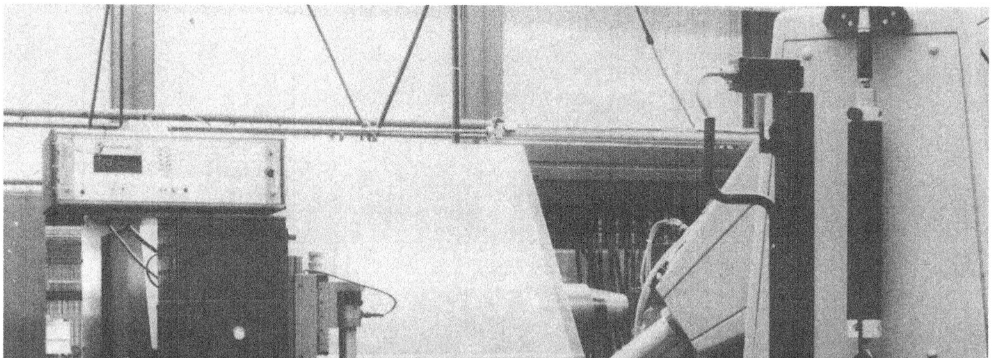

Bild 10: Innenschleifzelle, Meßstation

Bild 11: Innenschleifzelle, Teileentnahme aus Hilfsvorrichtung

Bild 12: Innenschleifzelle, Umsetzen von Paletten durch Roboter

Nach dem Spannen/Montieren durch den IR wird die Hilfsvorrichtung mit dem fixierten Werkstück in die Maschine eingewechselt. Die Entnahme erfolgt in umgekehrter Weise. Der Flexibilität des Industrieroboters sind hier kaum Grenzen gesetzt.

Blechfertigung (Bild 13)

Wenn man von flexibler Fertigung und dem Einsatz von Industrierobotern spricht, so war meist der Bereich der spanenden Fertigung damit gemeint.
Aber gerade in der Blechteilefertigung wurde bisher schon der teilautomatisierte Materialfluß durch eine Paletten-Regalanlage mit Regalförderzeug und induktiv gesteuertem Flurförderzeug verwirklicht.

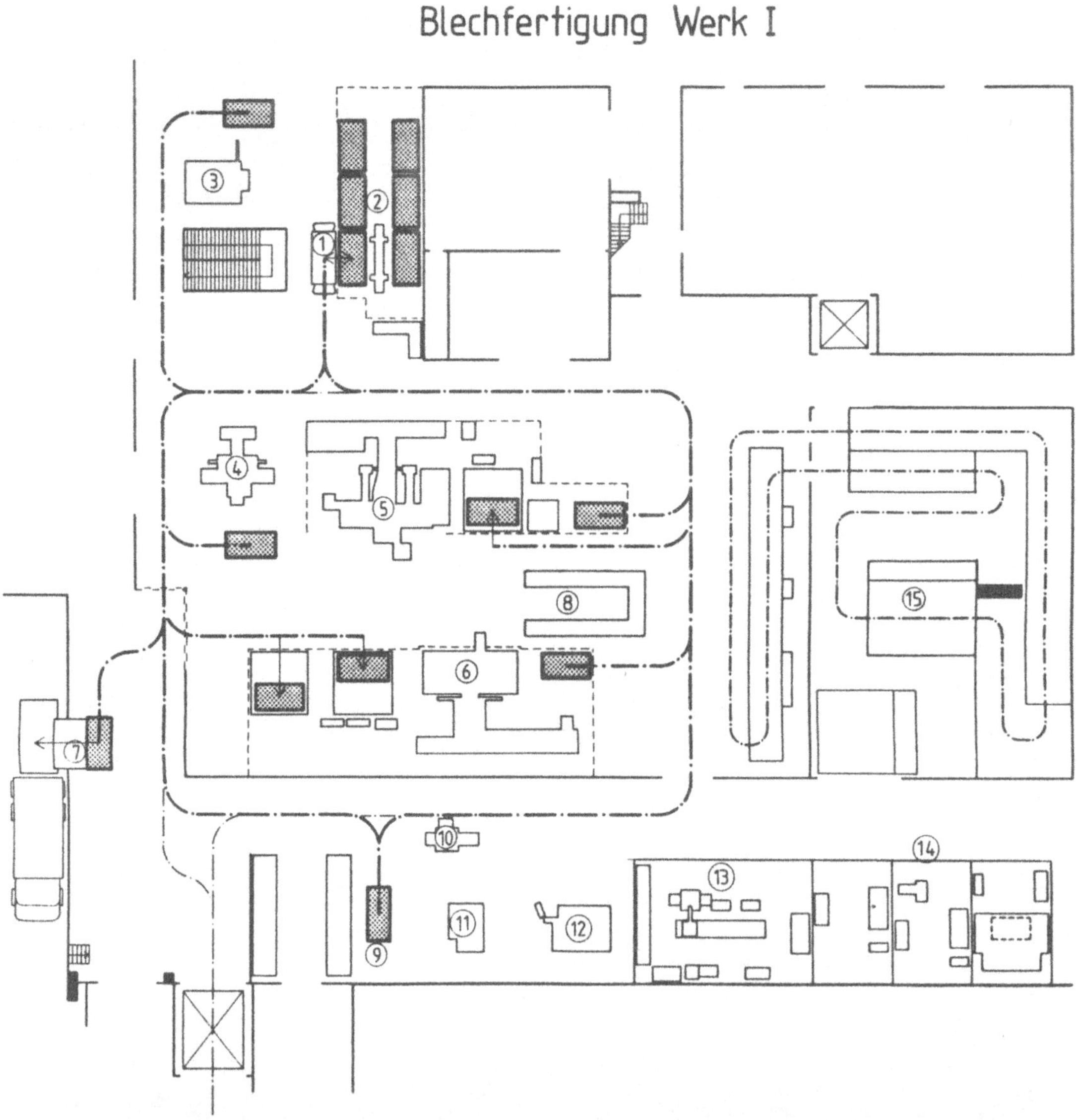

Bild 13: Blechfertigung, Layout
1 Induktivgesteuertes Flurförderzeug, 2 Autom. Blechregalanlage, 3 Schlagschere, 4 TRUMATIC TC 235, 5 TRUMATIC TC 300 PWG + Trumalift C, 6 TRUMATIC TC 180 LW + Trumalift B + E, 7 Beladestation für Rohbleche + Schrottabladestation, 8 Werkzeugvoreinstellplatz, 9 Kommissionierplatz, 10 Richtmaschine, 11 Blechentgratmaschine TRUMAFIN, 12 NC-Abkantpresse, 13 Roboter-Schweiß-Platz, 14 Hand-Schweißplätze, 15 Durchlauflackieranlage

Die automatisierte, flexible Blechteilefertigung stellt weitergehende Anforderungen. Denn nicht nur das Zubringen von Blechtafeln an die Bearbeitungsmaschinen mußte gelöst werden, sondern es ist auch die automatische Entsorgung von Nutz- und Abfallteilen und die Weiterverarbeitung der Blechteile als integriertes Gesamtsystem aufzubauen.
Das Konzept der neuen Blechfertigung heißt „Rechnerunterstützte Blechteilefertigung — (RBFT)". Es ist wie folgt aufgebaut:
Teilbereich 1 Fertigung von Blechzuschnitten,
Teilbereich 2 Fertigung von Untergruppen.
Gesteuert wird die Blechteilefertigung künftig über den Fertigungsleitrechner. Er bekommt seine Aufträge vom Planungsrechner, der die gesamte Teileversorgung über Aufträge/Bestellungen sicherstellen muß.
Der Fertigungsleitrechner steuert die Blechteilefertigung vom Anliefern der Normtafeln bis zur Ablieferung der fertigen Blechbaugruppen oder Einzelteile an die Montage bzw. an das Lager.
Im Teilbereich 1 für die Fertigung der Blechzuschnitte sind modernste CNC-gesteuerte Blechbearbeitungszentren eingesetzt (Bild 14 und 15).
— Trumatic 180 LW mit Trumalift B + E,
— Trumatic 300 PWG. 2 mit Trumalift C,
— Trumatic 235 mit manueller Ladehilfe.
Etwa 2.300 Blecheinzelteile in durchschnittlichen Losgrößen von 30 Stück werden hier gefertigt.
Die automatische Versorgung der Blechbearbeitungszentren beginnt im Wareneingang. Nachdem die angelieferten Blechpakete vom Verpackungsblech befreit wurden, werden die Normtafeln 1.000 x 2.000 mm und 1.250 x 2.500 mm in den verschiedensten Blechdicken und -qualitäten auf Paletten von der Ladestation aus auf das induktiv gesteuerte Flurförderzeug in das Blechregallager eingelagert und dann entsprechend den zu fertigenden Aufträgen von den Bearbeitungszentren abgerufen (Bild 16).
Der Trumalift B + E bzw. C führt dann die Einzelbleche den Bearbeitungszentren zu und erledigt die Entsorgung von Nutz- und Abfallteilen.
Die Einlagerung der Nutzteile in die Regalanlage als Zwischenpuffer erfolgt dann wieder mit dem induktiv geförderten Flurförderzeug.
Die Paletten für die Aufnahme der Nutz- und Abfallteile können auf den speziellen Ablage- und Übergabestationen programmgesteuert in acht verschiedenen Positionen gefahren werden, so daß eine volle Nutzung der Paletten bei Aufnahme von Kleinteilen erreicht wird.
Für die Abfallentsorgung der Trumatic 180 LW wurde die Beladestation im Wareneingang so ausgebaut, daß bei Anlieferung der speziell codierten Palette für Abfallteile, diese automatisch gekippt wird und somit die Abfallteile in den darunterstehenden Container rutschen.
Dies ist eine wichtige Voraussetzung für die Produktion in der dritten Schicht ohne Bedienungspersonal.
Alle, für die Ein- und Auslagerung von Blechen/Teilen und deren Transport notwendigen Arbeitsspiele, werden von einem Microprocessor gesteuert.

Wirtschaftlichkeit

Die Wirtschaftlichkeit in den eingangs geschilderten Gruppen ist unterschiedlich zu bewerten.

Bild 14: Blechfertigung, TRUMATIC 300 PWG mit Trumalift C

Bild 15: Blechfertigung, TRUMATIC 180 LW mit Trumalift B + E

Bild 16: Blechfertigung, Blechregallager mit induktiv gesteuertem Flurförderzeug

- Die Automatisierung für die Gruppe 1 ist mit unter 100.000,— DM, teilweise mit unter 50.000,— DM zu erreichen.
- Die Kosten der Gruppe 2 liegen in der Größenordnung < 100.000,— DM < 500.000,— DM.
- Die Gruppe 3 erfordert oft Investitionen in Millionenhöhe.

In der Gruppe 1 kann eine Nachrüstung mit relativ wenig Aufwand eine Nutzungssteigerung von 10 — 25% an der Maschine bringen.

Bei der Gruppe 2 sind die Qualität und der Kontrollaufwand zu bewerten.

Bei kritischen Teilen kann der Ausschuß oft auf ein Minimum gesenkt werden.

Dies allein ergibt bereits eine erhöhte Wirtschaftlichkeit, der zusätzliche Nutzungsgewinn kann dann Amortisationszeiten unter 2 Jahren ausweisen.

Die Produktionsanlagen der Gruppe 3 setzen Personaleinsparungen in den Tagschichten wie unbeaufsichtigte Produktion in der Nacht voraus.

Die Optimierung/Reduzierung von umlaufenden Teilen/Aufträgen (Kapital), Termintreue, montagebezogene Fertigung sind weitere Aspekte, die solche Produktionsanlagen wirtschaftlich machen.

Bild 17: Blechfertigung, automatische Abfallrutsche

Alle dargestellten Anwendungsbeispiele zeichnen sich durch einen hohen Grad an Zuverlässigkeit aus.
Die Nutzung der Anlagen konnte um mindestens 10% bis auf über 200% gesteigert werden.
Der Personaleinsatz reduzierte sich dabei im Minimum um 50%.

Schlußbetrachtung

Zukünftig werden komplette Produktionssysteme eine immer größere Bedeutung erlangen. Rechnerunterstützt werden die Arbeitsgänge nicht hintereinander, sondern simultan ablaufen.
Diese Systeme zeichnen sich durch hohe Flexibilität und große Produktivität aus, bei gleichzeitig geringem aber qualifiziertem Mitarbeitereinsatz.
Die Systeme sind dabei in der Lage, sich weitgehend selbst zu überwachen, die Versorgung der Produktionseinrichtungen erfolgt automatisch.
Die betreuenden Arbeiten an den Produktionssystemen werden über die Normalarbeitszeit abgewickelt, der Produktionsprozeß selbst erfolgt 3-schichtig.
Dies wird erhebliche Strukturveränderungen in den Betrieben nach sich ziehen und die Nachfrage nach qualifiziertem Personal nochmals verstärken.

7-Achsen-Roboter übernimmt komplexe Probenvorbereitung für metallurgische Prüfungen

ir. Betty Denuit-Cordenier, Corden Robots, Brüssel

1. Informationen über Firma Cockerill und deren Notwendigkeit zur Automatisierung

Firma Cockerill ist das größte belgische Unternehmen in der Eisenindustrie und das 7.-größte Unternehmen Belgiens überhaupt, mit ca. 63 Milliarden BF Umsatz und 21.000 Arbeitsplätzen.
Aufgrund der starken Rezession in den 70-er Jahren auf dem Stahlmarkt und der geringen Investitionsbereitschaft blieben große finanzielle Probleme nicht aus. Die hohe Beschäftigtenzahl, veraltete Produktionsmittel und zuwenig Eigenkapital stellten die Zukunft in Frage. Lediglich spezielles Know How, starke Absatzorganisation und der gute Ruf veranlaßten den belgischen Staat, finanzielle Unterstützung zu gewähren. Daran knüpfte man Forderungen zur

- sofortigen Automatisierung,
- Lohnkostensenkung,
- Beschäftigtenverringerung.

Die verschiedenen Produktionsstätten sind teilweise in der Nähe von Charleroi und Lüttig angesiedelt. Speziell für die Werke um Lüttig existiert ein zentrales metallurgisches Labor, das durch Rohrpostleitungen bis zu 5 km Länge mit den einzelnen Werken, zwecks Probebereitstellung, verbunden ist.
Einen der Ansätze zur Automatisierung fand man somit in diesem Laborbereich. Dabei spielten folgende Gründe eine wesentliche Rolle:

- 3-Schichtbetrieb, 7 Tage je Woche,
- 3 Mitarbeiter je Schicht zur Probenvorbereitung,
- Arbeitsausfall durch Streik, Krankheit etc.,
- mangelnde Arbeitsorganisation.

2. Ausgangssituation

An einer zentralen Rohrpostverteilstation mit 10 verschiedenen Rohrleitungen kommen im Labor von 5 verschiedenen Produktarten 3 Typen von Proben (Stahl, Eisen, Schlacke) in den entsprechenden Büchsen an.
Einer der 3 Arbeiter nimmt mittels einer Zange die noch glühenden Probenteile aus Stahl und Eisen heraus und läßt diese abkühlen, stanzen, schleifen und kontrollieren. Hierbei darf die Gesamtzykluszeit von 120 s nicht überschritten werden, um noch rechtzeitig die laufende Produktion beeinflussen zu können.
Die Schlackenprobe wird in einem Brecher bearbeitet und anschließend zur Kontrolle bereitgestellt.
Die Ablaufprioritäten wurden auf 9 verschiedene Labor-Arbeitsprogramme zusammengefaßt.

- Stahlproben-Rücklieferung zur Produktion
- Eisenproben-Rücklieferung zur Produktion
- Zulieferung von 3 verschiedenen Sonder-Stahlprobentypen
- Zulieferung von Sonder-Eisenproben aus der Produktion
- Zulieferung von Schlackenproben
- Zulieferung Standardprobe Stahl
- Zulieferung Standardprobe Eisen

3. Automatisierung

Um diese manuellen Vorgänge zu automatisieren, boten sich 2 unterschiedliche Vorgehensweisen an:

a) Probenvorbereitung durch komplexe, vollautomatische Bearbeitungsmaschinen, verkettet mittels Förderbändern und einfachen Manipulatoren (Pick and Place).
b) Probenvorbereitung mit einfachen Bearbeitungsmaschinen, verkettet und bewegt während der Bearbeitung durch einen 7-achsigen Industrieroboter mit gleichzeitiger Kontrolle und Steuerung der komplexen Peripherie.

Realisiert wurde Vorgehensweise b) mit nachstehenden Vorteilen eines Industrieroboters:

- hohe Flexibilität für unterschiedlichste und vielfältigste Bearbeitung
- intelligente Steuerung für umfangreiche Peripherieüberwachung
- geringe Zykluszeit
- große Verfügbarkeit

4. Roboterlösungen

Die Aufgabenstellung der Roboter ist hierbei folgende:

- Entnehmen der Büchse aus der jeweiligen Rohrpoststation, öffnen und entleeren.
- Je nach Probentyp, Ausführung eines gewünschten Arbeitsablaufes wie: Probe entnehmen, kühlen, stanzen, schleifen, Ablage zur Kontrolle und Überwachung der vorgegebenen Prioritäten.
- Schließen der Büchse und Weitersendung zum neuen Bestimmungsort.

Projekt 1 — Ausgangssituation:
Die anfänglichen Planungen gingen von einem Einsatz in der bestehenden Anlage aus. Die Installation des Roboters sollte zwischen den Prüfmaschinen, auf einer Verfahrachse, erfolgen. Die Zuführung der Rohrpostleitungen war an einem Ende des Raumes, der Brecher am anderen Ende vorgesehen. Dies stellte eine logische Lösung dar, mit dem Problem, daß aufgrund eines Roboter-Verfahrweges von ca. 6 m zwischen Entnahmeposition und Ablage, für Kontrolle die vorgegebene Zykluszeit nicht erfüllbar war (siehe hierzu Bild 1).

Projekt 2:
Zur Optimierung der Zykluszeit wurde versucht, die jeweiligen Prüfmaschinen für Eisen und Stahl näher in den Roboter-Arbeitsbereich zu verschieben. Dies war unter Zuhilfenahme einer Roboter-Verfahrachse — Achse 7 — von nunmehr 1,6 m Länge möglich (siehe hierzu Bild 2).

5. Änderung an der bestehenden Rohrpostzuführung:

5.1 Robotergerechte Anpassung der Zuführungen durch folgende Maßnahmen:
- Um die letzten 3 Büchsenzuführungen in den Roboter-Arbeitsbereich zu bringen, mußten diese komplett verändert werden.
- Automatisierung von Öffnen und Schließen der Rohrpoststationen.
- Anpassung der Leitungen 5 — 10.
- Änderung der Türöffnungen der Rückführleitungen 5 — 10.

5.2 Erneuerung aller Rohrpostbüchsen mit folgenden Veränderungen:
- Verschlußsystem zum automatischen Öffnen und Schließen,
- Durchmesseranpassung an Prüfbecher zur Handhabung durch den gleichen Robotergreifer. Damit die Rohrpostbüchsen sämtliche Leitungsbiegungen passieren konnten, fand dieser Punkt besondere Beachtung.

6. Robotergerechte Anpassung der Prüfmaschine

- Vollkommene Neugestaltung der Prüfmaschinen, um die Zugänglichkeit sowie den Signalaustausch zu gewährleisten.
- Zum Abziehen der Rohrpostverschlüsse (Kappen) wurde je Maschinengruppe ein „Kappenzieher" vorgesehen. Die Gesamtinstallation betrug 3 Stück, incl. ein Stück als Reservestation bei Ausfall eines Abziehers.
- Entwicklung von verschiedenen Sortiereinrichtungen und Trichtern für folgende Maßnahmen:
  a) Positionierung von Stahl nach dem Entleeren aus der Rohrpostbüchse.
  b) Sortierung von Stahl- und Schlackenproben, da beide Materialien in den gleichen Rohrpoststationen zugeführt werden.
  c) Sortieren und vereinzeln von Eisenproben, die in der gleichen Büchse als Flachstahlplatte oder Rundmaterial ankommen können.
  d) Bereitstellung von Bechern für die Schlackenprobe.

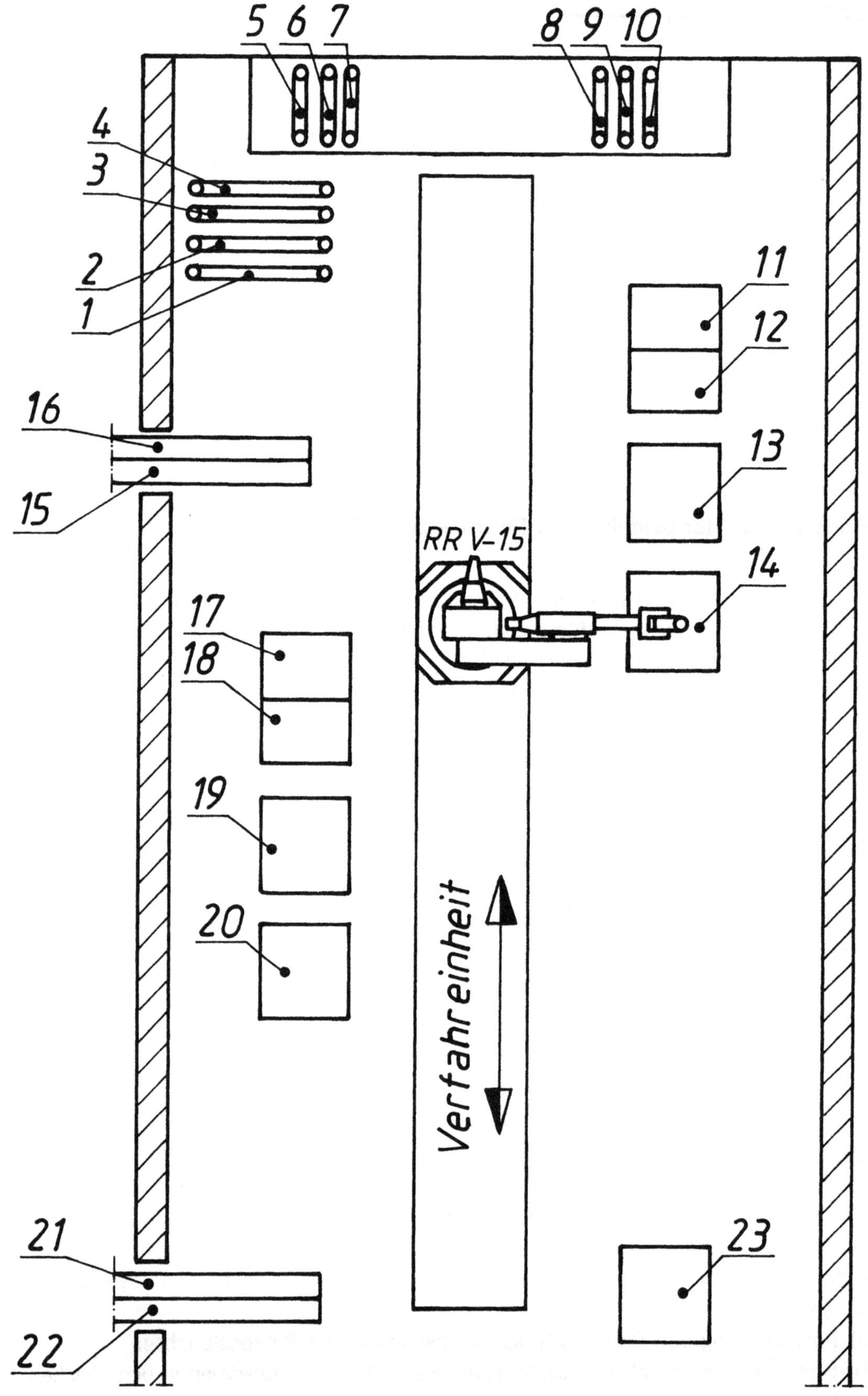

Bild 1: Ausgangs-Vorstellung
1 – 10 Rohrpoststationen, 11 – 14 stanzen, abkühlen, schleifen, brechen der Stähle, 15 Ablage Stahl, 16 Stahl zurück vom Labor, 17 – 20 stanzen, abkühlen, schleifen, brechen von Eisen, 21 Ablage Eisen und Schlacke, 22 Eisen zurück vom Labor, 23 Brecher für Schlacke

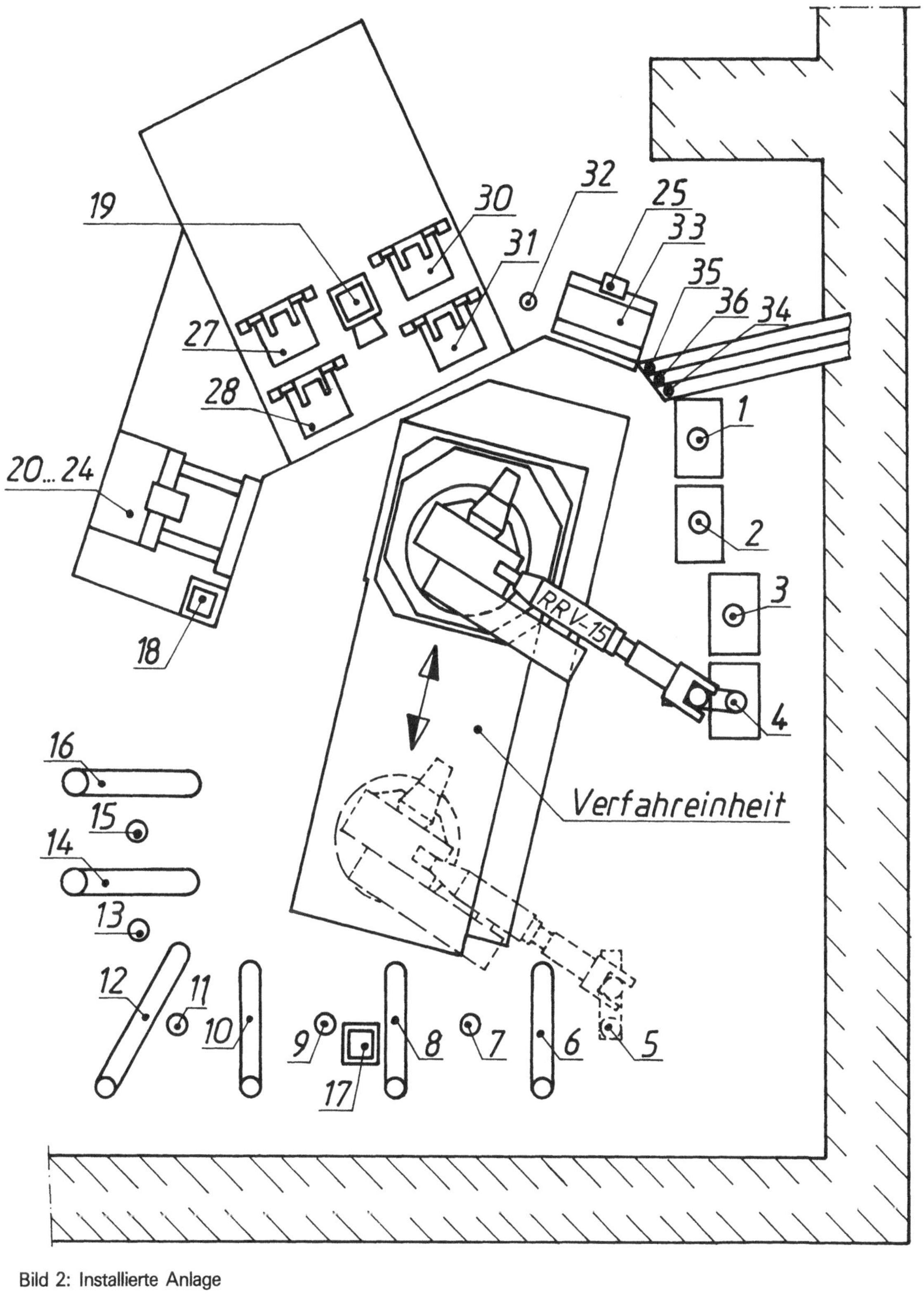

Bild 2: Installierte Anlage
1 — 16 Rohrpoststationen, 17 — 19 Kappenzieher, 20 — 24 Stanze; Sortierer und Brecher für Eisen, 25 Sortierer für Stahl, 27 — 31 Schleifbänder, 32 Ablageposition, 33 Trichter für Schlacke, 34 — 35 Ablagepos. zum Labor, 36 Greifpos. vom Labor

7. Roboter-Anpassung an die verschiedenen peripheren Einrichtungen

— Spezieller Doppelgreifer zur Handhabung von Stahl und Eisenproben sowie der Rohrpostbüchsen und Schlackenbecher.
— Durch eine speziell entwickelte Software verwaltet die Robotersteuerung den gesamten Programmablauf. Dies erfolgt durch automatischen Signalaustausch zwischen Roboter und Peripherie über eine integrierte Verknüpfungssteuerung. Durch die große Anzahl der ,,Ein- und Ausgänge" wurde eine zusätzliche PC-Steuerung erforderlich.
— Die manuelle Überwachung des gesamten Prozesses erfolgt durch ein spezielles Bedientableau innerhalb des angrenzenden Kontrollabors. Hier wird angezeigt, welche Probe sich z. Z. in Bearbeitung befindet, bzw. welche Probe zur Bearbeitung ansteht. Die Abarbeitung der Proben erfolgt normalerweise in Reihe (,,first in — first out"). Um eine Probe mit höherer Priorität vorzuziehen, ist über das Bedientableau ein manueller Eingriff möglich.

8. Kriterien der Roboterauswahl

Die Auswahl des möglichen Robotertypes wurde nach folgenden Kriterien vorgenommen:
— Lieferung des kompletten Robotersystems aus ,,einer Hand".
— Roboter-Handhabungsgewicht mit ca. 5 kg.
— Schneller Roboter zur Lösung der zeitkritischen Aufgabe.
— Steuerungsmöglichkeit des Gesamtablaufes sowie von 7 Achsen incl. spezieller Software und Verknüpfungssteuerung.
— Anpassung und Verknüpfung an komplette Peripherie.
— Entwicklung und Adaptierung der speziellen Greifereinrichtung.
— Zur Verkleinerung der Maschinenabstände sollte der Roboter möglichst ,,über Kopf" umschlagen können, sowie einen Arbeitsbereich von 360° besitzen.

Zur Lösung dieser Aufgabenstellung wurde, unter Beachtung der Auswahlkriterien und genauer Marktanalyse, der Robotertyp V15 — Fabrikat Reis — von Firma Cockerill geordert.
Beim Roboterhersteller wurden, nach Entwicklung des speziellen Programmes, die ersten Testversuche durchgeführt. Zur Auslieferung einer schlüsselfertigen Gesamtanlage wurde der Roboter beim Prüfanlagenhersteller aufgebaut, programmiert und getestet. Nach den letzten Abstimmungen wurde die Gesamtanlage an den Kunden ausgeliefert.

9. Testbericht

Die Gesamtanlage wurde beim Prüfanlagenhersteller im Langzeittest erprobt und optimiert. Hierbei trat folgendes Problem auf.
Die aus der laufenden Produktion willkürlich entnommenen Stahlproben hatten nicht die ursprünglich zugesicherten Abmessungen. Da der Roboter diese Teile beim Schleifarbeitsgang halten mußte, wurden hierbei ungenügende Oberflächengüten erzielt. Dies ergab Probleme bei der anschließenden metallurgischen Untersuchung. Teilweise wurden die Proben durch fehlende Werkstückkonturen aus dem Greifer gerissen.

Abhilfelösung Nr. 1:
Innerhalb des Robotergreifers wurde ein zusätzlicher Pneumatikzylinder zum Anpressen der Proben auf das Schleifband installiert. Die Zangenbewegung des Robotergreifers wird entlastet und der Zylinder drückt die Probe mit bestimmtem Druck auf das Band.
— Diese Lösung ergab keine zufriedenstellenden Ergebnisse.

Abhilfelösung Nr. 2:
An den Schleifmaschinen wurden spezielle Spanneinrichtungen zur Aufnahme der Proben installiert. Durch einen fest installierten Pneumatikzylinder wurden Einrichtung und Probe auf das Schleifband gepreßt. Der Roboter übernimmt die Führung der Einrichtung zur Schleifbewegung.
— Diese Lösung hat sich als optimal herausgestellt.

10. Muster-Arbeitsablaufbeschreibung für Roboter

Der Roboter-Arbeitsablauf zur Prüfung einer Stahlprobe ist folgender:

1. Nach Signalvorgabe von Büchsenzuführstation „X" — „Teil vorhanden" fährt der Roboter zu dieser Station und entnimmt die komplette Büchse.
2. Der Roboter fährt mit der Büchse zum „Kappenzieher" und legt die Büchse zum Abziehen der Kappe ein — Signalfreigabe zum Abziehen der Kappe.
3. Nach Signalvorgabe des Kappenziehers entnimmt der Roboter die geöffnete Büchse, fährt damit zur Sortiereinrichtung und kippt den Inhalt aus.
4. Der Roboter bringt die Büchse zum Verschließen zurück zum „Kappenzieher" — Signalfreigabe an „Kappenzieher" — „Büchse schließen".
5. Fahrt zur Büchsenrückführ-Station — ablegen zum automatischen Rücktransport.
6. Fahrt zur „Stahlprobe", Probe entnehmen und in Stanzmaschine einlegen — Signalfreigabe zum „Stanzen".
7. Fahrt in Wartestellung bis Signalvorgabe von Stanzmaschine „Teil entladebereit".
8. In Stanzmaschine Stahlprobe greifen und Fahrt zur Vorschleifmaschine.
9. Probe in Schleifeinrichtung einlegen, Signalfreigabe zum „Schleifen" incl. Band-Start.
10. Schleifeinrichtung greifen und damit spezielle Bewegung durchführen.
11. Nach Ende des Vorschleifens Entnahme der Probe aus Einrichtung und halten in Kühlstation zur Abkühlung.
12. Zur Schleifstation „Fein-Schleifen" — es erfolgt Ablauf 9 — 10 und 11.
13. Probe aus Schleifeinrichtung entnehmen.
14. Fahrt zur Ablagestation für Stahl-Probe ablegen.
15. Rückfahrt vor Rohrpoststationen „Büchsenzuführung" in Wartestellung — es folgt Ablauf 1 — 15 mit weiteren Teilen.

Der Roboter-Arbeitsablauf für Eisenproben ist analog der Stahlprobe. Als Zusatz muß hier das vorhandene Rundmaterial gehandhabt werden.

Sensoren für den Einsatz mit Industrierobotern

Jörn Bosse, Robotechnik Gesellschaft für Industrieautomation mbH, Puchheim

Aufgaben der Sensoren

Sofort denkt man an hochauflösende Kameras, Teileerkennung in der Ebene und Ortung von Körpern im dreidimensionalen Arbeitsraum des Roboters.
So lauten auch viele Anfragen, die auf unseren Tisch kommen. Die ausgelieferten Roboteranlagen sehen aber anders aus. Noch nicht mal 2% der derzeitigen Roboteranlagen sind mit Visionsystemen zur Teileerkennung ausgerüstet.
Der Einsatz der Sensoren an Robotern teilt sich etwa wie folgt auf:

75% der Sensoren werden für die Aufrechterhaltung der Teileordnung und für den geregelten Ablauf der Arbeiten benötigt. Es sind einfache Sensoren mit einem JA-/NEIN-Ausgang.
Typisch: Induktive Näherungsschalter.

15% der Sensoren werden für das Erkennen spezifischer Werkstückmerkmale und zum Messen eingesetzt. Optische Sensoren mit Glasfaserkopplung, Zeilenkameras und Lasertriangulation oder Ultraschall zur Abstandsmessung werden erfolgreich eingesetzt.

8% der Sensoren werden für das Sensieren und Ausregeln von Abweichungen vom Normalzustand des Fertigungsprozesses benötigt. Typisch ist hier die Nahterkennung für die Schweißroboter, um sich den Toleranzen des Werkstückes anzupassen. Hier finden sich Sensoren der gesamten Meßtechnik zu interessanten, problemorientierten Lösungen zusammen.

2% der Sensoren sind Vision-Systeme, um Teile, die ungeordnet ankommen, zu erkennen oder die Lage der Teile im Raum zu bestimmen. In diesem Bereich findet man auch die wenigen hochauflösenden taktilen Sensoren.

Fähigkeiten der Roboter, Sensorsignale zu verarbeiten

Eine typische Roboteranlage hat heute ca. 32 I/O's, d. h. es können 32 einfache ja/neinschaltende 24V-Sensoren als Eingangssignale angeschlossen werden. Ebenso stehen 32 Ausgangssignale 24V, 2A zur Verfügung. Die Abfrage der Eingangssignale und das

Schalten der Ausgangssignale erfolgt bei den meisten Robotern nach einem internen Rechenzyklus, bei dem zunächst einmal alle 6 Achsen lagegeregelt werden. Dieser Vorgang dauert ca. 20 ms. Danach werden die Eingangssignale abgefragt und gegebenenfalls die Ausgangssignale geschaltet. Dafür werden ca. 5 ms benötigt. So ergibt sich eine Gesamtzeit von ca. 25 ms, d. h. die Eingangssensoren werden, wenn es im Programm vorgesehen ist, etwa max. 40 mal in der Sekunde abgefragt.
Nur wenige moderne Roboter verfügen im Grundausbau über Schnittstellen, um komplexe Signale hochauflösender Sensoren anschließen zu können. Die häufigste Standardschnittstelle ist die serielle Datenübertragung RS232C (V24).
Mit 9.600 Baud kann man ca. 1.000 Zeichen pro Sekunde übertragen. Um sicherzustellen, daß die Robotersteuerung bereit ist, Daten anzunehmen, ist die Einhaltung eines formalen Protokolls erforderlich, das natürlich auch den richtigen Erhalt der Informationen quittieren muß. Um z. B. die Koordinaten X, Y und φ eines mit einem Kamerasystem gefundenen Werkstückes zu übertragen, werden ca. 30 bis 100 ms benötigt. Nun müssen diese Daten von der Steuerung des Roboters per Programm verarbeitet werden. Das bedeutet bei 80% der heute installierten Roboter Stillstand für einige zehntel Sekunden bis zu mehreren Sekunden bei langsamen Steuerungen. Sind diese unerwünschten Pausen im Arbeitszyklus sowieso gegeben, so nutzt man sie für die Verarbeitung der Sensorinformationen gerne aus. Einige moderne Roboter sind jedoch dafür ausgerüstet, analoge Signale zu empfangen und digitale Datenströme parallel zu der Roboterbewegung zu verarbeiten. Dazu sind Robotersteuerungen mit leistungsfähigen Rechnern wie z. B. DEC 11/73, MOTOROLA 68000 und INTEL IAPX 286 usw. erforderlich.
Für die später erreichbare Verarbeitungsgeschwindigkeit der komplexen Sensorsignale ist die Robotersoftware entscheidend. Zunächst muß sichergestellt sein, daß die Robotersoftware überhaupt in der Lage ist, arithmetische und trigonometrische Operationen in einer modernen Hochsprache schnell durchzuführen. Dazu gehören insbesondere Koordinatentransformationen, Skalenfaktorumrechnungen und Verknüpfungen mit dem Hauptprogramm des Roboters über gemeinsame Variable.
Auf dem Gebiet der Software sind gerade in letzter Zeit große Fortschritte erreicht worden. So können Teile aus der Bewegung gegriffen werden und mit dem sogenannten conveyortracking auch wieder plaziert werden. Die Software des UNIMATION PUMA Roboter VAL II ermöglicht es, mit 4 zusätzlichen seriellen Dateneingängen RS232C, mit 4 verschiedenen Sensorsystemen, Rechnern oder übergeordneten Leitsystemen, über das DDCMP-Protokoll parallel zu verkehren. Gleichzeitig können die Roboterbewegungen, um die externen Informationen bereichert, gezielt stattfinden. Aber auch die übrigen Hersteller, wie ASEA, KUKA und der neue BOSCH-Roboter nähern sich schrittweise mit ihrer jeweils neuesten Software diesem Ziel, das UNIMATION mit VAL II schon erreicht hat. Nur durch leistungsfähige foreground/background-Software können die Sensorinformationen und die Anweisungen der Leitrechner schnell genug in die jeweilige Roboterbewegung umgerechnet werden, ohne daß der Roboter sichtlich langsamer wird oder gar zum Stillstand kommt.
Die nächsthöhere Stufe der Sensorverarbeitung ist das parallel processing. Dabei wird für die Verarbeitung der externen Signale ein eigener Mikroprozessor verwendet. So verwendet z. B. ADEPT einen eigenen MOTOROLA 68000 für die Verarbeitung der Kameradaten. Damit sind höchste Leistungen zu erzielen, und Sie können sich das auf dieser Messe bei uns ansehen.
Die bisherigen Bilderkennungssysteme sind eigentlich unter Vernachlässigung der Robotersteuerung in eine Sackgasse entwickelt worden. Es nützt wenig, wenn die Bildauswertung in 50 ms geschieht, die Übertragung an den Roboter 100 ms und mehr benötigt,

und es dann Sekunden dauern kann, bis der Roboter auf das Kamerasignal mit einer neuen gezielten Bewegung reagiert. In der Praxis ist es nur ganz selten nötig, die Lage eines unbekannten Teils zu ermitteln. Es sind fast immer Teile, die man sehr genau kennt, und deren spezifische Merkmale mit mechanischen Hilfen und einer Reihe einfacher Sensoren sicher und billig abzufragen sind.
Kamerasysteme benötigt man aber, um biegeschlaffe Materialien, wie Anschlußdrähte, Federn, Gummidichtungen usw. zu verarbeiten. Hier soll der Roboter sich adaptiv verhalten, d. h. er soll sich der momentanen Situation möglichst schnell anpassen. Dazu sind neue Informationen 10 bis 20 mal in der Sekunde erwünscht und oft auch unbedingt erforderlich. Das ist, ganz gleich wie leistungsfähig die Sensoren sind, eben nur mit einer Robotersoftware zu erreichen, die solche Informationen eben auch 10 bis 20 mal in der Sekunde verarbeiten kann.
Wer sich heute einen billigen japanischen Roboter zwischen 20.000 und 50.000 DM kauft, muß sich darüber im klaren sein, daß komplexe Sensorsignale damit nicht schnell genug verarbeitet werden können. Wer 1 Visionsystem für seinen Prozeß benötigt, oder sich davon Vorteile verspricht, der sollte sich, wenn er noch die Wahl hat, nach einem integrierten System umschauen. ASEA gibt hier ein leuchtendes Beispiel, was die Integration und leichte Erlernbarkeit der Programmierung des Visionsystems bedeutet.

Auswahl der Sensoren für Robotersysteme

Meßbar ist fast alles.
Nimmt man zusätzlich zu den Sensoren noch statistische Verfahren und komplexe Meßanlagen in Anspruch, so kann ruhig in diesem Zusammenhang behauptet werden: meßbar ist alles.
Nur muß das Ganze wirtschaftlich bleiben und dazu sind eine ganze Reihe von Punkten zu beachten:

- Die Sensoren müssen zuverlässig ansprechen oder messen. Fail-safe, d. h. bei Störung, Rückfall in den sicheren Schaltzustand.
- Übersichtliche Anordnungen, Statusanzeigen und Software, mit der die Sensorfunktionen überwacht oder getestet werden können, sind unbedingt erforderlich.
- Verhalten bei Spannungsspitzen, Unterspannung und dem Wiederstart des gesamten Systems nach einem Netzausfall sind genau zu überlegen.
- Manche optische Sensoren reagieren empfindlich auf das Zünden von Leuchtstofflampen in der Umgebung; metallisch blanke Oberflächen können je nach Beleuchtungsrichtung helle oder dunkle Effekte in Visionsystemen erzeugen.
- Regelmäßige, vorbeugende Wartung — oft genügt hier einfach reinigen —, Kalibrierung und Eichung hochauflösender Sensoren sind erforderlich.
- Einfach schaltende Sensoren dürfen nicht marginal eingestellt werden, d. h. es muß feststellbar sein, daß die Sensoren bei der Installation so eingestellt wurden, daß noch genügend Reserven für Alterung, Abnutzung, Temperatureffekte, Schock und Vibrationen vorhanden sind.
- Die Sensoren müssen mit dem Roboter und seiner Software kompatibel sein.
- Der Preis muß stimmen, damit das ganze Projekt wirtschaftlich werden kann; bedenken Sie aber bitte, daß die Einbeziehung des Sensors in die Robotersteuerung, also der elektrische Anschluß und die Datenaufbereitung, mit der Software des Roboters ein vielfaches des Sensorpreises ausmachen kann. Ein Induktivsensor für 50 DM kostet leicht 500 DM bis er in das System integriert ist und eine ordentliche

Dokumentation und Einstellanleitung erstellt wurde. Ein Kamerasystem für 25.000 DM braucht leicht 2 MM für die Installation, Austesten und gute Software.
An dieser Stelle kann gar nicht genug auf die unterschiedliche Leistungsfähigkeit der Software in der Verarbeitung von Sensorsignalen hingewiesen werden. Aus dem Überangebot der Meßtechnik werden Sie für fast jedes Problem geeignete Sensoren finden können. Für wirklich schwierige Probleme ist die Physikalisch-Technische Bundesanstalt in Braunschweig eine Stelle, die immer sehr kompetent weiterhelfen kann. Man sollte sie aber nicht unnötig mit banalen Problemen strapazieren; fragen Sie also ruhig das IPA-Institut in Stuttgart und die Fraunhofer-Institute oder uns, wir werden versuchen, Ihnen einige Lösungen aufzuzeigen.

Sensoren in Greifern

Sensoren für die Anwesenheitskontrolle eines Teils im Greifer, oder ob es richtig gegriffen wurde, sind heute Stand der Technik. Taktile Sensoren im Greifer verhindern eine Überlastung des Roboters und ermöglichen ein sanftes Fügen auch bei sich ständig verändernden Situationen an den jeweiligen Werkstücken (Bild 1). Im Greifer oder seiner Aufhängung am Roboter sind dazu die erforderlichen Ausgleichswege vorzusehen. Fein einstellbare Greiferpositionen und variable Greifkräfte ermöglichen den Ausgleich der Werkstücktoleranzen und der dynamischen und statischen Roboterungenauigkeiten.
Mißt man die Kräfte in allen Richtungen am Greifer, so muß man sich darüber im klaren sein, daß diese sich ständig ändern, je nachdem wie der Greifer vom Roboter beschleunigt wird und welche Lage er im Raum einnimmt. Um all diese Störeinflüsse zu eliminieren, bedarf es eines eigenen kleinen Rechners, guter mathematischer Kenntnisse und vor allem viel Zeit; versuchen Sie es nicht selbst, kaufen Sie eins der fertigen Systeme.

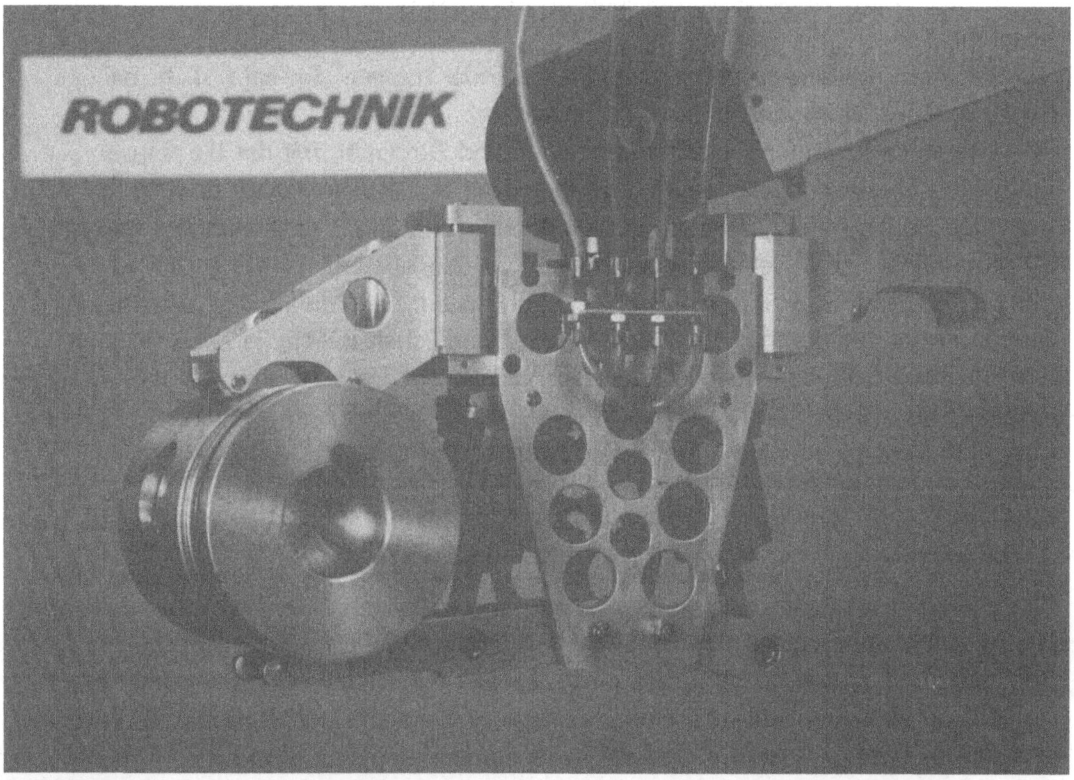

Bild 1: Greifer mit integrierter Vertical-Compliance-Einheit und Sensoren

Einsatz eines Visionsystems für einen Montageroboter

Bei den Visionsystemen unterscheidet man Fernsehkameras und Halbleiterkameras. Die Halbleiterkameras gibt es als Matrixkameras mit z. B. 256 x 320 Elementen oder als Zeilenkameras mit 128 bis 4.096 Elementen pro Zeile.
Bei all diesen Systemen kann man sich für eine Graubildverarbeitung oder für eine Schwarzweißbildverarbeitung (Binärbildauswertung) entscheiden. Auflicht- und Durchlichtverfahren werden angewendet.
Die Systeme kosten mit mehr oder weniger leistungsfähiger Roboterschnittstelle zwischen 15.000 und 75.000 DM. Die Zahl der Anbieter ist groß: wie geht man nun an die Sache heran?
Zunächst unterscheidet man in
- Teileerkennung mit einmaliger Auswertung,
- Teilevermessung mit einmaliger Auswertung
- und Teilevermessung mit ständiger Auswertung und laufender Steuerung des Roboters.

Teileerkennung

Die Teileerkennung erfolgt meist mit Fernsehkameras und wird heute gerne angewendet, wenn folgende Voraussetzungen gegeben sind:
- ausreichender Kontrast zum Hintergrund,
- annähernd konstanter Abstand zwischen der Kamera und den zu erkennenden Teilen, so daß die Teile scharf abgebildet werden,
- vereinzelte Teile, da sich berührende oder übereinanderliegende Teile die Software des Bildauswertesystems meist überfordern.

Unter diesen Voraussetzungen ist die Teileerkennung unproblematisch, schnell und sicher zu realisieren. Der Konstrukteur kann durch Anbringen signifikanter Merkmale wie Orientierungslöcher, Nasen, Kerben, Farbmerkmale und Beimengen fluoreszierender Stoffe wesentlich dazu beitragen, daß auch Teile unter schwierigen Bedingungen erkannt werden können.
Für das Lernen der Teile ist bei allen leistungsfähigen Kamerasystemen ein Dialog zwischen Anwender und dem Kamerasystem vorgesehen. Die Menuetechnik erleichtert die Arbeit. Nach einigen Tagen Einweisung sind die Benutzer der Anlage sehr gut in der Lage, neue Teile in das System einzulernen.
Es ist aber zu beachten, daß
- die Meßgenauigkeit nicht größer als 2% Bildfelddiagonale ist, z. B. 4 mm bei 200 mm Bildfelddiagonale,
- die Beleuchtung konstant gehalten werden muß,
- der Kontrast sich mit der Verschmutzung oder Abnutzung des Hintergrundes ändert.

Teilevermessung

Auf dem Gebiet der Teilevermessung sind in den letzten 2 Jahren große Fortschritte gemacht worden. Mit Hilfe von Zeilenkameras werden Serienteile mit hoher Geschwindigkeit vermessen, sortiert und individuell montiert. Die Zeilenkameras arbeiten mit einer Zeile von 128 bis 4.096 lichtempfindlichen Elementen. Bevorzugt wird mit Durchlicht gearbeitet und man erreicht Meßgenauigkeiten von ± 1 μm, wenn dies erforderlich ist. Wegen der hohen Meßgeschwindigkeit von 1.000 Messungen pro Sekunde und mehr, lassen sich auch Teile in der Bewegung und im freien Fall vermessen (Bild 2 und 3).

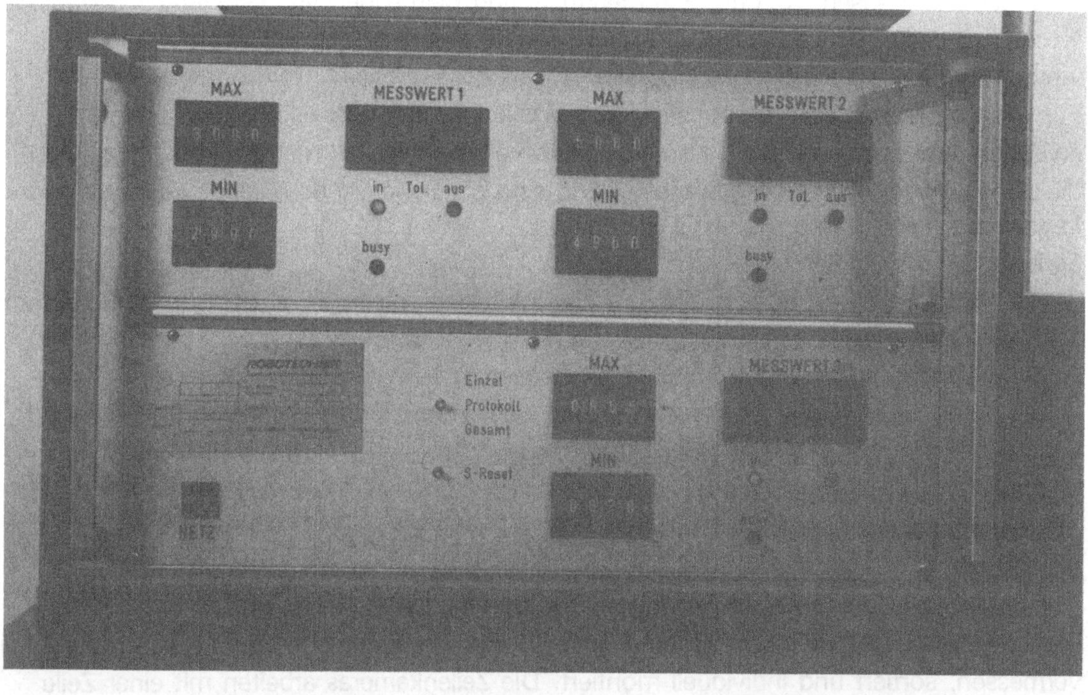

Bild 2 und 3: Vermessung von Kleinteilen vor der Montage mit 3 Zeilenkameras und Auswertung

Zweckmäßigerweise werden die Teile, nachdem sie mechanisch grob vorsortiert sind, vom Roboter gegriffen und in die Bildebene der Zeilenkamera gehalten. Im Durchlicht wird nun die Kontur abgebildet und ausgewertet.
Die höchsten Meßgenauigkeiten und die besten Taktzeiten werden erreicht, wenn die Teile in einem eigenen Meßschlitten vor der Zeilenkamera bewegt werden; der Roboter also nur das Beladen und fehlerspezifische Palettieren der Teile erledigt. Die Teile können auch so vor der Kamera bewegt werden, daß jede Millisekunde eine neue Zeile gemessen wird (Bild 4). So entsteht ein komplettes Abbild des Gegenstandes, das mit den üblichen Methoden der Bildverarbeitung ausgewertet werden kann.

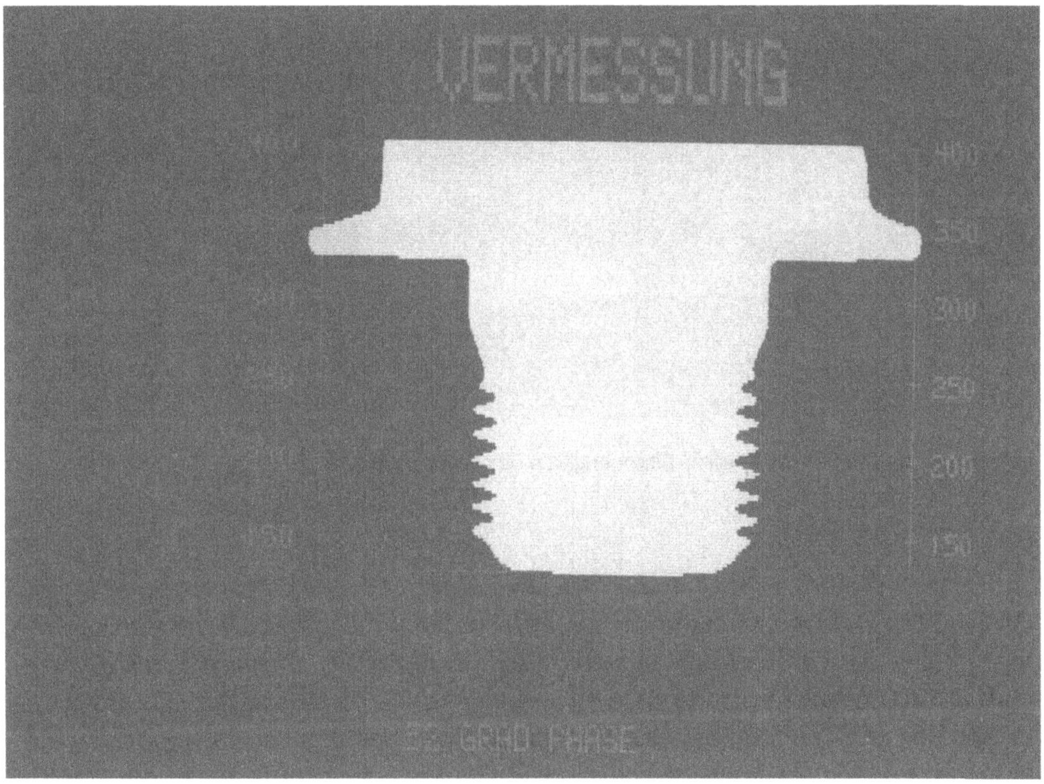

Bild 4: Vermessung einer Schraube mit Zeilenkamera für die automatische Montage

Bei größeren zu vermessenden Gegenständen und hohen Forderungen an die Meßgenauigkeit wird zweckmäßigerweise durch Strahlteilung die Bildmitte ausgeblendet. Für ein Meßobjekt von z. B. ca. 20 mm Durchmesser werden dann von den z. B. 1.024 Meßdioden 512 Dioden für den linken Rand und die anderen 512 Dioden für die Messung des rechten Randes herangezogen. Werden diese z. B. auf einen Meßbereich von jeweils 0,5 mm an den Kanten konzentriert, ergibt sich eine Auflösung von einer Diode für 1 μm und praktische Meßgenauigkeiten von 2 bis 5 μm im Durchlicht mit hervorragender Langzeitkonstanz, die bei den Zeilenkameras gegeben ist (Bild 5).
Für die Vermessung von Teilen ist folgendes zu beachten:

- Hohe Auflösung und hohe Meßgenauigkeit ist gut beherrschbar, führt aber zu kurzen Betrachtungsabständen (15 bis 100 mm) und erfordert exaktes Einhalten des Abstandes Kamera/Meßobjekt.
- Durchlichtverfahren sind, wenn immer möglich, dem Auflichtverfahren vorzuziehen.
- Wechselhafte Umfeldbeleuchtung wie ein- oder ausgeschaltete Leuchtstofflampen, stören beim Durchlichtverfahren nicht, können aber beim Auflichtverfahren kritisch sein.

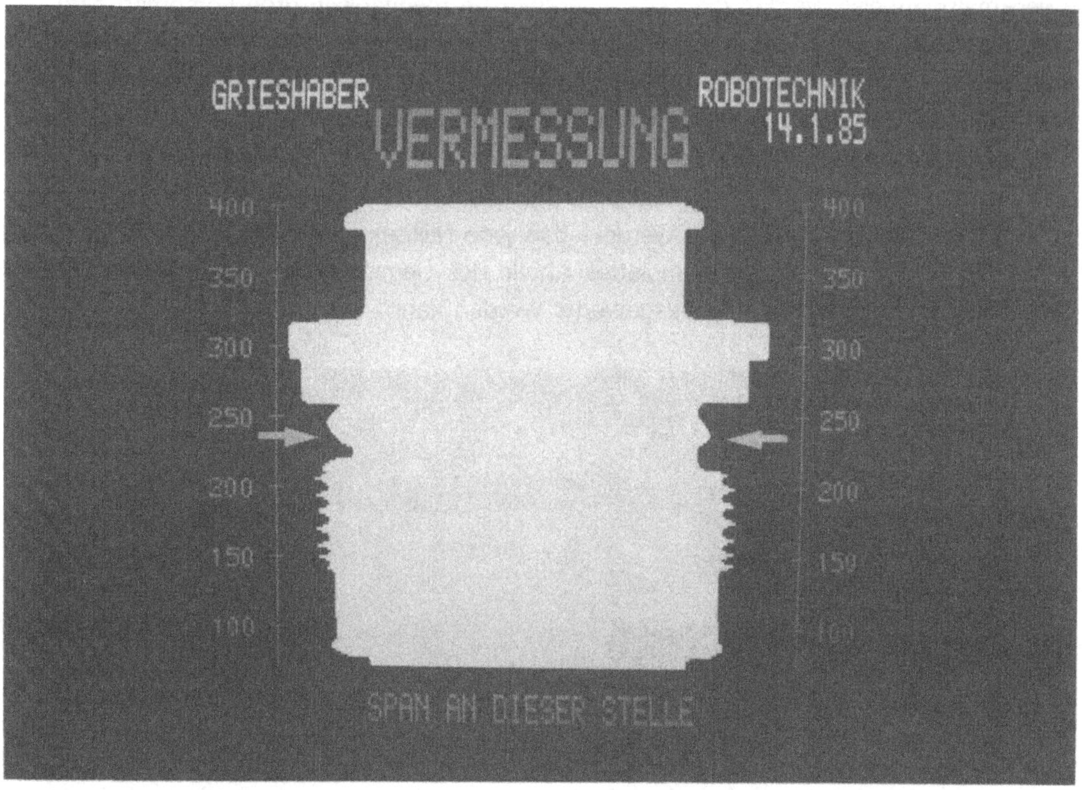

Bild 5: Prüfung von Präzisionsdrehteilen; Erkennung von verbliebenen Spänen

- Leichter Staub auf der Kamera oder der Durchlichtquelle beeinträchtigt nicht das Meßergebnis. Der Lichtverlust durch Staub darf aber nicht mehr als 20% betragen.
- Der Roboter, der die Kameradaten verarbeiten kann, muß mindestens 1 freie Schnittstelle RS232C oder entsprechende Schnittstellen haben. Es ist sorgfältig zu prüfen, ob die Robotersteuerung zum gewünschten Zeitpunkt in der Lage ist, die Meßdaten aufzunehmen und die Verarbeitung sofort so erfolgt, daß der Roboter in die gewünschte neue Position fährt.

Für die Teilevermessung bieten Zeilenkameras überragende Vorteile gegenüber den Fernsehkameras. Benötigt man Meßdaten aus mehreren Richtungen, so läßt man den Roboter das Teil so bewegen, daß es nacheinander in x-, y- und z-Richtung vermessen wird. Die sehr hohe Meßgeschwindigkeit der Zeilenkamera ist hier nicht der einschränkende Faktor, sondern die Geschwindigkeit des Roboters und die Fähigkeit der Software, größere Datenmengen zu verarbeiten.

Wegen der erforderlichen hohen Datenübertragungsrate ist dieses Problem zunächst von der Software des Roboters und ihrer Verarbeitungsmöglichkeit her anzugehen. Hat man den geeigneten Roboter gefunden, z. B. mit VAL II oder ähnlich leistungsfähiger Software, so ist zu überlegen, ob die Kamera auf den Roboterarm montiert werden soll oder nicht. Montiert man sie auf den Roboterarm, so ändert sich mit dem Abstand des Roboterarms vom Werkstück auch ständig der Objektabstand für die Kamera.

Mit Autofokus löst man dieses Problem selbsttätig. In vielen Fällen ist jedoch das Werkstück an einem festen Platz angeordnet und man kann über einen elektromotorisch verstellbaren Zoom das Bild laufend scharfstellen. Darüber hinaus muß aber noch der Bildprozessor oder die Robotersteuerung den sich ständig ändernden Bildmaßstab und die möglicherweise durch Schrägstellung der Kamera erzeugten Projektionsfehler ausgleichen.

All dies muß geschehen, während der Roboter auf sein Ziel zufährt oder entsprechende Suchbewegungen durchführt. Je öfter nun die gewünschten Bildinformationen vom Roboter verarbeitet werden können, umso höher kann die Arbeitsgeschwindigkeit des Roboters gewählt werden. Um eine schnelle Verarbeitung der Bildinformation zu ermöglichen, müssen die Daten, die an die Steuerung des Robotersystems gegeben werden, schon weitgehend von allem Ballast der nicht relevanten Bildinformationen befreit sein. Meistens interessiert bei solchen Applikationen nur noch die Ablage des Roboterwerkzeuges in x, y, z und den zugehörigen Winkeln vom jeweiligen Idealpunkt am Werkstück, das zu bearbeiten ist.
Von dieser Art der laufenden, schnellen Robotersteuerung durch ein oder mehrere Visionsysteme sind wir bei den praktischen Anwendungen in der Industrie noch ein ordentliches Stück entfernt.
Erste Musteranlagen gibt es aber bereits, die recht gute Leistungen erbringen. Meistens findet man durch Systemanalyse und intensive Arbeit in den Applikationslabors einfachere, und damit wirtschaftliche Lösungen durch die Kombination simpler Sensoren.
Es fehlt nicht an den Sensoren für die Roboter, wohl aber an der Fähigkeit vieler älterer Robotersteuerungen, die Datenströme und Informationen schnell genug zu verarbeiten.
Die Peripherie und die Arbeitsweise des Roboters kann mit den heute vorhandenen Sensoren gut überwacht und gesteuert werden. Robotereinsätze an komplexen Montage- und Arbeitsvorgängen scheitern nicht an den Sensoren, sondern oft an den hohen Kosten der Systemintegration und Peripherie, wo die Roboteranlage als Insel zwischen einzelnen Hand-Arbeitsplätzen steht.
Gelingt die Verkettung mit den nächsten Anlagen und Maschinen, dann rechnen sich auch die komplexeren Roboteranlagen mit ihren Sensoren im gesamten Produktionsablauf.

Flexible Magazinierung in der Elektro- u. Feinwerktechnik

Hans Gumbert, Philips GmbH, Wetzlar

Einleitung

Trotz angestrebter Fließproduktion ist zum Überbrücken von verschiedenen Taktzeiten, in den im Fertigungsprozeß installierten Einrichtungen, eine vernünftige Pufferung notwendig.
Die Pufferung sollte nach Möglichkeit für die gesamten Produktionslinien mit nur einem System, von einem Standardmagazin, und dem dazugehörenden standardisierten Handlingssystem abgedeckt werden.
Bearbeitungszeiten in Relation zu den Transport- und Handlingszeiten dürfen bei diesen Überlegungen nicht losgelöst voneinander betrachtet werden.
Im folgenden soll über die Erfahrung der Planung und Einführung der flexiblen Magazinierung berichtet werden.

Planung (Bild 1)

Eine neu zu entwickelnde Produktgeneration sollte übergangslos in die laufende Produktion eingefügt werden. Ohne Behinderung der Fertigung mußten neue und vorhandene Technologien und Fertigungs-Systeme untereinander verbunden werden.
Als Realisierungszeit sind 3 Jahre vorgesehen. Um die richtige Vorgehensweise zu kontrollieren bzw. ein alles umfassendes Konzept zu finden, wurde ein Masterplan erstellt.
Dieser Plan umfaßt ein Layout in vorhandener Version der Fertigung. Ein Layout der Zwischenstufe sowie ein Layout der Endausbaustufe der Fertigung.
Hierzu gehören außerdem ein Materialflußplan, ein Katalog aller noch zu entwickelnden Fertigungseinrichtungen incl. ihrer Produktionszeiten und Kosten.
Bereits im Anfangsstadium wurde erkannt, daß ein flexibles Magazinier- und Handlingssystem eine Schlüsselposition bei diesem Projekt einnehmen wird.

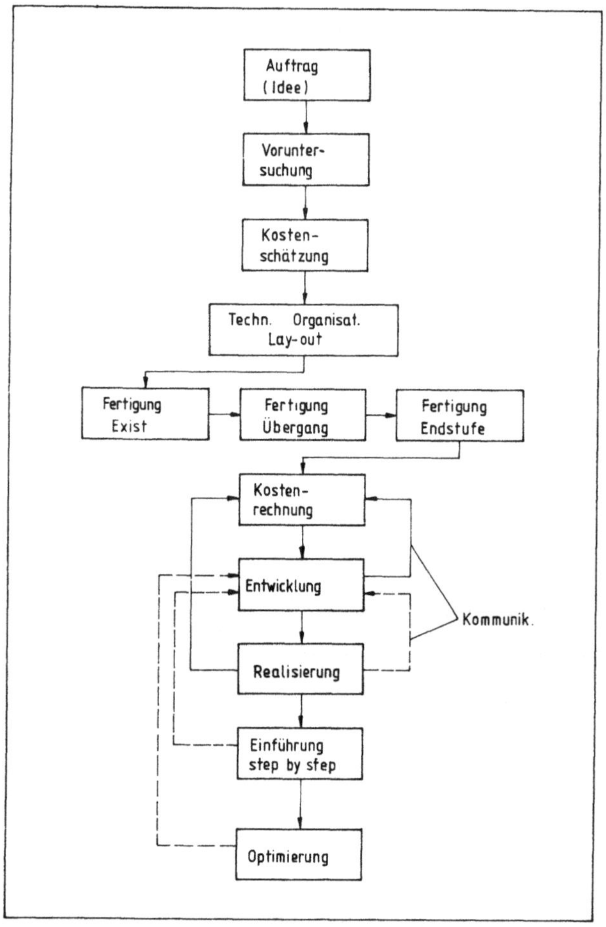

Bild 1: Planungsablauf und Kommunikationswege

Zu einem bereits vorhandenen flexibl. Magaziniersystem zum Verbinden von Stanzpressen und Nachfolgearbeitsgängen, bis hin zur Endmontage, war ein zweites System zu entwickeln.
Dieses flexible System sollte den gesamten Bereich der Pcb sowie der feinmechanischen Baugruppenfertigung abdecken.
Die zum Gesamtsystem gehörenden Magazine mußten somit an alle vorhandene und noch zu entwickelnde Fertigungseinrichtungen passen. Außerdem war es erforderlich, daß alle zu magazinierende Baugruppen der laufenden und der geplanten Produktion mit diesem System verarbeitet werden konnten.

Konzeption

Wie im Abschnitt Planung bereits erwähnt, mußten zum Zweck eines übergangslosen Produktionswechsels sowohl alte und neue Produkte bzw. Bauteile in Magazine und Systeme passen.
Hierbei mußte die volle Flexibilität des geplanten Systems ausgenutzt werden. Bei den vorhandenen Bauteilen fehlte eine Standardgröße. Die Einrichtungen hatten Abmessungen von 40 x 80 bis 185 x 185 mm zu verarbeiten. Dieses stellte sich bei der Durchsicht aller zu magazinierenden Teile heraus. In diesen Grenzen mußte sich das System einstellen lassen. Da der Arbeitsablauf meist innerhalb einer bestimmten Maschinengruppe geschieht, konnte durch diesen Kreislauf die Anzahl der Magazine gering gehalten

werden. Ein Umrüsten ist danach nur bei einem Produktwechsel erforderlich. Um für die Zukunft auch diese Umrüstzeiten zu verringern, mußten zumindest in der Pcb-Fertigung die Produktmaße standardisiert werden. Ebenso mußten dann auch die Fertigungseinrichtungen einheitliche Normen aufweisen.
Folgende Aspekte wurden zur Entscheidungsfindung herangezogen.
(Die Reihenfolge entspricht keiner Wertung.)

- Bilden von Standardabmessungen, dazu gehörte auch das Zusammenfügen von Einzel-Pcb's zu Familien und Parallel-Pcb's. Wenn dieses geschickt gemacht wird, bekommt man eine optimale Ausnutzung der Fertigungseinrichtungen (Bild 2 und Bild 3).

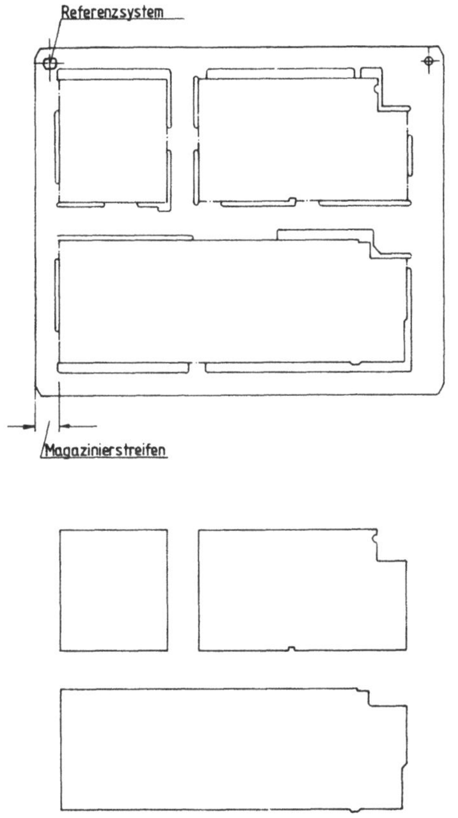

Bild 2: Zeigt einen Familienprint. In diesem Print sind alle zu einem Gerät gehörenden Module zusammengefaßt.

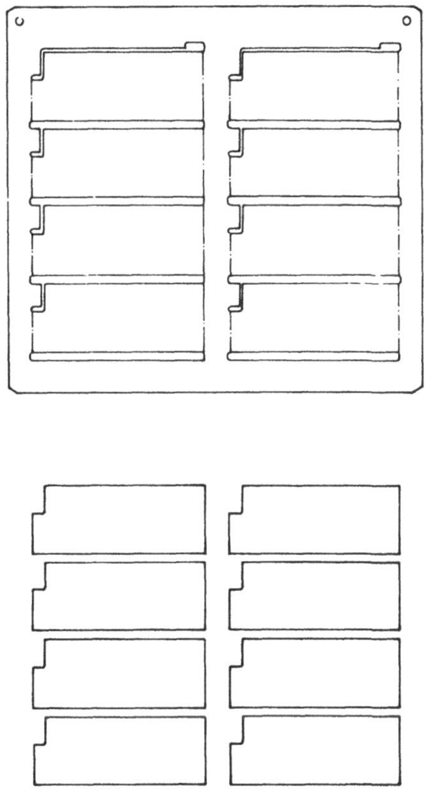

Bild 3: Ein Parallelprint wird eingesetzt, wenn in vielen Typen die gleiche Leiterplatte eingesetzt wird. Auch hier ein Max. an Kapazitätsausnutzung und Standardgröße.

- Magaziniermöglichkeiten an den Seiten der Bauteile.
- Schutzzonen in den Magazinen zum Verhindern, daß die Bauteile mech. oder el. beschädigt werden.
- Genormte Referenzsysteme an den Bauteilen.
- Genormte Referenzsysteme an den Magazinen und Maschinen.
- Codiersystem an den Magazinen und Maschinen.
- Codiersystem an den Bauteilen.
- Flexibilität, d. h. Anpaßfähigkeit des Magazines an alle Gegebenheiten des Fertigungsablaufes.
- Kosten.
- Toleranzen der Magazine in Verbindung mit den Verarbeitungsmaschinen.

— Transportfähigkeit der Magazine, Stapelbarkeit, Steifheit, Umkehrbarkeit 180° in der Höhe und 180° zur Basis.
— Durchschiebemöglichkeit der Bauteile.
— Verschluß an beiden Enden der Magazine.
— Gewicht.
— Robotertauglich.

Entsprechend diesen Gesichtspunkten wurde dann die Entwicklung von Magazin und Maschinen realisiert.

Realisierte Lösungen

Nach den vorstehenden Kriterien wurden Magazin und Handlingssysteme entwickelt. Das Magazin hat die Aufgabe, als Kopplungsglied innerhalb der Fertigungseinrichtung sowie als Bindeglied zwischen den einzelnen Fertigungsinseln zu fungieren (Bild 4).

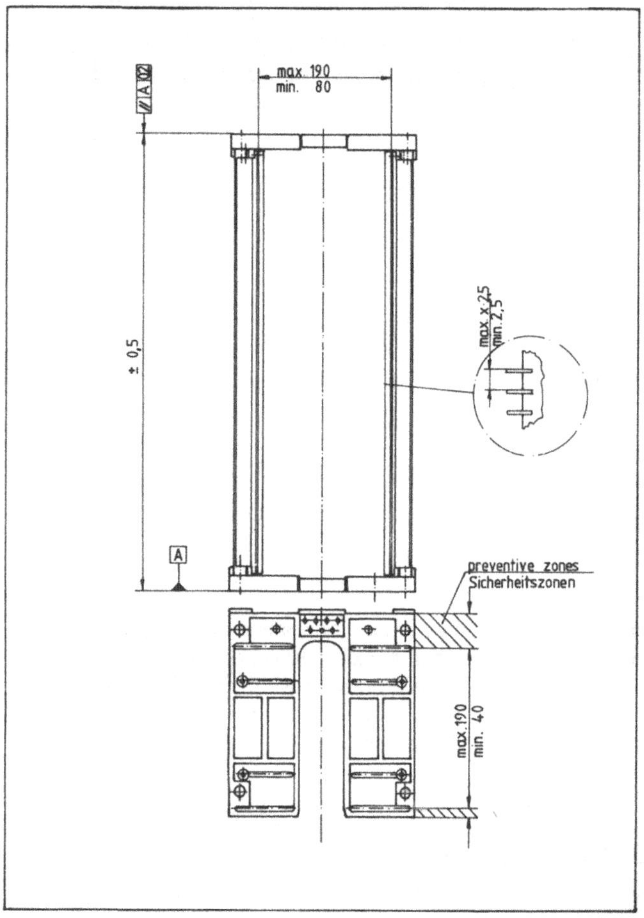

Bild 4: Die realisierte Lösung eines Standardmagazines mit flexiblem Innenraum und standardisierten Außenabmessungen

Ziel: Kein manuelles Handeln von Baugruppen und Bauteilen.

An Hand von zwei Beispielen soll nun eine Lösung aus der Pcb-Fertigung und eine weitere aus der mech. Fertigung aufgezeigt werden.

Beispiel: Chipmontage (SMD) (Bild 5)

Die von den vorhergehenden Prozessen gefüllten Magazine werden der Eingangsstation der Anlage zugeführt. Nachdem das Magazin von einem Magazinhandler übernommen ist, taktet dieser schrittweise, abhängig vom Pcb-Typ, die zu entnehmende Printplatte vor den Einlauf der Montagemaschine. Ein zur Maschine gehörendes Greifersystem übernimmt die Pcb's und setzt diese lagerichtig auf die Produktaufnahmen. Nach beendetem Prozeß wird die nun fertig bestückte Platte, in einem dem 1. Magazinhandler gleichen System, in das von der Einlaufstation vorher geleerte Magazin eingeschoben.

Durch diesen Kreislauf ist es möglich, trotz des hohen Ausstoßes der Anlage (2,5 s Taktzeit mit netto 140.000 Chip/h), mit einer geringen Anzahl von Magazinen auszukommen. Die Anlage arbeitet auch bei Magazinwechsel ohne Stop.

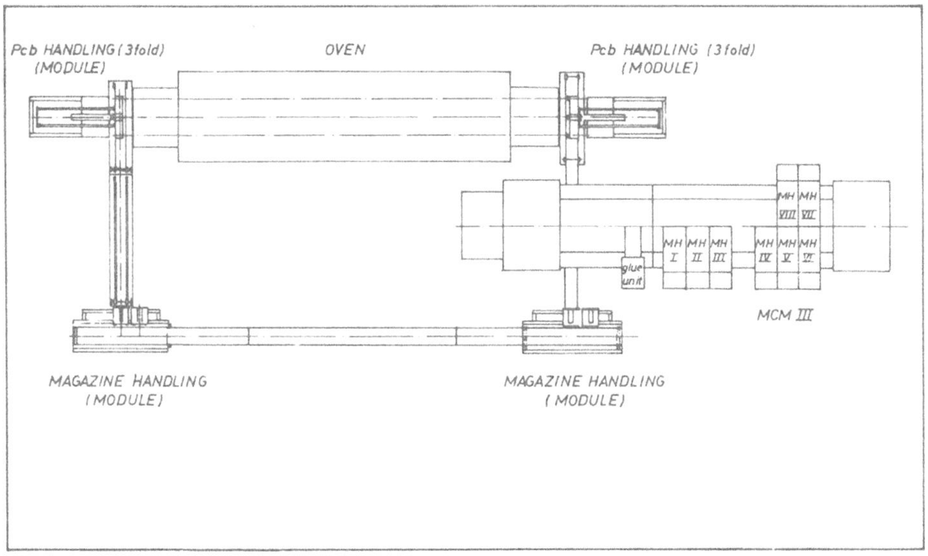

Bild 5: Zeigt die Aufstellung des SMD Montagesystems. In den beiden vorderen Magazinhandlingsmodulen werden, wie beschrieben, die Standardmagazine eingesetzt.

Beispiel: Mechanische Fertigung (Bild 6)

Es ist unverzeihbar, zumindest bei komplizierten und schlecht zuführbaren Teilen, eine vorhandene Ordnung zu verlassen. Wenn Teile freifallend aus einer Stanzpresse in einen Kasten fallen, so ist dieses vielleicht eine billige Lösung für den Stanzbetrieb, jedoch keine gute Lösung für Nachfolgearbeitsgänge. Abgesehen vom Qualitätsrisiko bei Präzisionsteilen.

Vor allem, wenn in der weiteren Folge Veredlungen an diesem Produkt vorgenommen werden, ist eine Magazinierung von wirtschaftlicher und qualitativer Bedeutung.

In diesem Beispiel wird eine Bearbeitungsreihenfolge gezeigt, in der vom Coil bis zur Endmontage die vorhandene Ordnung nicht verlassen wird. Die Flexibilität dieses Systems ergibt sich aus folgenden Punkten.

- Passend zu allen Stanzpressen bis 100 Hübe/Min.
- Streifenbreiten von 50 – 250 mm Breite.
- Kein Stop während des Stanzvorganges.
- Kein Stop während des Entladevorganges an allen Stationen.
- Kein Umbauen bei wechselnden Streifenbreiten.
- Kaum Einschränkung bei Biegeteilen. (Hierbei kann sich die Speicherdichte verringern.)

Bei diesem System wird jeweils zu einem vollen Magazin auf der Eingangsseite der Anlage ein leeres Magazin an der Ausgangsseite angekoppelt, so daß ein Arbeiten von Magazin in Magazin möglich ist. Die Speicherdichte ist hoch, so daß ein Magazinwechsel bei 100 Teilen/Min. alle 20 Minuten fällig wird. Ein Magazinwechsel dauert durchschnittlich 1 Min.

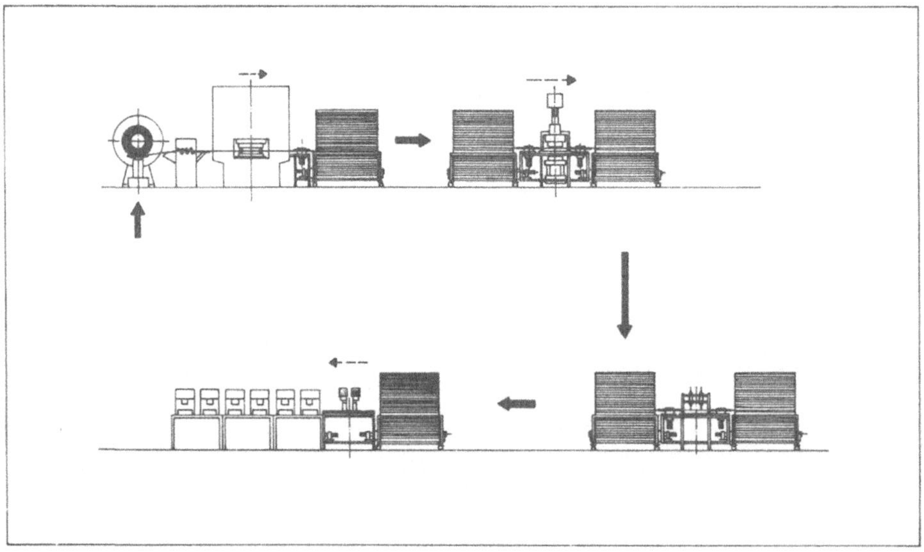

Bild 6: Ablaufschema einer flexiblen Magazinierung für Stanzteile. Das Bauteil verläßt erst zur Endmontage das Magazin.

Bei allen Arbeitsgängen ist ein Magazinwechsel ohne Stillstand der Anlagen möglich, wenn die Taktzeit $\geqq$ 3 s ist.
Erst am Ende des Herstellprozesses, an dem Punkt, in dem das Produkt als Baustein einem anderen zugefügt wird, geschieht die Trennung aus dem bis dahin gültigen Ordnungsverband.

Einsatzerfahrungen

In der verhältnismäßig kurzen Zeit nach der Einführung dieser Systeme ist schon folgendes festzustellen:
Die Losgrößen sind exakt zu definieren. Der Materialfluß ist übersichtlicher. Die mechanische und elektrische Beschädigung von Bauteilen ist sehr gering.
Die Qualität wird erhöht. Die Arbeitsbedingungen werden verbessert.

Wirtschaftlichkeit (Bild 7)

Betrachtet man zuerst die Relation — Zuführzeit zur reinen Montagezeit — so ist leicht festzustellen, daß bei manuellem Zu- und Abführen von Werkstücken, die Montagezeit, d. h. die Zeit, in der ein Wertzuwachs am Produkt geschieht, vom wirtschaftlichen Standpunkt nicht in Ordnung ist.
Gelingt es, durch ein flexibles Magaziniersystem die unproduktiven Zeiten zu verkürzen, so ist eine deutliche Steigerung der Effektivität zu beobachten.

Wenn dieses System so flexibel ist, daß nicht nur manuelle Arbeitsstationen, sondern auch Robots und ähnliche Stationen damit bedient werden können, so erreicht man eine nochmalige Steigerung.
Es gibt hierbei wirtschaftliche Gesichtspunkte, welche in einem kurzen Zeitraum kalkulatorisch nicht voll erfaßt werden können, jedoch außerordentlich wichtig sind.
— Flexibel, also wiederverwendbar bei neuen Generationen.
— Rüstzeitenverkürzung.
— Geringere Durchlaufzeiten.
— Kontrollierbarer Materialfluß.
— Unabhängigkeit von personellen Problemen, d. h. höhere und gleichmäßigere Qualität.
In diesem Bericht sollte eine kurze Ausführung über flexible Magazinierung gemacht werden. Wir sehen die Anfangserfolge, sind jedoch noch lange nicht am Ende eines Lernprozesses, der Dank der Flexibilität eines Systemes weitere zukünftige Schritte zuläßt.

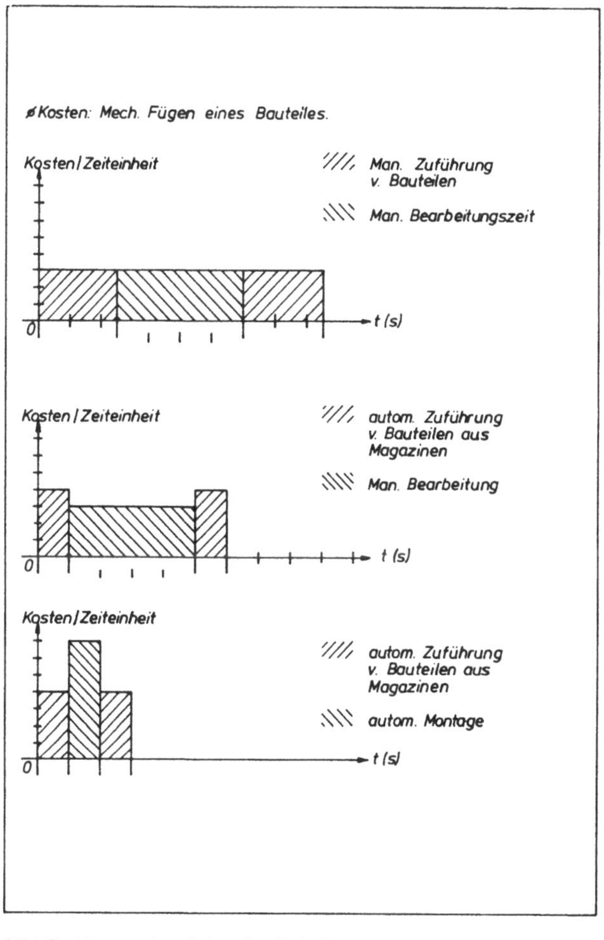

Bild 7: Veranschaulicht die Relationen zwischen Transport (Kosten ohne Wertzuwachs) und Montage (alleiniger Wertzuwachs).

Material Handling in Flexible Assembly Systems

Ing. Frans Beck, IBM Svenska AB, Järfälla

Preface

The title Material Handling in Flexible Assembly Systems is very general as the material handling philosophy varies from one manufacturing location to another. I can only speak about the theories, solutions and dreams I have experienced in my home location, the Swedish IBM plant in Jarfalla outside Stockholm.
My job in Jarfalla is to lead a group of nine people in research activities for assembly automation. The group has been in existence since 1981 and in the first three years we were one of four competence centers within IBM Europe. One of our assignments was to work on material handling in connection with assembly automation.
The first system we designed was shown to the public here at the Hannover fair in 1983. The second system which I will address in this speech was ready in the fall 1984 and was part of the IBM exhibition at the robot fair in Gothenburg in October 1984.

1. The Jarfalla Plant

Time will not allow me to give a deeper environmental presentation of the Jarfalla plant but to set the scene a few words must be said.
The production in Jarfalla is line printers and control units for diskfiles. Almost none of our products are produced in high quantities and they have an active production life of approximately 5 years.
In IBM, products are designed in laboratories. These laboratories are located far away from Jarfalla, but by sending assignees we have influence on the design.

1.1 Competition

We are working in a very competitive environment. More and more IBM is aware of outside competition and tremendous efforts are made to lower our product costs. Every section of the company has to give its share and we in manufacturing are of course working closely together with our development labs to find better designs and also to create better manufacturing methods. It is in this work that my group plays a vital role. But we also have internal competition within IBM. Almost all of our products are produced in USA as well. The reason for a dual source is that it is cheaper for Europe to produce in Europe. However if the US plants get very aggressive in automation the financial situation can change unless we try to do the same. We in Jarfalla have no intention to fall behind in production techniques. Our objective is to be ahead.

2. The New Jarfalla System

The type of production and our volumes dictate that, if we want to automate our assembly line, we have to do it in a flexible way.
The system we built in 1983 was very flexible. We were able to demonstrate that we could change product, to be assembled by the robot, within 60 seconds. We could also run the system completely unmanned, which meant that we could transport goods under computer control automatically to the robot and also automatically bring out the completed assemblies. To be able to run unmanned we also developed a method to automatically supply the tools with energy. The tools and fixtures were mounted on pallets, which meant that we have a sort of rolling tool boxes.
We had one major problem with our system. We could not show profitability. The system was based on the IBM 7565 box frame robot with seven degrees of freedom, sensors in the hand and a lot of programming capabilities.
When examining our needs we found that most of the jobs we could foresee to be assembled by a robot contained simple parts and a lot of screws or screwlike parts. We had developed the most expensive screwdriver in the world.
This is lesson number one: Examine your possible candidates now and in the future and build up your requirements of robot capabilities in accordance with your needs.

2.1 FAS Requirements

For the new system we started to set up some requirements, which we felt must be met. Let me touch a few of them and expand on the thoughts behind.

Based on SCARA ROBOT IBM 7547
Our investigation of future usage told us that a SCARA type robot with servoed Z-axis and with a work envelope like the 7547 would meet most of our needs with one exception. We need pitch capability when taking components from some of the magazines we saw usage of. To satisfy this requirement we now have designed a non-servoed pitch device.

Modular
The system must be built up from modules which, as required, can be changed in quantities and can be handled as add on. This requirements came up because of changes in production volumes which we foresee over the coming years.

Automatic/Manual Work cells
Not all operations can be automated for several reasons. Based on this fact a flexible system must be able to co-operate with both manual and automatic work cells. The

work cells should be modules and therefore also be changed in quantities as required without major interruption of ongoing production.

Not Synchronized
The various work cells should work independently and therefore not be synchronized. This requirement calls for buffer capability and so each work cell is equipped with a buffer station.

Off Line Programming and Debug
This is one of the most vital requirements of a flexible system. A product may not utilize all the system capacity or the product dies slowly. In each case more load should be added to the system if possible. If the system is in production it is difficult to ask for programming and debug time, as this could take months for a new product. Our solution is to make all automatic work modules look the same and be adjusted to the same geometry. A programming and debug unit is kept in our method laboratory and it will be on this unit that we develop new applications.

Flexible Flow
There should not be a requirement to place the work modules in assembly sequence. This gives the system the capability to assemble more than one product at the same time. It also calls for a code system that sends the material to the correct work station.

Profitable
A return on investment calculation has been made on our system and shows a more than 30% return of investment (ROI).

2.2 System Solution

The work cells are connected to two conveyors, which are linked together with two cross-conveyors. For in/output to the system, two conveyor sections are added at one end.
All conveyors are driven by one motor from which a shaft has been linked to the conveyor endpoint. All rollers in the conveyor are driven by an o-belt which is wrapped around the driveshaft and the conveyor-roller. The basic modules in the system are:
1. Load/unload conveyor section
2. Cross transport module
3. Work station conveyor module
4. Buffer module
5. Automatic work station
6. Manual work station

Each module except the load/unload will have a Programmable Controller which takes care of traffic in the system, such as collision avoidance and routes each carrier to the right work cell. The various Programmable Controllers are not (yet) linked together. The Programmable Controllers have a handshake procedure with the robot controller to tell when the command goes over from one to the other.

2.3 Material Carrier

As the material carrier, in the FAS system, we use a Jarfalla invented pallet. The pallet is a sandwich construction and is of half Europallet size (600 x 800). For location in the work cells two cups for lifting the pallet into a locked position are provided. Repetition in pallet docking in the work cell is within 0.05 mm. Repetition pallet to pallet docked into the work cell is 0.10 mm.

The pallet has NC-punched 12 mm holes spaced apart 100 mm to a tolerance of plus/minus 0.02 mm. These holes are for easy and repeatable set up on the pallet. There are two different loads the pallet carries in the system. One is the object(s) which is transported from operation to operation. The other is the components which should be used in respective work cell. The number of objects placed on a pallet is dependant on the object size. There is no relation between number of objects and sets of components.

2.4 Tool and Fixture Carrier

Tools and fixtures needed in an operation are mounted on a larger pallet which is not transported in the system. This pallet is mounted in the work cell and we have made provisions for automatic docking using an AGV (Automated Guided Vehicle). The pallet is also equipped with automated docking facilities for energy and signals to the robot-controller. It is estimated that it will take not longer than 5 minutes to change from one tool-pallet to a new one.

On the tool pallet we also carry bowl feeders for small parts feeding. It is for this purpose we have chosen an 800 x 1200 dimension on the pallet. The robot can only reach about 70% of the pallet and therefore we place tools such as the bowl feeders with only the pickup place accessible by the robot hand. Bowl feeders for tube fed screws can of course be placed entirely outside reach for the robot.

2.5 System Operation

Let us follow a pallet from the moment it is loaded on the system.

The pallet is first stopped in front of the cross-transport module.

A Programmable Controller keeps the stop up until the „road" is free from other traffic.

When free, the pallet is carried by the conveyor in front of the first work cell.

Again a Programmable Controller takes over the control.

On the pallet we have a code system that at the start has been manually set with the address of the first operation. The code is binary and tells the operation code and tells whether the pallet is an object or a component pallet. An optical code reader reads the code and decides if the pallet is aimed for the next work cell or not.

If the pallet is not aimed for the next work cell the stop is lowered and the pallet travels to the second work cell.

When a match occurs the Programmable Controller checks if the work cell position is free. If the answer is yes the Programmable Controller routes the pallet into the work-space and when docking is completed the Programmable Controller tells the robot-controller this. If both component and object pallets are not docked the Programmable Controller waits to tell the robot controller until this has happened.

If the work cell is occupied the Programmable Controller makes the same check on the buffer position. Again, if the buffer position is free, the Programmable Controller routes the pallet there. If the buffer position also is occupied the pallet is routed to the next cell, and if the operation is not duplicated it will return, after a round trip in the system to the earlier visited but full work cell.
When a pallet is docked into the work cell and the Programmable Controller has told the robot controller to take over command, the application programm starts to be executed. The first command is always to change the code on the pallet. The code is now set to a ,,go home'' code. The reason for this is if something happens and the pallets in the work cell should be taken out they should always ,,go home'' and not enter another work cell.
The robot is not, as standard, equipped with a gripper. Available is a non-parallel gripper as an accessory. We in Jarfalla have built a gripper system where the base is a parallel hand. The hand is of course used for gripping components and tools, but sometime a special gripper is needed.
The special mechanical gripper has a standard base to which application unique finger-nails can be fastened. We also use vacuum-grippers and the interface between robot hand and any gripper is standard.
To add some intelligence to the hand we have attached a sliding potentiometer, which, via an analog/digital converter, can tell the closing distance to the controller. This makes it possible to verify that a component has been gripped. For vacuum gripping we read the vacuum pressure to verify that the vacuum port is closed when a component is gripped.
By using the various tools and fixtures the robot completes the assembly cycle. When completed the finished assembly is placed on the object pallet.
When the object pallet is filled the robot changes the code on the pallet to the next operation and asks the PC to take out the pallet and send it away to the next cell.
When the station is clear and if a new pallet is available the Programmable Controller routes the new object pallet from the buffer station to the robot and, after docking, asks the robot controller to take over.
When a component pallet is empty it is, by the help of the PC, routed ,,home'' and a new pallet is routed inside the work cell.
Before leaving the system the pallet is stopped so a PC can decide whether the pallet should go ,,home'' or the pallet should be sent on a new roundtrip.

2.6 Loading the Pallet

Many may ask ,,How did the pallet get loaded before it entered the system''. I have no good answer on that. Today we load the pallet manually. We have activities going on with our packaging group to develop a packaging method that guarantees a known position of its content.
In general we do not like re-usable packages which need a lot of handling. But this is of course a financial problem.
We have also made experiments by using vision. This means that every automatic work station needs a vision camera linked to a controller which can communicate the exact location of a component to the robot.
We see no technical problem to do this but it costs a lot of money.

This is in short how our FAS system functions in Jarfalla or will function as of next month when we turn on our first full blown system.

3. Future Activities

As mentioned before the first production system will be installed in Jarfalla within the next month. But we have not finished our development. First we have to work out a practical method to load the pallets, before entering the system.
Also we would like to see a plant material handling system developed, which could tie together the already existing automatic warehouse and the automated ,,islands" we have on the production floor.
Later this year we will also tie the different work cells in the FAS system together by introducing a cell controller. This controller will be of IBM Personal Computer type, and its mission will be to feed various data and statistics to and from the robot. By introducing a cell controller we also lay the foundation for future connection to a host and via the host we will be able to feed production control and engineering data to our automation cells. Perhaps, with the help of CAD/CAM data, application programs will also be generated.

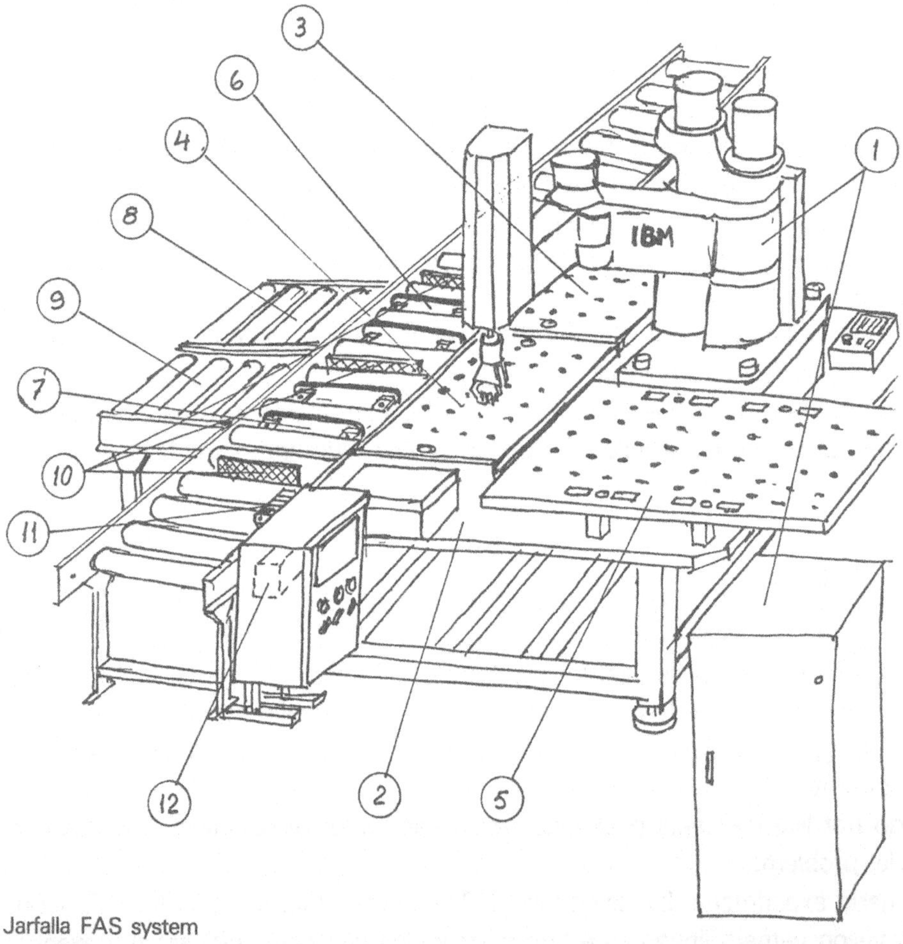

Jarfalla FAS system

1 ROBOT IBM 7547 W controller, 2 robot table, 3 object pallet, 4 material pallet, 5 tool-fixture pallet, 6 transport conveyor, 7 cross transport, 8 buffer station, 9 buffer station 10 stop, 11 code reader, 12 programmable controller

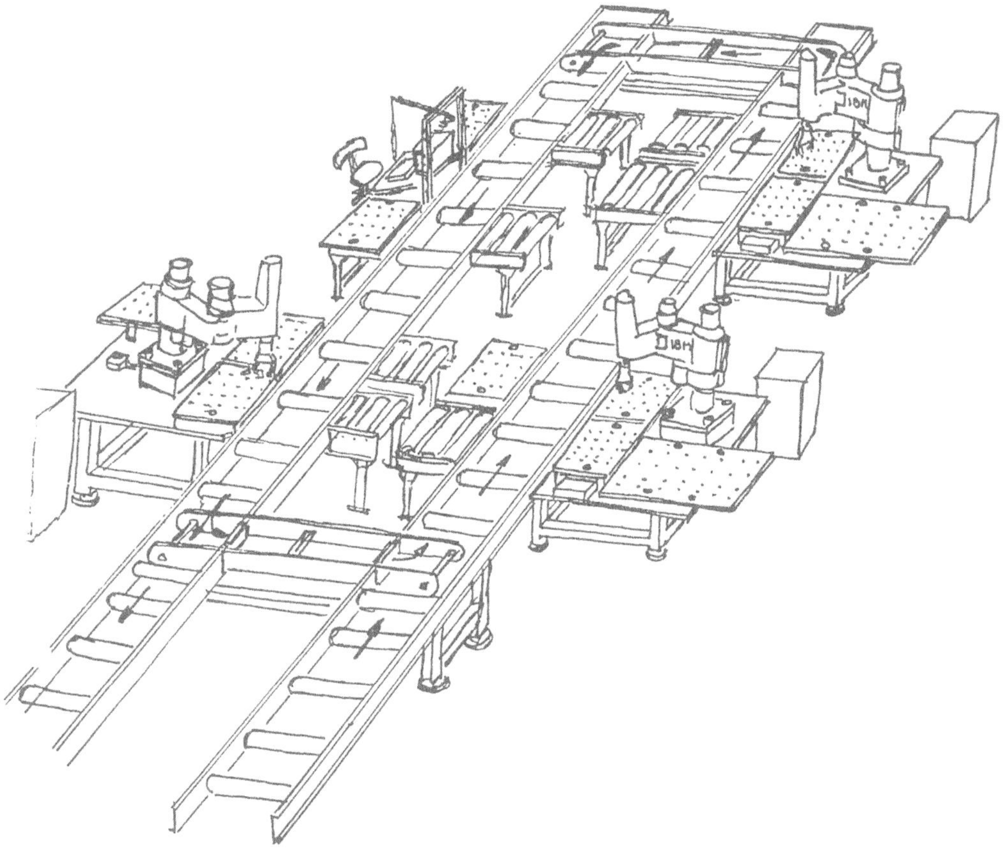

Jarfalla FAS system (automatic cell)

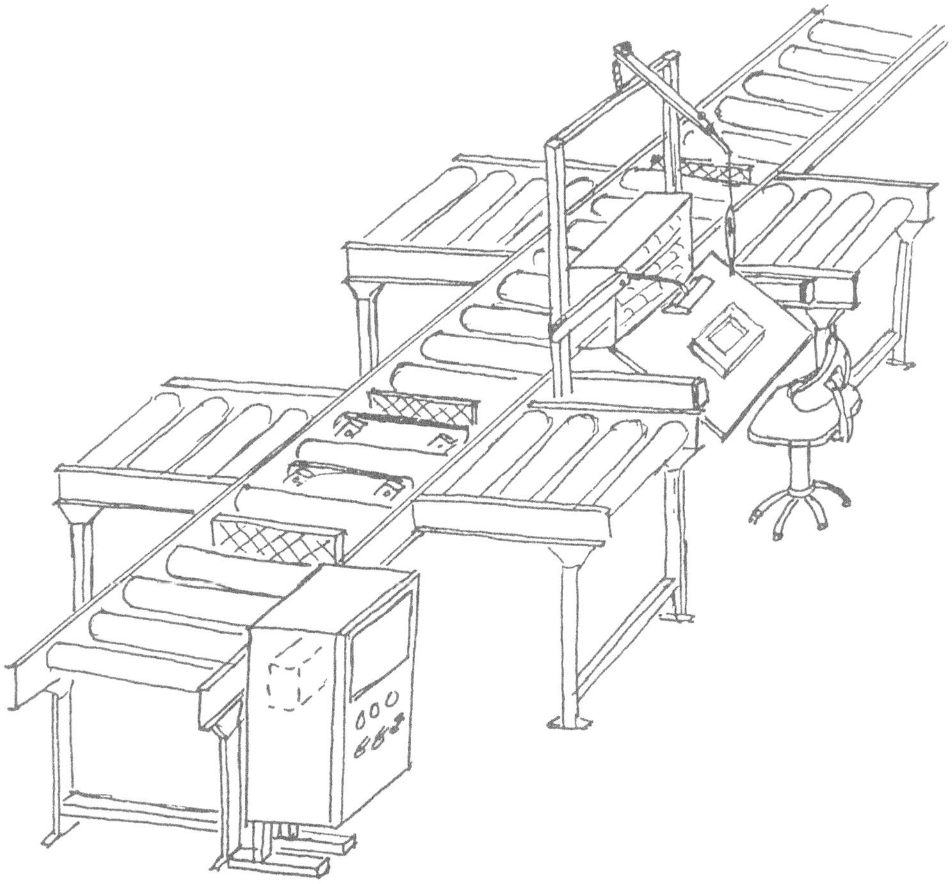

Jarfalla FAS system (manual cell)

Fahrbarer Roboter zum Entladen von Spinnmaschinen

Günter Locherer, Hauser Elektronik GmbH, Offenburg

Erfahrungen mit Mobil-Robotern in der Textilindustrie

Vorwort

Zur Abnahme von größeren Garnspulen von Spinnmaschinen und dem weiterführenden Handling für den innerbetrieblichen Transport, die Zwischenlagerung und das Versandfertigmachen, gibt es grundsätzlich unterschiedliche Möglichkeiten, die auf die Erfordernisse des jeweiligen Betriebes abgestimmt werden müssen, um wirtschaftlich zu sein. Ein besonders moderner Spinnereibetrieb in Düren hat für diese Produktionsstufen seit fast 2 Jahren einen fahrbaren Roboter eingesetzt und so gute Erfahrungen damit gemacht, daß nach 6 Monaten ein weiterer Roboter angeschafft wurde, und die Inbetriebnahme eines dritten bevorsteht.

Zusammenfassung

Gerade in der Textilindustrie, und in besonderem Maße in der Verspinnung von Baumwolle, stoßen deutsche Unternehmen auf starke internationale Konkurrenz. Vor einiger Zeit waren deutsche Unternehmen gegenüber Fertigungsbetrieben in sogenannten „Billiglohnländern" anscheinend hoffnungslos und fast schon sprichwörtlich ins Hintertreffen geraten.
Durch einen Technologie-Sprung bei den entscheidenden Produktionsmaschinen auf „Rotorspinnmaschinen" konnte jedoch der Produktionsausstoß, unabhängig von den Personalkosten, erheblich gesteigert und somit der internationalen Konkurrenz wieder begegnet werden.
Die Verkaufs-Spinnerei Schoeller-Textil in Düren hat durch drastisch-konsequente Automation im Betrieb die internationale Konkurrenzfähigkeit für das eigene Unternehmen wieder herstellen und dabei in den letzten 14 Jahren bei einer versechsfachten Produktion die Anzahl der Mitarbeiter um 25 Prozent auf die heutigen 615 abbauen können.

Von zwei wichtigen Produktionslinien in diesem Unternehmen werden täglich, im Dreischichtbetrieb, allein von einer Spinnmaschinen-Linie, 3.000 Garnspulen mit Stückgewichten von 3,2 bis 4,5 kg produziert, was einer Gesamtmenge von 10 Tonnen Ware in Linie I und 12 Tonnen in Linie II entspricht. Nach der weitgehend automatischen Produktion dieser Garnspulen, bei der jeweils ein Mann Bedienungspersonal etwa 10 Spinnmaschinen mit jeweils 216 Spinnstellen überwacht und betreut, suchte das Unternehmen nach Lösungsmöglichkeiten für die automatische Waren-Weiterverarbeitung. Arbeitsaufgabe war dabei die Abnahme der fertigen Spulen von der Stirnseite der Spinnmaschine, zu der sie automatisch transportiert werden und das automatische, schonende Abstapeln für den Weitertransport ins Zwischenlager oder zum Versand an die Abnehmer.

Bild 1: Roboter in der Fahrgasse, links die Spinnmaschinen, rechts die Dornwagen

Nach Gesprächen mit dem Lieferanten der automatischen Spinnmaschinen und dem Offenburger Unternehmen **Hauser Elektronik** entschlossen sich die Firmeninhaber, die Arbeitsaufgabe auf einen mobilen Handhabungsroboter zu übertragen.
In guter Abstimmung und Zusammenarbeit zwischen Maschinenlieferant, Auftragsspinnerei und dem Lieferanten des Roboters wurde, nach einer Planungsphase von 6 Monaten, für die Gesamt-Investitionssumme von 420.000 DM folgende Automatisierungslösung im Mai 1983 realisiert:
An der Stirnseite der 10 Spinnmaschinen der ersten Produktlinie fährt auf einer Gesamtlänge von 60 Metern ein elektromechanisch angetriebener Roboter auf einem Fahrgestell mit 2 Starrachsen und 6 gummibereiften Rädern auf einer Fahrtstrecke von 60 Metern

ungeführt entlang. Auf dem fahrbaren Grundrahmen des Mobil-Roboters mit einer seitlich am Laufwagen angeordneten Verschiebe- und Positionierachse befindet sich eine vertikale Hubsäule mit einer Drehachse. Diese Achsen sind als elektronische Positionierachsen ausgebildet. Ebenfalls in das Fahrgestell integriert ist ein unabhängiger Rechner, der alle notwendigen Funktionen des Roboters und des Roboter-Fahrzeuges steuert. Der auf dem Fahrgestell aufgebaute Roboter hat 2 elektromechanisch bewegte und gesteuerte Achsen, eine pneumatische Hilfsachse, eine pneumatische Spanneinrichtung und einen fotoelektronischen Sensor. Die dritte Positionierachse befindet sich seitlich am Laufwagen. Die gesamte Einheit wird über eine Schleppleine mit 3 x 380 Volt Energie versorgt und steht über eine V.24 Steuerleitung mit einem entfernt angeordneten Leitrechner in Verbindung.

Bild 2: Fahrgestell mit Positionierachse

Arbeitsaufgabe und Arbeitsablauf

Die 10 Produktionsmaschinen müssen jeweils nach der abgeschlossenen Herstellung von 64 Garnspulen entsorgt werden. Die Maschinensteuerung ermittelt die jeweils hergestellte Anzahl fertiger Garnspulen pro Maschine und meldet die Stückzahl gemäß dem tatsächlichen Spulen-Anfall an den Leitrechner. Dieser zeigt die gefertigte Spulenanzahl auf einem Bildschirm-Schema an und erteilt bei Erreichen der Maximal-Stückzahl dem Roboter den Arbeitsauftrag und den „Marschbefehl". Erreichen mehrere Produktionsmaschinen nahezu zeitgleich das Entsorgungsstadium, wird der Verfahrweg des Roboters so optimiert, daß die Maschinen so angefahren werden, daß die geringstmögliche Gesamtsumme an Wartezeiten entsteht.
Die Garnspulen werden von integrierten Transportbändern auf den Spinnmaschinen an die linke Stirnseite der Maschinen transportiert, auf eine kurze, kleine Rollbahn geschoben und rollen gegen einen Endanschlag. Der herangefahrene Roboter auf dem Laufwagen fährt an die Maschine heran, wobei er in ein kurzes, 1 Meter langes, auf dem Boden vor der Maschine montiertes Schienenprofil einfädelt. Der Roboter ist auf dem Fahrweg

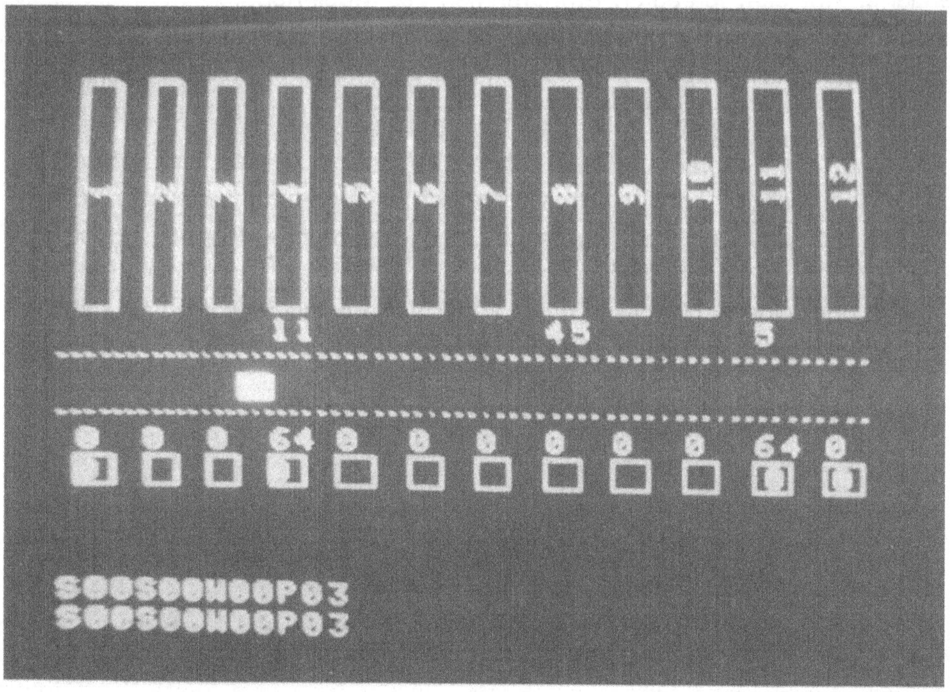

Bild 3: Display mit Maschinenaufstellung und Produktionsmenge

gegen Kollisionen gesichert. Nach dem Ankoppeln an die Spinnmaschine werden die Fahrachsen des Mobil-Roboters durch Bremsen verriegelt. Das Schienenprofil enthält verstellbare Festanschläge, die dem Fahrzeug die sichere Bestimmung seiner Position an der Maschine ermöglichen. Eine an der Seite des Roboterfahrgestells montierte, elektromechanisch bewegte und gesteuerte Positionierachse tritt in Funktion: über 2 Klauen greift sich das Fahrgestell einen bereitstehenden Dornwagen, eine Vierkant-Rohrgestell-Konstruktion mit Rädern, die durch Bodenrasten in einer annähernd bestimmten Position auf der Gegenseite der Spinnmaschinen manuell bereitgestellt werden. Die Seitenachse des Roboter-Fahrgestells richtet den Dornwagen, der mit 16 schräggestellten und konisch zugespitzten Stahlstangen als Aufnahme für die Garnspulen ausgerüstet ist, in die für die Beschickung dieses Wagens vorbestimmte richtige Position zum Mobil-Roboter aus.

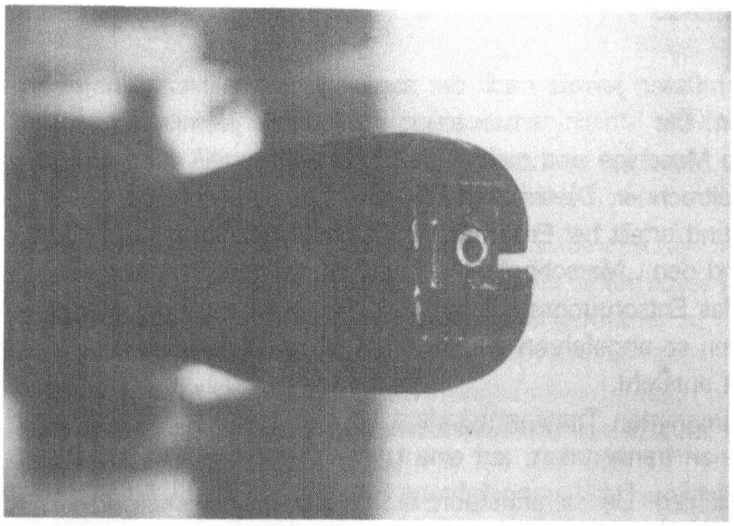

Bild 4: Aufnahmedorn mit optischem Sensor

Danach fährt der mit einem spreizfähigen Einzeldorn ausgestattete drehbar angeordnete Roboter-Arm die vermutete Position des ersten Dorns des Dornwagens an. Der Lichtsensor in der Achse des Aufnahmedorns des Roboter-Greifers überprüft, ob sich der Dorn in der für die Beladung richtigen Position befindet. Wenn ja, wird diese Position im Rechner registriert und fixiert, wenn nein, wird ein Feld von 50 x 50 Millimetern systematisch im vorgegebenen Raster abgefahren, bis die tatsächliche Dornposition ermittelt ist. Danach fährt der Greifer in der Hubachse des Roboters nach oben, wobei er um 180 Grad zur Stirnseite der Spinnmaschine gedreht wird. Dort wartet die erste Garnspule in einer Position auf der Rollenbahn, die in der Unterkante der Spule bekannt ist und nicht variieren kann.

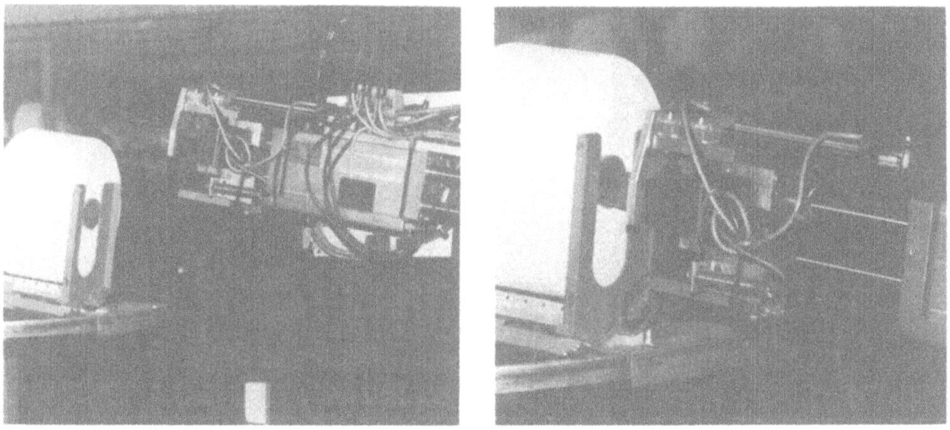

Bild 5: Ermittlung des Außendurchmessers, Einfahren des Greiferdorns in die Spulenhülse

Der in der Dornspitze des Roboter-Greifers befindliche Sensor registriert beim vertikalen Absenken des Greifers durch die Hauptachse den Außendurchmesser der Garnspule, der stark variieren kann. Aufgrund des ermittelten Außendurchmessers schließt er auf den Mittelpunkt der Spule, fährt diesen an und die Pneumatikachse des Greifers fährt in die Hülse in der Spulenmitte ein. Die Garnspule wird auf dem Dorn der Greiferachse durch pneumatisches Aufspreizen des Dorns fixiert, die Hubachse fährt nach oben, wobei der Greifer sich wieder um 180 Grad auf die Gegenseite zum Dornwagen dreht.

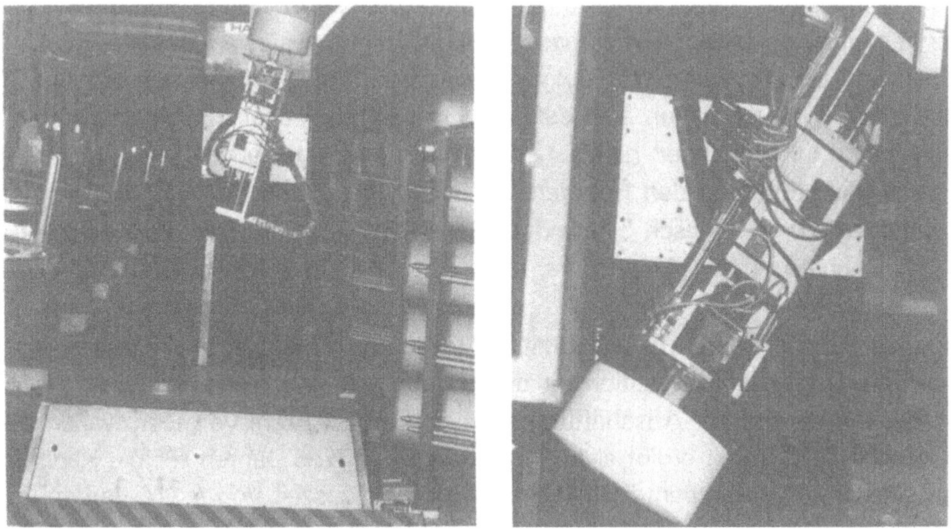

Bild 6: Umschwenken des Greiferdorns

Der Greiferdorn der Roboter-Greiferachse fährt mit seiner Spitze auf die vorher ermittelte Position der Spitze des ersten Aufnahmedorns, und ein Pneumatik-Schieber auf der Greiferachse streift die Garnspule auf den Dorn ab. In gleicher Weise werden auf dem Dorn noch 3 weitere Spulen abgelegt. Danach wird die abgespeicherte Position des nächsten der 16 Dorne angefahren und der Vorgang wiederholt, bis die insgesamt 64 Spulen abgelegt sind. Der Beladevorgang dauert durchschnittlich 12 Minuten, die beladenen Dornwagen werden anschließend manuell gegen leere ausgetauscht.

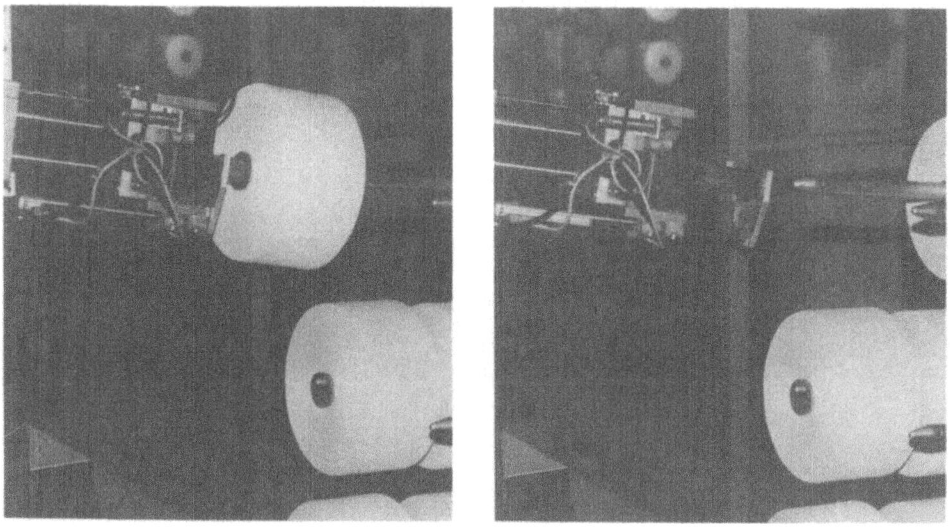

Bild 7: Aufschieben der Spule durch Pneumatik-Schieber

Erfahrungen nach einem Betriebsjahr

Die Anschaffung eines Roboters für die Entsorgung der Spinnmaschinen war für das Dürener Spinnerei-Unternehmen weniger eine Frage der Rationalisierung als eine sich aus Personalproblemen ergebende Notwendigkeit. Die bis zu 4,5 kg schweren Garnspulen in einer Menge von 1.000 pro Schicht und Linie ergaben vor der Roboter-Installation eine erhebliche physische Belastung des besonders qualifizierten und hochbezahlten Maschinenpersonals. Die manuelle Arbeit erzeugte bei den Maschinenführern, die für Überwachung der komplizierten Maschinen eingesetzt sind, Unmut, weil sie als wenig qualifizierte Hilfsarbeit und als „Knochen-Job" angesehen wurde. Die Überlegungen zur Automation gingen allerdings auch davon aus, daß ein von der physischen Arbeit entlasteter Maschinenführer statt 10 Maschinen bis zu 12 Spinnmaschinen bedienen kann.
Die Umladearbeit, die heute von den Robotern an Linie I und II erledigt wird, beläuft sich im Dreischichtbetrieb auf rechnerisch 5 Stunden. Sie ersetzt mit den dazugehörigen Verteilzeiten, nach Einschätzung des Anwenders, etwa einen Arbeitsaufwand von 8 Arbeitsstunden.
Das Unternehmen Schoeller setzt für die sonst notwendigen Arbeitskräfte Jahreskosten von 55.000 DM an. Die Gesamtinvestition für die Roboter-Installation einschließlich aller bauseitigen Maßnahmen und der Anschaffung einer größeren Anzahl von Dornwagen belief sich auf 420.000 DM. Damit ergibt sich ein Zeitraum von 5,25 Jahren für die Kapitalrücklaufquote „Return of Investment" (ROI), eine Amortisationszeit von 4 1/4 Jahren im Dreischichtbetrieb. Als Wartungsaufwand sind eine jährliche General-Überprüfung nach 5.800 Arbeitsstunden und ein wöchentlicher Schmierturnus anzusetzen.

Nicht quantifizierbare Vorteile

Wichtiger als diese verhältnismäßig lange Zeit sind dem Unternehmen aber die ,,nicht-quantifizierbaren", ,,ideellen" Vorteile, die sich durch die automatische Handhabung ergeben. Als einer dieser Vorteile wird beispielsweise genannt, daß die Garnrollen an der Außenseite nicht mehr beschädigt oder durch Stapeln gedrückt werden, so daß bei den Abnehmern die teuren Fadenbrüche während der Weiterverarbeitung von 2 bis 3 pro Schicht auf die Hälfte reduziert werden konnten. Die Abnehmer der Spinnerei Schoeller wissen diese Vorteile zu schätzen und honorieren sie teilweise auch durch höhere Abnahmepreise. Die Unternehmensleitung von Schoeller schließt auch nicht aus, daß die Wettbewerbsfähigkeiten des Unternehmens dadurch wesentlich gestärkt werden konnten und Aufträge hereingenommen werden können, die sonst nicht an das eigene Unternehmen gehen würden.
Ideelle Vorteile ergeben sich auch daraus, daß Betriebsrat und Belegschaft das Bemühen der Unternehmensführung für eine Humanisierung der Arbeitsplätze erkennen und begrüßen und die Personalbeschaffung für angenehmere Arbeitsplätze erleichtert ist.
Weiter wird vom Unternehmen angeführt, daß durch die Roboter-Automatisierung die Handhabung von unterschiedlichen Spulendurchmessern ohne Ablaufstörungen möglich ist, was in den Massenproduktionen anderer Länder und bei der Verwendung anderer Automatisierungsmittel erhebliche Schwierigkeiten bereiten würde.
Ein weiterer Vorteil wird darin gesehen, daß die Automation zu einem späteren Zeitpunkt die problemlose Umstellung auch auf größere Spulendurchmesser und erheblich höhere Stückgewichte zuläßt, zu denen bereits ein Trend zu erkennen ist.
Deswegen wurde bereits ein halbes Jahr nach der erfolgreichen Installation des ersten Mobil-Roboters ein zweiter installiert, und ein dritter befindet sich zur Zeit in der Lieferphase. Gegenwärtig wird auch die Spinn-Linie I durch weitere Spinnmaschinen erweitert, die der Erst-Roboter mitbedienen muß. Dafür wird die bisherige 40-prozentige Kapazitätsreserve des Roboters genutzt, der für eine maximale Zahl von 16 Spinnmaschinen ausgelegt ist.
Aufgrund der guten Erfolge mit der Automation durch Roboter erwägt das Unternehmen Schoeller, auch in einer weitergehenden Stufe das Umsetzen der Garnspulen von den Dornwagen auf mehrschichtig gestapelte Spezialpaletten durch Roboter vornehmen zu lassen.

Die technischen Daten der Installation

Technische Daten

Anzahl der Spinn-Maschinen in einem Verbund:	max 16
Abräum-Leistung:	300 Spulen pro Stunde
max. Fahrstrecke:	100 m
max. Spulengewicht:	5 kp
max. Spulen-∅:	380 mm (automatische ∅-Messung)
Fahrgeschwindigkeit der Handlings-Einheit:	10 m/min
Spulengreifer:	Greifdorn für Hülse mit pneumat. Spreizung
Ablegezeit pro Spule:	ca. 8 sec

Ablegewagen:	Dornwagen für 72 Spulen, 24 Dorne (6 x 4) mit je 3 Spulen pro Dorn Beladung einseitig

Handlings-Einheit

Hubachse:	elektrische Positionierachse min. Position über Fußboden 400 mm max. Position über Fußboden 1.600 mm Geschwindigkeit max. 1,5 m/sec
Drehachse:	elektrische Positionierachse max. Drehwinkel 270 Grad Drehgeschwindigkeit 180 °/sec
Greifachse:	pneumatische Hilfsachse Hubweg 160 mm Hubzeit max. 0,3 sec bei 4 bar
Dornwagen-Achse:	elektrische Positionierachse max. Pos.-Weg 1.750 mm Geschwindigkeit ca. 100 mm/sec Vorschubkraft ca. 100 kp
Führungen für Handlings-Einheit und Dornwagen:	wahlweise Führungsprofil auf Fußboden bzw. Führungsprofil im Fußboden
Gewicht der Handlings-Einheit:	ca. 400 kp

Bewegliche Kabel von Zentral-Einheit zur

Handlings Einheit:	3 x 380 V Kraftversorgung 1 x V.24 Daten-Leitung
Kabelführung:	Kabelschlepp-Einrichtung in Deckenkonstruktion
Netzversorgung:	3 x 380 V ca. 3 kVA

Entpalettieren von Motorblöcken mit Sensorikunterstützung

Günter Zerweck, Werner Busch, Dürr Automation + Fördertechnik GmbH, Stuttgart

Zusammenfassung

Es wird ein Anwendungsfall für ein sensorgeführtes Handhabungsgerät zum Entpalettieren von Motorblöcken eines großen deutschen Automobilherstellers vorgestellt. Eine Problemanalyse ergab die Notwendigkeit für eine sehr komplexe Sensorik mit Bildverarbeitungssystem, Ultraschallsensor und taktilen Sensoren.
Das vorgestellte System überzeugt durch seine Praxistauglichkeit und eröffnet einen neuen Markt für den Einsatz von Portalrobotersystemen. Damit wurde die Grundlage geschaffen, anspruchsvolle, bisher nicht direkt automatisierbare Aufgaben „intelligent" zu lösen.

1. Einleitung

Herkömmliche programmierbare Handhabungsgeräte arbeiten ein einmal eingegebenes Programm im wesentlichen Schritt für Schritt ab, ohne auf stochastische Änderungen ihrer Umwelt reagieren zu können.
Im Gegensatz hierzu besitzen sensorgeführte Handhabungsgeräte „Sinnesorgane", die ihnen laufend aktuelle Informationen über ihre Umwelt liefern, auf die sie dann — möglichst ohne Verzögerung — mit entsprechenden Handlungen reagieren. Diese neue Technologie hat jetzt die Labors verlassen und beginnt, sich in der technisch und ökonomisch rauhen Umwelt der Produktion zu bewähren. In diesem Vortrag soll über einige der dabei auftretenden grundlegenden Probleme gesprochen werden sowie über die dafür gefundenen Lösungen. Dabei werde ich mich im wesentlichen auf eine Anlage beziehen, die sich seit einigen Monaten unter echten Produktionsbedingungen in der Motorenfertigung eines deutschen Automobilbauers bewährt.

2. Aufgabenstellung

2.1 Vorgaben

In der hoch automatisierten Motorenfertigung unseres Kunden mußten die von der Gießerei per LKW angelieferten Motorblöcke früher manuell auf den Anfang der verketteten Fertigungslinien aufgegeben werden. Dabei handhabte ein Werker pro Schicht 20 bis 30 t Material. Trotz des Einsatzes von Hebezeugen war diese Arbeit körperlich sehr belastend und — nicht zuletzt auch durch die starre Taktgebundenheit — inhuman.
Der Kunde wünschte deshalb eine Automatisierung dieses Arbeitsschrittes, wobei jedoch von vornherein feststand, daß keine neuen werkstückspezifischen Transporthilfsmittel mit hohem Ordnungszustand eingesetzt werden durften. Stattdessen sollten die eingeführten, standardisierten Hilfsmittel (Europaletten, Holz-Zwischenroste) weiter Verwendung finden.

Bild 1: Palettenstapel von Motorblöcken, wie er aus der Gießerei per LKW angeliefert wird

Bild 1 zeigt einen Stapel von Motorblöcken, wie er aus der Gießerei angeliefert wird: Auf einer Europalette befinden sich — getrennt durch Holz-Zwischenlagen — vier Lagen von im allgemeinen je 8 Motorblöcken. Da deren Position nur ungefähr festliegt, muß zum Entpalettieren eines solchen Stapels ein Handhabungsgerät eingesetzt werden, das von einem Sensor geführt wird, der Position, Drehlage und die Seite des Kupplungsflansches der einzelnen Motorblöcke erkennen kann.
Nach dem Abräumen einer Lage von Motorblöcken muß die Zwischenlage bzw. die Europalette entfernt und auf einem eigenen Stapel abgelegt werden.
Die mittlere Taktzeit beträgt 27 s, wobei die Zeit für das Entfernen der Zwischenlagen und für das Einbringen der neuen Palettenstapel in den Arbeitsraum bereits enthalten sein muß.
Die verschiedenen Typen von Motoren, die mit demselben Handhabungsgerät entpalettiert werden sollten, unterscheiden sich nur sehr wenig in dem Bild, das sie von oben bieten.

2.2 Detailprobleme (Beispiele)

Eine Problemanalyse zeigt sehr schnell, daß es nicht damit getan ist, einen Sensor zu finden, der Position und Drehlage der einzelnen Motorblöcke genau erkennt.
Da ein einzelner Bildsensor nur ein zweidimensionales Bild liefert, muß durch einen weiteren Sensor die Höhe der obersten abzuräumenden Lage bestimmt werden.
Das Bildsystem muß neben den Motorblöcken, deren Oberflächenerscheinung im übrigen sehr verschieden sein kann (Rohguß, geschliffen, verschmutzt, angerostet, blank, lackiert) auch Paletten und Zwischenlagen erkennen und deren Verdrehung (bis zu 15°) bestimmen. Dabei gibt es natürlich neben neuen, noch sehr hellen Latten auch solche, die vom vielen Gebrauch schon ganz schwarz sind.
Eine weitere Komplikation ergibt sich daraus, daß auch damit zu rechnen ist, daß die Motorblöcke nicht ganz eben stehen: Sowohl wegen schlechter Paletten (angebrochene Latten) als auch durch teilweises Aufeinanderstehen der Gußfüße von Motorblöcken können Verkippungen bis zu 5° vorkommen. Sowohl das Bildsystem als auch das Greifersystem muß auf solche Verkippungen vorbereitet sein.
Dadurch, daß die Gußfüße von Motorblöcken gelegentlich aufeinanderstehen, kann es in Einzelfällen beim Anheben eines Motorblocks zum Umfallen des danebenstehenden kommen. Solche umgekippten Blöcke können natürlich von einem Bildsystem nicht identifiziert werden. Trotzdem muß sichergestellt sein, daß vor dem Entfernen einer Zwischenlage oder der Palette diese ganz abgeräumt ist, da es sonst zu Unfällen mit Beschädigungen des Systems kommen kann.

3. Lösungskonzept

3.1 Handhabungsgerät

Nach ausführlichen Voruntersuchungen entschied sich unser Kunde für ein Portalrobotersystem von Dürr. Ausschlaggebend hierfür waren u. a. der große nutzbare Arbeitsraum und das zulässige Handhabungsgewicht.
Das ausgewählte Modell P 100 hat Verfahrwege von 4 m (X-Achse), 2,5 m (Y-Achse) und 1,7 m (Z-Achse). Die C-Achse (Handachse) kann sich um 360° drehen.
Bild 2 zeigt schematisch das Gesamtsystem. Im Arbeitsraum des Roboters, der durch ein hier nicht gezeigtes Schutzgitter und durch ein Rolltor gesichert ist, befinden sich in Wirklichkeit zwei Stapel von Motorblöcken, die nacheinander entpalettiert werden. Die einzelnen Motorblöcke werden vom Handhabungsgerät auf ein Rollenband gesetzt, das in den Arbeitsraum hineinragt. Zum Ablegen der Zwischenlagen und Paletten ist ein spezieller Greifer erforderlich, der ebenfalls im Arbeitsraum bereitliegt. Rechts ist der Stapel von leeren Paletten und Zwischenlagen zu erkennen.

3.2 Steuerung

Für die Steuerung wurde das leistungsfähige System ROBOTRONIC 500 von AEG ausgewählt. Diese sehr komfortabel zu programmierende Bahnsteuerung ermöglicht durch einen speziellen Kommunikationsrechner einen einfachen und effektiven Informationsaustausch zwischen Sensorsystem und Industrieroboter. Die schnellen Sensoreingänge ermöglichen praktisch „real-time"-Reaktionen der Robotersteuerung auf Sensorsignale.

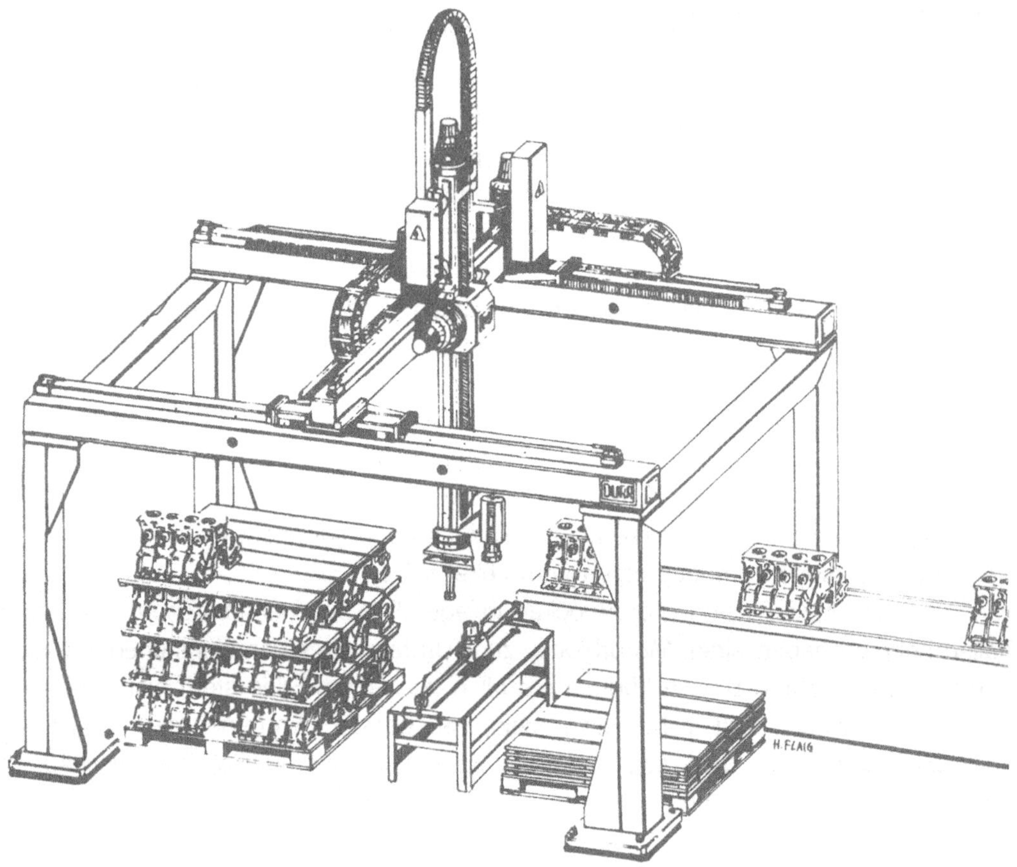

Bild 2: DÜRR Portalroboter P 100 zum Entstapeln von Motorblöcken

3.3 Bildverarbeitungssystem

Unter den gegebenen Produktionsbedingungen (diffuse Grundbeleuchtung niedriger Intensität, sehr unterschiedliche Werkstück- und Holzoberflächen) läßt sich nur ein grauwertverarbeitendes System einsetzen. Das Bildsystem IBS von AEG löst das von einer einfachen Videokamera aufgenommene Fernsehbild in 512 x 512 Bildpunkte auf. Bei einem Bildausschnitt von 0,5 x 0,5 m entspricht dies einer Auflösung von etwa 1 mm. Jedem Bildpunkt wird einer von 128 Grauwerten zugeordnet.
Die Videokamera ist am Roboterarm befestigt, d. h. sie bewegt sich mit den X-, Y- und Z-Achsen mit, dreht sich jedoch nicht mit der C-Achse. Auf Bild 3 ist das Objektiv der Videokamera zwischen 4 kleinen Leuchtstoffröhren, die für eine gleichmäßige Beleuchtung sorgen, zu erkennen.
Das Bildverarbeitungssystem IBS erkennt in ca. 300 ms die Zylinderbohrungen und die einzelnen der für die Ausrichtung (Seite des Kupplungsflansches) wichtigen Wasserlöcher (Bild 4). Die Position der zu greifenden Zylinderbohrung und die Drehlage des Motorblocks werden als X-, Y- und C-Werte für den Greifvorgang an die Robotersteuerung weitergemeldet. In ganz ähnlicher Weise erkennt das Bildsystem die Orientierung der Latten vor dem Entfernen von Zwischenlagen bzw. Paletten.
Zwei wichtige Voraussetzungen für derart schnelle Bildauswertungen bei einem grauwertverarbeitenden System sind zum einen einfache geometrische Grundkonturen (Kreise, Geraden), zum anderen das optimale Zusammenwirken von Bilderkennungssystem IBS und Robotersteuerung ROBOTRONIC 500.

Bild 3: Videokamera mit Beleuchtungseinrichtung, Ultraschallsensor und taktilem Greifer

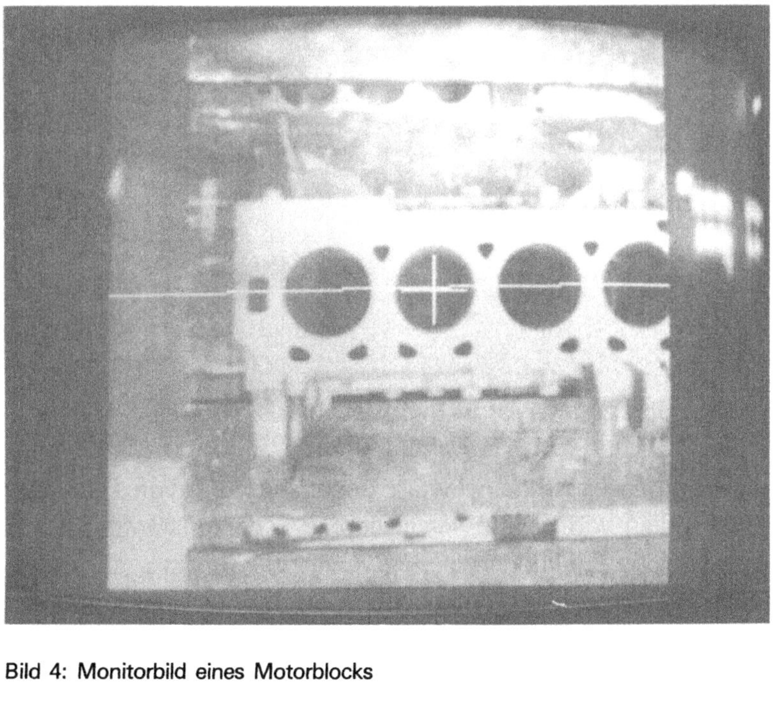

Bild 4: Monitorbild eines Motorblocks

3.4 Ultraschallsensor

Neben dem Robotergreifer ist in Bild 3 noch ein Ultraschallsensor zu erkennen. Da das Bildsystem lediglich zweidimensionale Bilder erkennen und auswerten kann, wird die Höhe des abzuarbeitenden Palettenstapels und die Höhe einer etwa zu entfernenden Zwischenlage bzw. Palette mit Hilfe dieses Ultraschallsensors erkannt. Diese Funktion ist vor allem dann wichtig und zeitsparend, wenn zum Stapelwechsel oder aus anderen Gründen das Rolltor geöffnet wurde.
Auch die Höhe des Leerpalettenstapels wird mit dem Ultraschallsensor bestimmt.
Eine weitere wichtige Aufgabe dieses Sensors ist es, nachzuprüfen, ob auf einer Zwischenlage oder Palette noch ein umgefallener Motorblock liegt, den das Bildverarbeitungssystem nicht erkannt hat.

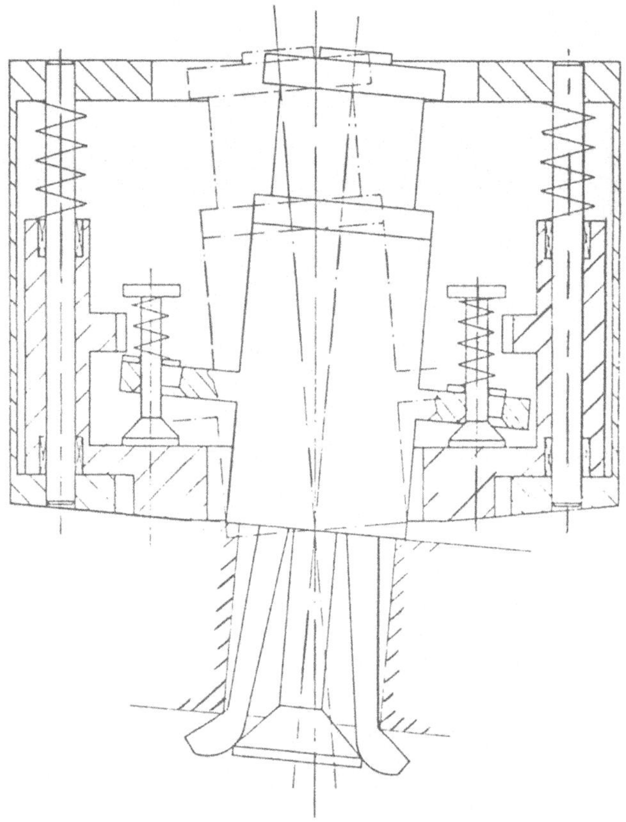

Bild 5: Flexibilität des taktilen Greifers in einer gekippten Zylinderbohrung

3.5 Taktiler Greifer

Der ebenfalls in Bild 3 erkennbare Spreizgreifer ist in Bild 5 etwas detaillierter herausgezeichnet.
Es handelt sich hierbei um eine zum Patent angemeldete Eigenentwicklung von Dürr, die durch ein sinnreiches Zusammenwirken von Federn verschiedener Federkonstanten, Kegelsitzen und Endschaltern zahlreiche Funktionen in sich vereinigt:

- Melden an die Robotersteuerung, wenn beim Eintauchen in die Zylinderbohrung die Greifposition erreicht ist.
- Ausgleichen von Kipplagen der Motorblöcke.

- Diese Flexibilität wird nur während des Eintauchens wirksam. Nach dem Anheben des Motorblocks kehrt der Greifer in seine durch Kegelsitze definierte Ausgangslage zurück.
- Beim Überschreiten von vorher definierten Grenzkräften (etwa infolge von fehlerhaften Erkennungsvorgängen, die allerdings in der Praxis bisher noch nie vorgekommen sind) schaltet der Greifer die Robotersteuerung ab und schützt so den Roboter vor Zerstörung.

Auch der Hilfsgreifer für Zwischenlagen und Paletten, der normalerweise seitlich im Arbeitsraum abgelegt ist und nur bei Bedarf vom Hauptgreifer ergriffen wird, besitzt mehrere taktile Sensoren für Rückmeldungen an die Robotersteuerung.

4. Funktionsbeschreibung

4.1 Arbeitsablauf

Im normalen Betrieb wird etwa alle halbe Stunde das Rolltor geöffnet, wobei der Roboterarm in seine Safe-Position fährt. Mit einem Gabelstapler werden zwei neue Palettenstapel mit normalerweise je 32 Motorblöcken in den Arbeitsraum eingebracht (nur grob

Bild 6: Blick von oben in den Arbeitsraum des Roboters mit stochastischen Positionen von Motorblöcken

positioniert) und gleichzeitig die leeren Europaletten und Zwischenlagen entnommen. Nach dem Schließen des Rolltors fährt der Roboterarm über den ersten Palettenstapel und bestimmt mit Hilfe des Ultraschallsensors die Höhe dieses Stapels. Mit dem Bildverarbeitungssystem wird nun zunächst überprüft, ob auf der obersten Lage noch ein Lattenrost liegt oder nicht. Ggf. wird dieser erst entfernt.
Da die 8 Grobpositionen, auf denen die Motorblöcke normalerweise stehen, näherungsweise immer dieselben sind, werden diese vom Roboterarm nacheinander angefahren. Dadurch ist die Wahrscheinlichkeit sehr groß, daß das Bildsystem gleich bei der ersten Aufnahme ausreichend viele Merkmale des Motorblocks erkennen kann. Das Bildsystem ist jedoch so flexibel, daß es auch Motorblöcke findet und erkennt, die nicht in diesen Grobpositionen stehen (z. B. wie in Bild 6). Falls dann bei der ersten Aufnahme jedoch nicht ausreichend viele Merkmale identifiziert werden können, erkennt das System anhand der erkannten Merkmale die notwendige Verfahrrichtung, in der das teilweise identifizierte Objekt als Ganzes überblickt werden kann. Natürlich kann dies einige Zehntelsekunden kosten.
Die identifizierten Motorblöcke werden dann nacheinander entpalettiert, indem der Spreizgreifer in die zweite Zylinderbohrung einfährt und seine Klauen spreizt, worauf er zuerst langsam nach oben fährt, damit möglichst keine benachbarten Motorblöcke umgeworfen werden, selbst wenn sie einige Millimeter auf seinem Gußfuß stehen. Nach dem Absetzen des ersten Motorblocks auf der Staurollenbahn, dem Beginn der Verkettungslinie des Motorenwerkes, wird die nächste Grobposition angefahren usw.

Bild 7: Entstapeln eines Motorblocks

Bei einem Rückstau auf der Verkettungslinie wartet der Roboterarm in Safe-Position, so daß in dieser Zeit auch ohne Zeitverlust einzelne Palettenstapel ausgetauscht werden können.
Sobald 8 Motorblöcke aus derselben Lage abgeräumt sind, ist die Zwischenlage — bzw. bei der untersten Schicht die Palette — leer. Das Bildsystem bestimmt die Orientierung der Latten des Gitterrostes, der Roboterarm holt den Zwischenlagengreifer, mit dem die Zwischenlage angehoben und ohne mit den übrigen im Arbeitsraum befindlichen Stapeln zu kollidieren auf dem Leerpalettenstapel abgelegt wird.
Nach dem Zurücklegen des Hilfsgreifers in seine Ablage wird mit dem Abarbeiten der nächsten Lage, nach Entpalettieren des ersten Stapels mit dem Entpalettieren des zweiten Stapels begonnen.
Falls das Bildverarbeitungssystem weniger als 8 Motorblöcke in einer Lage identifizieren konnte, wird vor dem Entfernen der Zwischenlage bzw. der Palette mit Hilfe des Ultraschallsensors überprüft, ob sich noch ein Gegenstand darauf befindet. An den Stellen, an denen auf diese Weise noch ein zunächst nicht identifizierter Gegenstand festgestellt wird, wird mit Hilfe des Bildverarbeitungssystems noch einmal versucht, einen Motorblock zu identifizieren. Wie die Erfahrung zeigt, gelingt dies in mehr als 99% der Fälle. Im allgemeinen handelt es sich um einen Motorblock, der beim normalen Ablauf nicht identifiziert werden konnte, weil er beispielsweise genau zwischen zwei Normalpositionen steht.
Kann das Bildsystem jedoch den mit dem Ultraschallsensor gefundenen Gegenstand immer noch nicht identifizieren (beispielsweise ein umgefallener Motorblock), so fährt der Roboterarm in die Safe-Position, und eine Blinklampe mit Alarmgeber zeigt dem Aufsichtspersonal an, daß ein manueller Eingriff notwendig ist.
Sind beide Stapel vollständig entpalettiert worden, ohne daß ein neuer voller Stapel in den Arbeitsraum gebraucht worden ist, fährt der Roboterarm in seine Safe-Position und gibt das Rolltor zum Öffnen frei.

4.2 Betriebserfahrung

Das System in Kaiserslautern war bei Redaktionsschluß für diesen Vortrag mehr als 4 Monate in Betrieb. Ernsthafte Störungen sind bisher nicht aufgetreten, insbesondere arbeiteten die Sensorsysteme völlig problemlos. Mehr als 99% der Motorblöcke werden erkannt, alle erkannten Blöcke werden ohne Ausnahme fehlerlos entpalettiert. Die wenigen Probleme, die es bei der Erkennung noch gab, betrafen einzelne sehr stark korrodierte oder verschmutzte Motorblöcke.

5. Wirtschaftlichkeit und Ausblick

Wir können heute nicht ohne Stolz feststellen, daß wir — mit Unterstützung durch die Firma AEG, welche Steuerung und Bildverarbeitungssystem herstellt, und mit Unterstützung durch den Kunden — die technischen Probleme dieses sensorgeführten Handhabungssystems bis zur Produktionsreife gelöst haben. Mit den dabei gewonnenen Erfahrungen ist es nun möglich, weitere Anwendungsfälle zu planen und zu realisieren.
Technische Kriterien für die Realisierbarkeit eines solchen Systems sind in erster Linie einfache geometrische Konturen (nach Möglichkeit Kreise), die sich möglichst auch nicht teilweise gegenseitig überdecken sollten.

Die für einen Investor wohl wichtigste Frage, ob sich eine solche Investition bezahlt macht, kann in dieser Allgemeinheit nicht beantwortet werden. Zuviel hängt von den Besonderheiten in jedem Einzelfall ab.
Als ganz grober Richtpreis muß vielleicht von etwa 0,5 bis 0,6 Mio DM ausgegangen werden, wobei dieser Betrag auch alle Schutzeinrichtungen, den Aufbau, die Inbetriebnahme und insbesondere auch die Software einschließt. Gerade der letzte Punkt ist naturgemäß sehr stark von der Komplexität des Einzelfalles abhängig.
Wenn man bei einer Wirtschaftlichkeitsrechnung nur die erzielbaren Einsparungen (maximal 1 Werker pro Schicht) berücksichtigt, so werden die Amortisationszeiten heute noch in vielen Fällen mehrere Jahre betragen. Weit vorausschauende Fertigungsbetriebe, wie es die deutschen Automobilfirmen sind, werden jedoch eine kurze Amortisationszeit nicht zum einzigen Argument für eine Investitionsentscheidung nehmen. Neben Fragen der Humanisierung der Produktion ganz allgemein spielen hier auch Überlegungen zur künftigen Ausgestaltung der Arbeitszeitfrage sicherlich eine maßgebende Rolle, auch wenn dies nicht in jedem Einzelfall so deutlich ausgesprochen wird. Die Einführung der 38,5 Stundenwoche, die Frage von zusätzlichen Pausenzeiten bei taktgebundenen Arbeiten und ähnliche Probleme zwingen die verantwortlichen Fertigungsplaner dazu, sich darauf vorzubereiten, daß eines nicht allzu fernen Tages mindestens Pausenzeiten in hoch automatisierten Fertigungslinien weitgehend ohne Personal überbrückt werden können. Man kann erwarten, daß mit der weiteren Entwicklung der Mikroelektronik, mit zunehmender Standardisierung der Programme und mit höheren Stückzahlen sowohl die Hardware- als auch die Software-Kosten für ein solches System abnehmen. Damit dürfte dann eine Wirtschaftlichkeit auch allein unter dem Gesichtspunkt der Amortisationszeit gegeben sein.

Bild 8: Abheben einer Holz-Zwischenlage, Ablage auf dem Leerpalettenstapel

Entwicklungstendenzen in der Handhabungstechnik

o. Prof. Dr.-Ing. Dr. h.c. Günter Spur und Dipl.-Ing. Wolfgang Felsing,
Fraunhofer-Institut für Produktionsanlagen und Konstruktionstechnik, Berlin

1. Einleitung

Nachdem durch eine Vielzahl technologischer Innovationen in der Vergangenheit Fertigungszeitverkürzungen durch Hauptzeitreduzierungen zu wesentlichen Produktivitätssteigerungen von Fertigungssystemen führten, sind hier in vielen Fällen die Optimierungsreserven erschöpft. Da im Zuge dieser Verbesserungen der relative Zeitanteil der nichtproduktiven Fertigungsvorgänge ständig gestiegen ist, ist heute das größere Innovationspotential auf dem Sektor der Fertigungsnebenfunktionen wie dem Handhaben zu finden [1]. Das Aufzeigen von Entwicklungstendenzen bei der Automatisierung dieser Handhabungsaufgaben ist Inhalt dieses Beitrages.
Handhaben ist als Teilfunktion des Materialflusses neben dem Fördern und Lagern integraler Bestandteil aller Abschnitte der Fertigung eines Produktes (Bild 1) [2]. Aus dieser prozeßübergeordneten und teilprozeßverbindenden Stellung im Produktionsablauf erwächst dem Handhaben eine zentrale Bedeutung bei der Entwicklung neuartiger Fabrikstrukturen.
Dieser Herausforderung wird in zwei Richtungen begegnet:

- Zum einen wird durch die Entwicklung neuartiger Geräte der Handhabungstechnik ein verbessertes Leistungsverhalten von Fertigungsteilsystemen erreicht,
- zum anderen wird durch die Entwicklung neuartiger Planungs- und Steuerungsmethoden eine verbesserte Einbindung dieser Fertigungsteilsysteme in die betriebliche Gesamtstruktur angestrebt.

Die Tendenzen der Komponentenentwicklung werden im folgenden am Beispiel des Handhabungssystems Industrieroboter beschrieben, darüber hinaus werden neue Vorgehensweisen bei der Layoutplanung von automatisierten Fertigungssystemen sowie der optimierten Materialflußgestaltung und der Offline-Programmierung und Steuerung verketteter Fertigungsanlagen in Systemen der rechnergestützten Fertigung aufgezeigt.

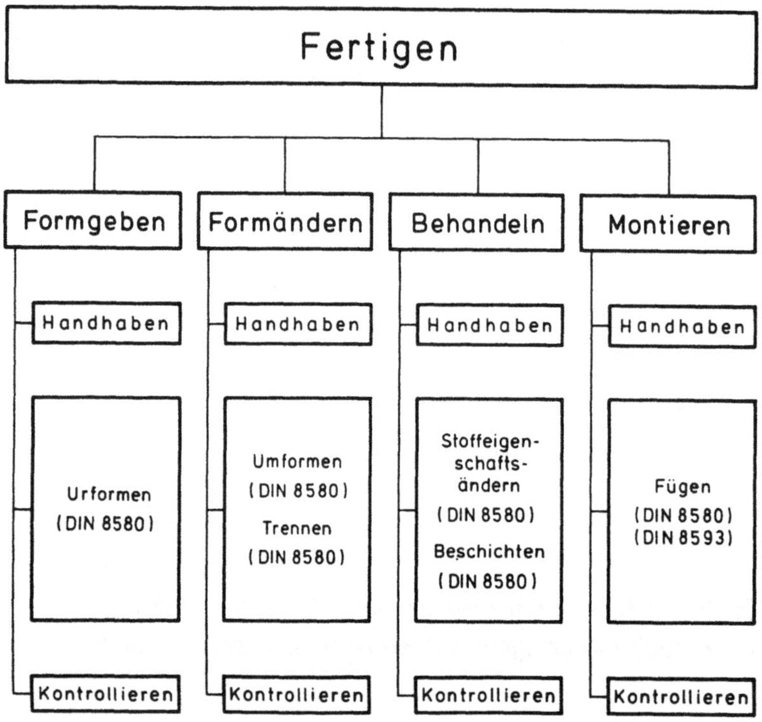

Bild 1: Stellung des Handhabens im Fertigungsprozeß [2]

2. Geräteentwicklung

2.1 Übersicht

Während es das Ziel in den ersten zwei Jahrzehnten der Industrieroboterentwicklung war, ein möglichst breites Anwendungsspektrum mit einem einzigen Gerätetyp abdecken zu können, sind Neuentwicklungen nahezu ausschließlich von vornherein nur für eine Untergruppe dieser möglichen Arbeitsfelder konzipiert worden. Analysen früher Industrieroboterinstallationen führten zu verbesserten Aussagen über den Zusammenhang zwischen Kinematik und Arbeitsaufgaben, so daß der kinematische Aufbau der Industrieroboter heute weitgehend spezifischen Prozeßanforderungen angepaßt wurde. Dieser Anpaßvorgang brachte häufig eine Reduzierung der Achsanzahl mit sich, die verbleibenden Bewegungsmöglichkeiten werden jedoch vollständig genutzt und sind hinsichtlich der Arbeitsaufgabe optimiert. Gleichzeitig ist so eine verbesserte Integration in das Gesamtfertigungssystem gewährleistet.
Im Bereich der Handhabungstechnik wird diese Tendenz besonders deutlich bei der automatisierten Maschinenbeschickung sowie der Palettierung.

2.2 Maschinenbeschickungssysteme

Die automatisierte Beschickung ist für Werkzeugmaschinen einer Vielzahl von Fertigungsverfahren realisiert worden. Bild 2 gibt einen Überblick über die Anforderungen der jeweiligen Maschinengruppen an die Baugruppe von Industrierobotern. Es zeigt sich, daß zwar die Verwendung stationärer Standgeräte üblich ist, in Bereichen mit großer wirtschaftlicher Bedeutung, wie z. B. dem Drehen, sind jedoch Sonderlösungen wie Portal-

MASCHINENBESCHICKUNG																		
Funktionsmerkmale	Anwendung	Urformen			Umformen		Trennen							Stoffeig.-Ändern	Sonstiges			
		Druck-, Spritzgußmasch.	Sand-, Kokillengießmasch	Sinterpressen	Schmiedepressen, -hammer	Blechbiegemaschinen	Drehmaschinen	Fräs-, Bohrmaschinen Bearbeitungszentren	Säge- u Räummasch	Schleif-, Hau-, Läppmasch	Gewinde-, Verzahnungsm	Stanz-, Nibbelmaschinen Blechbearbeitungszentren	Entgratpressen	Wärmebehandlungsofen	Glasverarbeitsmasch	Prüfmaschinen	Herstellen von Feingießformen	Betonstahlmatten-herstellmaschinen
Kinematik	Standgeräte	●	●	●	●	●	●	●	◑	◑	●	●	●	●	●	●	◑	○
	Portalgeräte	◑	○	○	○	●	●	●	○	○	○	◑	○	◑	○	○	○	◑
	Anbaugeräte	○	○	○	○	○	●	◑	○	○	○	○	○	○	○	○	○	○
Mobilität	ortsfest	●	●	●	●	●	●	●	◑	◑	●	●	●	●	●	●	◑	○
	ortsveränderl	○	○	○	○	○	◑	◑	○	○	○	○	○	○	○	◑	○	◑
Anzahl der Achsen	≥ 6	○	○	○	○	○	◑	◑	○	○	○	○	○	○	○	●	○	○
	4 - 5	●	●	◑	●	◑	●	●	◑	◑	●	◑	◑	●	●	●	◑	○
	≤ 3	◑	○	●	●	●	◑	○	◑	○	○	○	●	○	○	◑	○	◑
Gerätekoordinaten	kartesisch	◑	○	○	○	◑	●	●	○	○	○	○	○	◑	○	○	○	◑
	zylindrisch	●	○	●	●	●	◑	●	◑	◑	●	●	●	◑	●	○	○	○
	kugelförmig	●	◑	◑	●	●	●	●	◑	◑	◑	◑	●	●	●	◑	◑	○
	gelenkig	◑	○	◑	●	◑	●	●	○	◑	◑	◑	○	○	○	○	○	○
	kast./gelenk.	○	○	○	○	○	◑	○	○	○	○	○	○	○	○	○	○	○
Antriebe	elektrisch	●	◑	●	◑	●	●	●	◑	◑	◑	●	○	○	○	●	○	○
	hydraulisch	◑	●	◑	●	◑	◑	◑	◑	○	●	◑	●	●	●	○	◑	◑
	pneumatisch	◑	○	○	○	◑	◑	◑	○	○	○	◑	○	○	○	○	○	○
Tragfähigkeit	< 250 N	●	●	●	◑	●	●	●	◑	●	●	●	●	●	○	●	◑	○
	250 - 500 N	◑	●	○	●	●	●	●	●	◑	●	○	◑	◑	●	○	○	◑
	> 500 N	○	○	○	●	◑	○	◑	○	○	○	○	○	●	○	○	○	○
Steuerung	PTP	●	●	●	◑	●	●	●	●	●	●	●	●	●	◑	●	◑	◑
	MP	●	◑	◑	●	◑	◑	◑	◑	◑	●	◑	○	●	●	●	◑	○
	CP	○	○	○	◑	○	○	○	○	○	○	○	○	○	○	●	○	○
DNC - Betrieb		○	○	○	○	○	◑	◑	○	○	○	○	○	○	○	○	○	○
Programmiersysteme	manuell	○	○	○	○	○	◑	○	○	○	○	○	○	○	○	○	○	○
	Teach-In	●	●	○	●	●	●	●	◑	◑	●	●	●	●	●	●	◑	◑
	Off-line	◑	◑	◑	○	○	●	◑	◑	○	○	◑	○	○	○	○	○	○
Verfahrgeschwindigkeit	< 0,1 ms⁻¹	○	○	○	○	○	○	○	○	○	○	○	○	◑	○	●	○	○
	0,1 bis 1,0 ms⁻¹	◑	●	○	●	●	●	●	◑	◑	●	●	●	●	●	●	◑	○
	> 1,0 ms⁻¹	●	○	●	○	○	●	○	○	○	○	○	○	○	○	○	○	◑
Positioniergenauigkeit	< ± 0,25 mm	●	○	●	○	○	●	●	◑	◑	○	○	○	○	○	●	○	○
	± 0,25 bis ± 1,0 mm	○	●	○	○	●	●	●	◑	◑	●	●	○	◑	●	◑	◑	○
	> ± 1,0 mm	○	○	○	●	○	○	○	○	○	○	○	●	●	●	○	○	◑
Sensoren	keine	●	●	●	●	●	●	●	◑	◑	●	●	●	●	●	●	◑	◑
	taktil	◑	○	○	◑	○	◑	◑	○	○	○	○	○	○	○	●	○	○
	visuell	◑	○	○	○	○	○	○	○	○	○	○	○	○	○	○	○	○

● üblich
◑ selten
○ nicht bekannt

Bild 2: Anforderungen an Industrieroboter für die Beschickung von Werkzeugmaschinen [9]

und Anbaugeräte sowie verfahrbar angeordnete Roboter zur Mehrmaschinenbeschickung verbreitet. Die Verwendung von Standgeräten erscheint hier in der Mehrzahl der Fälle aus technischen und wirtschaftlichen Gründen nicht sinnvoll. Bei den im Verhältnis zur Massenfertigung langen Betriebsmittelzeiten der Klein- und Mittelserienfertigung ist eine wirtschaftliche Nutzung dieser kostenintensiven Geräte nur selten möglich. Der große Nutzflächenbedarf der Standgeräte vermindert die räumliche Kapazität in der Fertigung. Die notwendigen Schutzeinrichtungen schränken die Zugänglichkeit der Werkzeugmaschine ein. Die Programmierung sowie die Wartung und Instandhaltung der maschinenbaulichen und elektronischen Baugruppen erfordern darüber hinaus zusätzliche personelle Kapazität.
Trotzdem sind in jüngster Zeit neue Anwendungsfelder für Standgeräte erschlossen worden. Ebenfalls durch eine aufgabenspezifische Anpassung der Industrieroboterkinematik erfolgt in zunehmendem Maße die Verkettung von Blechumformpressen mit Geräten des in Bild 3 dargestellten Typs. Hier wurde zur Erreichung der erforderlichen Handhabungsgeschwindigkeit das Haupt- und Nebenachsensystem zweifach auf der Grunddreheinheit angeordnet.

Bild 3: Zweiarm-Industrieroboter zur Verkettung von Umformpressen (Werkfoto: Bilsing, Attendorn)

Die oben beschriebenen Probleme bei der Anwendung von Standgeräten führten in den letzten Jahren weltweit zur Realisierung angepaßter integrierter Handhabungskonzepte zur Maschinenbeschickung. Die Handhabungseinheit ist dabei mechanisch mit der Maschine gekoppelt, und auch ihre Steuerung ist zumeist in die Maschinensteuerung miteinbezogen. Die genannten Nachteile der Standgeräte können so umgangen werden.
Integrierte Handhabungsgeräte lassen sich nach ihrer Zuordnung zu der Werkzeugmaschine in

— Portalgeräte,
— Anbaugeräte und
— Sondereinrichtungen

einteilen. Sie können fest- oder freiprogrammierbar ausgeführt werden [3].
Bei den Portalgeräten bildet ein Portal das Gerüst des Handhabungsgerätes (Bild 4). Die Traverse trägt den Laufwagen mit dem Antrieb für die Horizontalbewegung und die Lineareinheit für die Hub- und Senkbewegungen [3].

Bild 4: Flexible Drehzelle mit Handhabungsportal (Werkfoto: Max Müller, Gildemeister, Hannover)

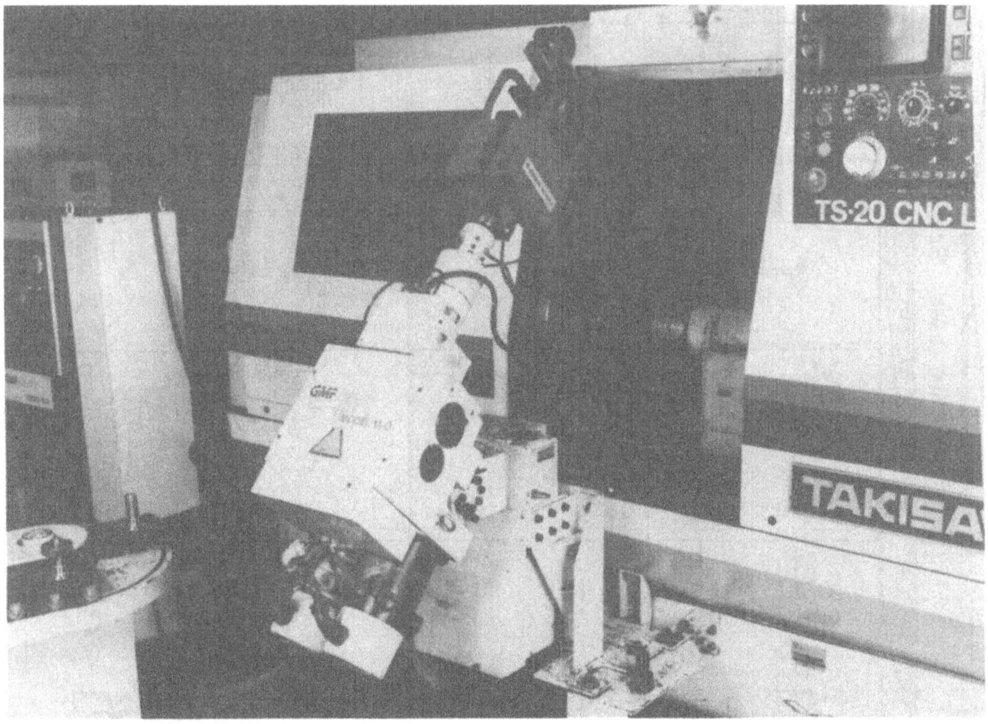

Bild 5: Industrieroboter zur Drehmaschinenbeschickung in Flanschbauform (Werkfoto: GMF, Dearborn/Mi, USA)

Zur Reduzierung der Nebenzeiten, die durch Werkstückwechsel verursacht werden, haben sich zwei Lösungen durchgesetzt: Die erste Lösung sieht für die Handhabung der Roh- und Fertigteile getrennte Greifarme vor. Nachdem der eine Greifer das Fertigteil aus dem Spannfutter entnommen hat, verläßt er den Arbeitsraum der Maschine, und der zweite Arm mit dem Rohteil kann in den Arbeitsraum hineinfahren. Bei der zweiten Lösung ist ein Greifarm mit einem Doppelgreifer ausgerüstet, der um 180° schwenkbar ist und so den Werkstückwechsel vornehmen kann.
Anbaugeräte sind demgegenüber Handhabungsgeräte, die an der Werkzeugmaschine angeflanscht werden (Bild 5). Sie finden überwiegend an Drehmaschinen Verwendung. Die mechanische Kopplung mit der Werkzeugmaschine kann vor, hinter oder seitlich dem Maschinenbett sowie vor, auf oder hinter dem Spindelkasten erfolgen. Die Anbaugeräte haben eine kompakte Bauweise und nehmen an der Werkzeugmaschine nur geringen Platz ein. Die Anforderungen an die Werkstückbereitstellung sind bei diesem Gerätekonzept höher als bei Portalgeräten [3].
Eine Übersicht über mögliche kinematische Aufbauten integrierter Handhabungssysteme ist in Bild 6 dargestellt.

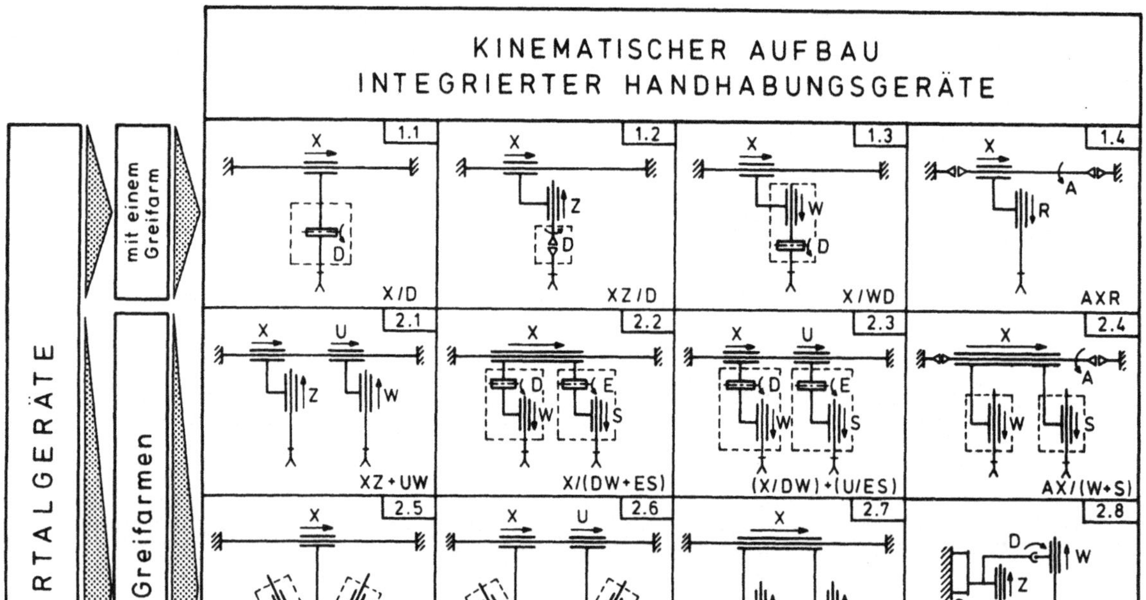

Bild 6: Kinematischer Aufbau maschinenintegrierter Handhabungssysteme [3]

2.3 Palettiersysteme

Das Palettieren stellt sich in der Industrie als ein branchenübergreifendes Querschnittsproblem bei der Rationalisierung von Lager-, Förder- und Handhabungsfunktionen dar. Die Normung der Palette nach DIN 15145 sowie die Marktdurchdringung des Paletten-Poolsystems führen seit einem Jahrzehnt zu einer ständig steigenden Verbreitung [4]. Der kombinierte Einsatz von Handhabungsautomaten und Paletten wird in zwei Richtungen wirksam: Zum einen müssen von dem Automaten die Teile positioniert und orientiert dem Bearbeitungssystem zugeführt werden. Hierzu bieten sich bei stapelfähigen Teilen, z. B. bei der Beschickung von Werkzeugmaschinen mit Futterteilen, die Paletten als Magaziniereinrichtung an. Zum anderen müssen die Paletten selbst, z. B. für Versandzwecke, mit Gütern beladen werden.
Für das Handhabungssystem können hieraus für die Palettieraufgabe die in Bild 7 zusammengefaßten Anforderungen abgeleitet werden. Um eine hohe Auslastung der zu be- und entladenden Maschinen zu erreichen, müssen in seinem Arbeitsraum mindestens zwei Paletten vorgesehen werden, damit die Palettenwechselzeit nicht zu Stillstandszeiten der Anlage führt. Das bedeutet für den Industrieroboter eine horizontale Reichweite von mindestens 2.000 mm. Da in den meisten Fällen auch die Minimierung des Raumbedarfs eine wirtschaftliche Forderung ist, sind Portalgeräte oder Geräte in Gelenkbauweise vorzuziehen, die einen relativ kleinen Kollisionsraum besitzen. Bedingt durch den kinematischen Aufbau erfüllen diese beiden Gerätetypen auch die Forderung nach der Arbeitsmöglichkeit in der Bodenebene.

LFD. NR.	ANFORDERUNGEN AN PALETTIERROBOTER	KORRESPONDIERENDE BAUGRUPPEN UND EINSATZSPEZIFISCHE KENNGRÖSSEN	TECHNISCHE VORAUSSETZUNGEN
1	Minimierung des Investitionsaufwandes	Anzahl der Achsen, angepaßte Steuerung	maximal drei lagegeregelte Achsen
2	Beschickung von Normpaletten	Größe und Form des Arbeitsraumes	mindestens L×B×H = 1000×2000×....
3	Aufnahme v. 2 Paletten im Arbeitsraum	Größe und Form des Arbeitsraumes	mindestens 2000 mm Reichweite
4	Ablegen von genormten Setzbildern	Anzahl und Anordnung von Achsen	Beibehaltung der Orientierg., 2 Schalt-N.-Achs.
5	Arbeitsmöglichkeit in der Bodenebene	Anordnung von Achsen	Portal- oder Gelenkbauweise
6	Vergleichbare Leistung mit Palettierautomaten	Antriebe, Steuerung, kinematischer Aufbau	hohe Verfahrgeschwindigk., Leichtbauweise
7	Eignung für unterschiedliche Lasten	kinematischer Aufbau, Antriebe	Antriebs- und Gelenkbaureihe
8	Handhabung der Palette	Tragfähigkeit	mindestens ......N
9	geringer Raumbedarf	kinematischer Aufbau	Portal- oder Gelenkbauweise
10	numerische Programmeingabe	Steuerung	Palettierfunktion
11	Palettenwechsel durch externe Fördermittel	kinematischer Aufbau, Kollisionsraum	Portal- oder Gelenkbauweise

Bild 7: Anforderungen an Industrieroboter für Palettieraufgaben [4]

Palettierroboter müssen bezüglich der Geschwindigkeit außer mit dem Menschen in vielen Fällen auch mit den Palettierautomaten konkurrieren, wobei sie bedingt durch den kinematischen Aufbau längere Verfahrwege zurücklegen müssen. Dabei ist zu berücksichtigen, daß Rotationsachse, als Folge der Geschwindigkeitsverstärkung vom Antrieb bis zum Armende, eine höhere Verfahrgeschwindigkeit besitzen als Translationsachsen, die zumeist den Portalgeräten zugrunde liegen. Die sich hierdurch ergebenden Setzmuster können neben einer dreiachsigen frei programmierbaren Positionierung durch eine einachsige Umorientierung des Werkstücks um 90° durch den Industrieroboter erreicht werden. Zusätzlich kann eine ungünstige Anlieferung, z. B. aus einer Bearbeitungsmaschine, eine weitere definierte Drehung um eine zweite Werkstückachse erfordern [4]. Da jedoch bei Geräten mit Drehgelenken während der Bewegung die Anfangsorientierung des Werkstückes im Bezugskoordinatensystem nicht beibehalten werden kann, sind hierfür zusätzlich entweder lagegeregelte programmierbare Nebenachsen vorzusehen oder aber mit Hilfe konstruktiver Maßnahmen Kompensationsbewegungen einzuleiten.
Da mit der überwiegenden Anzahl der marktgängigen Standroboter dieses Anforderungsprofil nicht oder nicht wirtschaftlich erfüllt werden kann, sind Sonderformen entwickelt worden, die heute und zukünftig für die Palettieraufgaben zur Anwendung gelangen. Allen Lösungsvarianten ist gemein, daß sie, bedingt durch ihren kinematischen Aufbau, während der Positionierbewegung die Anfangsorientierung des Werkstückes beibehalten. So kann die erforderliche Umorientierung durch z. B. pneumatisch angetriebene Bewegungen zwischen zwei Endanschlägen erfolgen.
Als Palettiersystemvarianten stehen heute zur Verfügung:

- Palettierautomaten,
- Portalroboter,
- Leichtbaugelenkroboter sowie
- Industrieroboter nach dem Pantographenprinzip.

In ihrem grundsätzlichen Aufbau bestehen die **Palettierautomaten** aus einem Stetigförderer für das einlaufende Einzelstückgut, der Beladestation in Form eines zweiachsigen Portals, dem Leerpalettenmagazin und einer Auslaufrollenbahn für die Vollpaletten. Der Stetigförderer für die einlaufenden Werkstücke kann als Gurtbandförderer oder als angetriebene Rollenbahn ausgebildet sein. In der Zuordnung der Einlaufbahn zur Beladestation ergeben sich mehrere Variationsmöglichkeiten, durch die der Palettierautomat an die örtlichen Verhältnisse angepaßt werden kann [4]. Zur Erzielung einer hohen Produktivität werden die Werkstücke in einer vorgeschalteten Station für eine Mehrfachhandhabung zusammengefaßt. In einem Beladevorgang werden anschließend horizontal oder vertikal ganze Reihen gesetzt. Sonderpalettiereinrichtungen können auch einzelne Werkstücke schicht- oder stapelweise ablegen. Die Parameter, Anzahl der Schichten und Stapel, Stapelhöhe sowie bestimmte Stapelmuster, sind über Dekadenschalter einzugeben. Durch die Mehrfachhandhabung werden kurze Taktzeiten erreicht. Die Sondereinrichtungen zum Zusammenfassen von Werkstücken sowie Palettenwechsler schränken jedoch die Flexibilität des Systems ein und führen zu einem hohen Investitionsaufwand.
Der quaderförmige Arbeitsraum von **Portalgeräten** sowie die Überkopfanordnung der frei programmierbaren Hauptachsen auf vier Säulen ermöglicht bei Palettieraufgaben eine hohe Raumausnutzung bei geringem Nutzflächenbedarf. Die Anpassung der Geräteabmessungen an die Palettengröße bzw. Palettenanzahl im Arbeitsraum sowie an unterschiedliche Handhabungsgewichte kann durch die Baukastensystematik wirtschaftlich realisiert werden (Bild 8). Durch die angepaßte Kinematik ist es gewährleistet, die Anfangsorientierung des zu palettierenden Werkstückes während der Verfahrbewegung

beizubehalten. Erfordert das Palettenmuster eine Umorientierung des Werkstückes, so können zwei anschlaggesteuerte Nebenachsen vorgesehen werden.

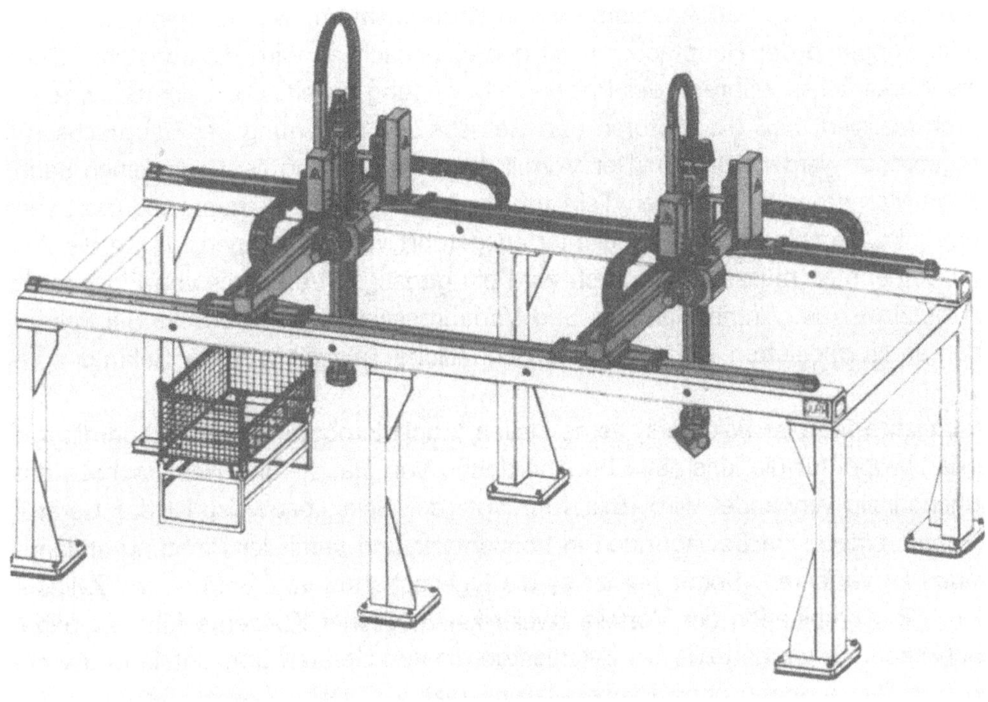

Bild 8: Palettierroboter in Portalbauweise (Werkfoto: Dürr, Murr)

Die kartesische Anordnung der Achsen ermöglicht auch eine übersichtliche, numerische Programmeingabe, wobei bei einheitlichen Werkstücken, lediglich Abmessungen, die Palettenposition sowie ein Code für das jeweilige Setzmuster eingegeben werden müssen. Das entsprechende Bewegungsprogramm wird dann steuerungsintern generiert.

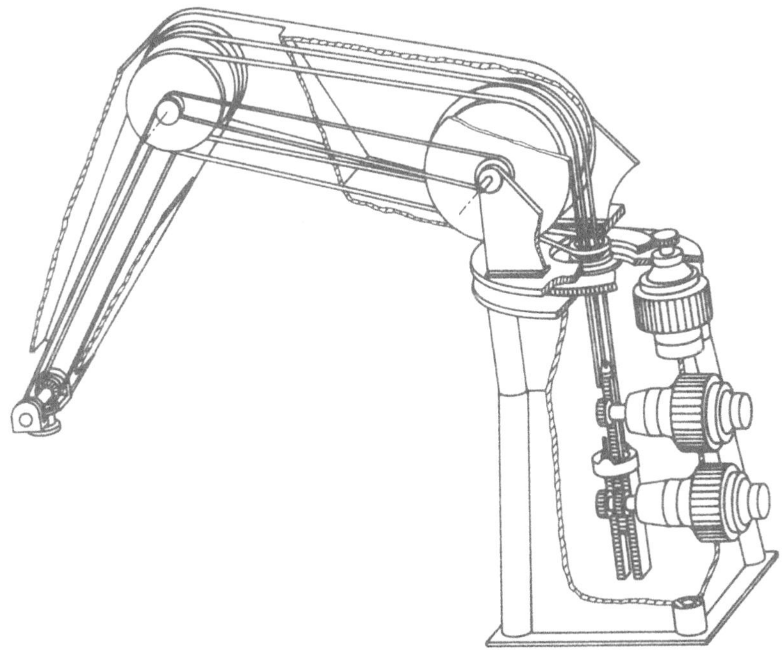

Bild 9: Leichtbaupalettierroboter (Werkbild Ro-Ber, Berlin)

Leichtbaupalettierroboter in Standbauweise haben demgegenüber den Vorteil, daß durch die Gelenk-Leichtbauweise hohe Handhabungsgeschwindigkeiten und ein energiesparender Betrieb erzielt werden. Die Vorteile der Gelenkbauweise, hohe Beweglichkeit sowie günstiges Verhältnis von Arbeitsraum und Kollisionsraum, werden genutzt. Durch mechanische Kopplung der Hauptachsen mit den Nebenachsen wird die konstante Orientierung des Werkstückes während der Positionierbewegung erzielt. Die Leichtbauweise wird dadurch realisiert, daß die Motoren und Getriebe zur Bewegung der Hauptachsen ortsfest angeordnet werden (Bild 9). Der Vorteil dieser Anordnung liegt zum einen darin, daß die träge Masse des beweglichen Teils um die Masse dieser Elemente reduziert wird, zum anderen die Armteile konstruktiv leichter ausgeführt werden können, da sie die Antriebe nicht aufnehmen müssen. Hierdurch wird ein günstiges Verhältnis von Eigengewicht und Nutzlast bzw. Antriebsleistung und Verfahrgeschwindigkeit erzielt. Bei Palettieraufgaben an Normpaletten wird eine durchschnittliche Taktzeit von vier Sekunden erreicht [4].
Die vierte Variante flexibler Palettiersysteme stellen Industrieroboter in Gelenkkoordinatenbauweise dar, wobei für die kinematische Anordnung von Haupt- und Nebenachsen das Pantographenprinzip verwendet wird (Bild 10). Trotz der Gelenkbauweise ist das Gerät in der Lage, durch einachsige Bewegungen in horizontaler und vertikaler Richtung entlang einer Geraden zu verfahren. Somit besitzt es die Eigenschaften von Geräten mit Zylinderkoordinaten. Die Kombination der Vorteile zweier kinematischer Konzepte führt zu folgenden Möglichkeiten: Es werden wie bei Zylinderkoordinaten-Geräten horizontale und vertikale geradlinige Bewegungen ohne Bahnsteuerung realisiert. Dabei besitzt das Gerät entsprechend der Gelenkbauweise einen großen Arbeitsraum bei relativ kleinem Kollisionsraum. Der Aufbau erlaubt es, z. B. bei Palettieraufgaben, die Bodenfläche durch vertikales Verfahren zu erreichen.

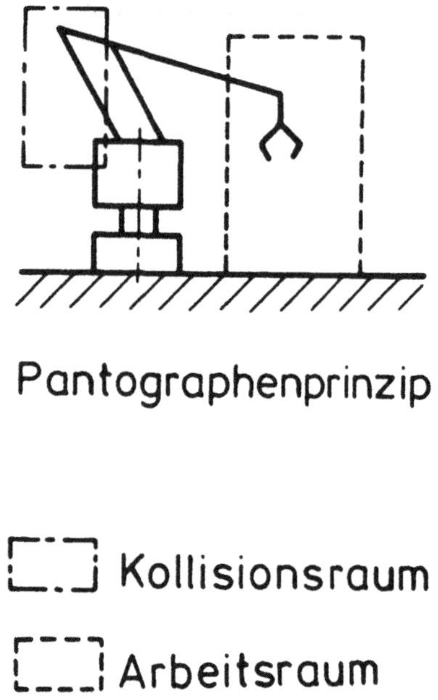

Bild 10: Palettierroboter nach dem Pantographenprinzip [4]

3. Planung und Programmierung verketteter Fertigungssysteme

Die neben der Komponentenoptimierung zweite wichtige Entwicklungsrichtung auf dem Gebiet der Produktions- und damit auch Handhabungstechnik hat die rechnergestützte

Auslegungsplanung von Materialflußsystemen, Fertigungsinseln und Fabrikteilen sowie deren Programmierung zum Schwerpunkt. Hier ist die Realisierung eines integrierten Rechnersystems erforderlich, das den Planer sowie den Programmierer in ihrer Tätigkeit unterstützt. Die im Rahmen der Layoutplanung von Fertigungssystemen möglichen Ansatzpunkte der EDV-Unterstützung sind in Bild 11 für die vier Stufen der Systemgestaltung dargestellt. Aus dem Bild geht hervor, daß stets nur Teilaufgaben vom Rechnersystem selbständig gelöst werden können. Die Optimierung dieses interaktiven Arbeitens im Dialog zwischen Planer und Planungssystem ist das Ziel der Systementwicklung.

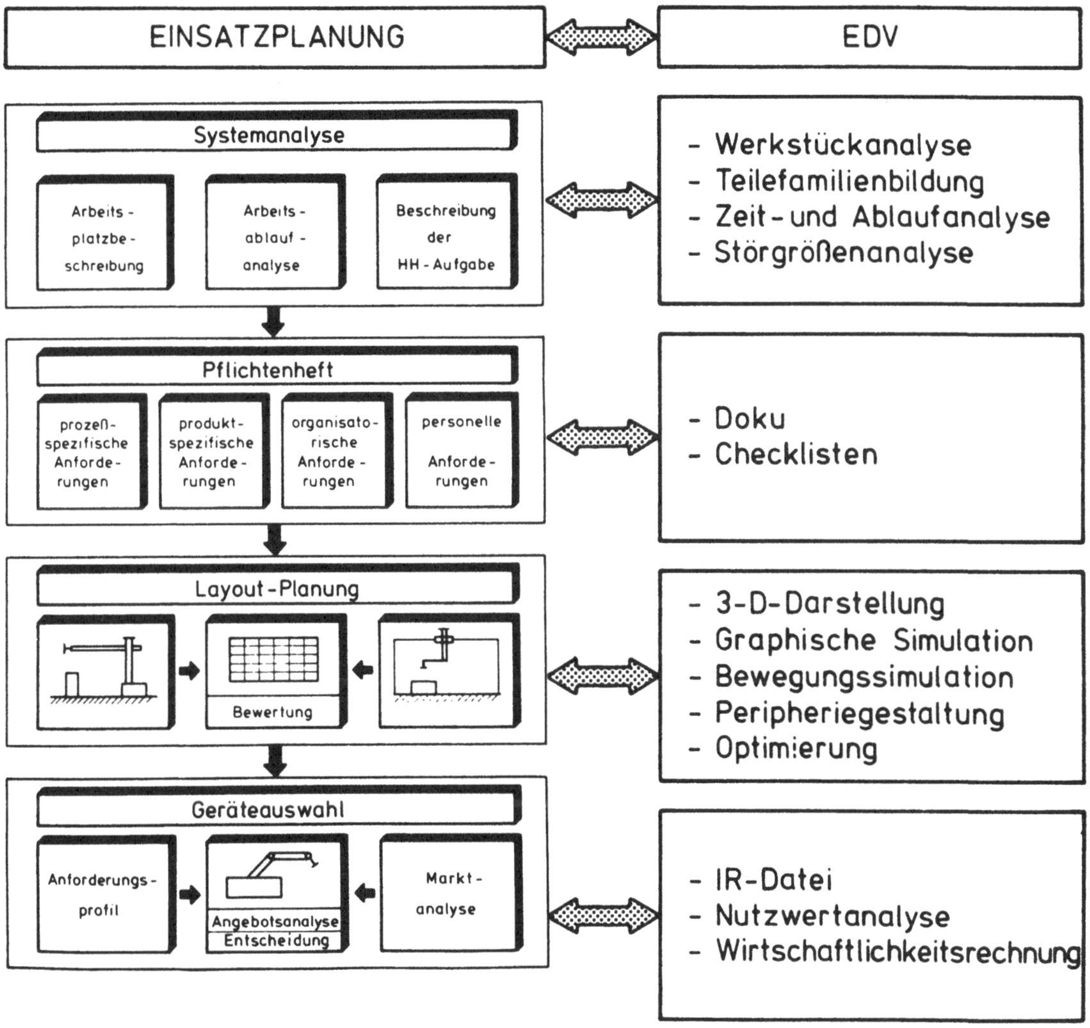

Bild 11: Möglichkeiten des EDV-Einsatzes für die Auslegungsplanung flexibler Fertigungssysteme [9]

Während in der planungsvorbereitenden Phase der Systemanalyse Werkstück-, Zeit- und Störgrößenanalysen algorithmiert werden können, ist in der anschließenden Phase der Pflichtenheftbildung vor allem die Aufgabe der Dokumentation und Vollständigkeitskontrolle vom Rechner durchführbar. Den größten Vorteil bieten Rechnersysteme für die eigentliche Layoutgestaltung durch die Anwendung der Methoden der Simulation von Fertigungsabläufen. Die Simulation kann als Hilfsmittel sowohl bei der Grobplanung zur Abschätzung des Anforderungsprofils der einzelnen Komponenten im geplanten System als auch im Bereich der Feinplanung zur Ermittlung optimaler Komponentenanordnungen und Prozeßzeiten angewendet werden. Die im Rahmen der Feinplanung geschaffenen Simulations- und Arbeitsplatzdaten können gleichzeitig als Grundlage für die Offline-Programmerstellung für die Produktionssysteme herangezogen werden [9].

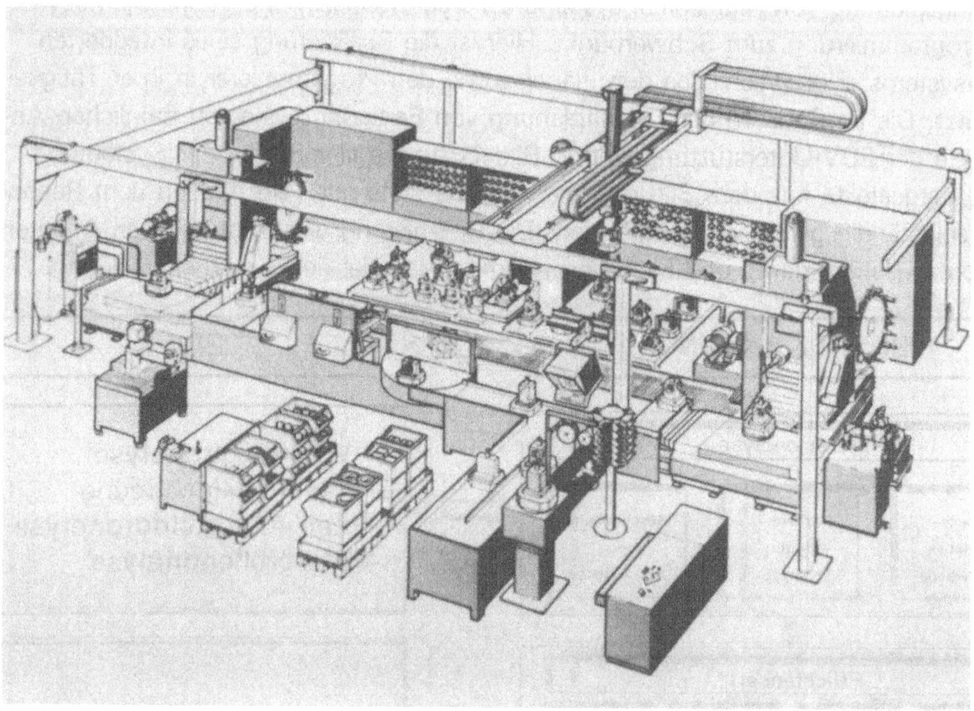

Bild 12: Flexible Fertigungszelle für die Bohr- und Fräsbearbeitung (Werkbild: Diag, Berlin)

Im Rahmen der Auslegungsplanung für die in Bild 12 dargestellte Fertigungszelle zur Bohr- und Fräsbearbeitung sind Simulationsuntersuchungen zur Bestimmung der technisch erreichbaren Nutzungsgrade durchgeführt worden. Das hierin integrierte Portalsystem zur Werkzeug- und Werkstückhandhabung sowie die Werkstückträger und anderen Materialflußkomponenten wurden hinsichtlich ihrer Art, Anzahl und Anordnung

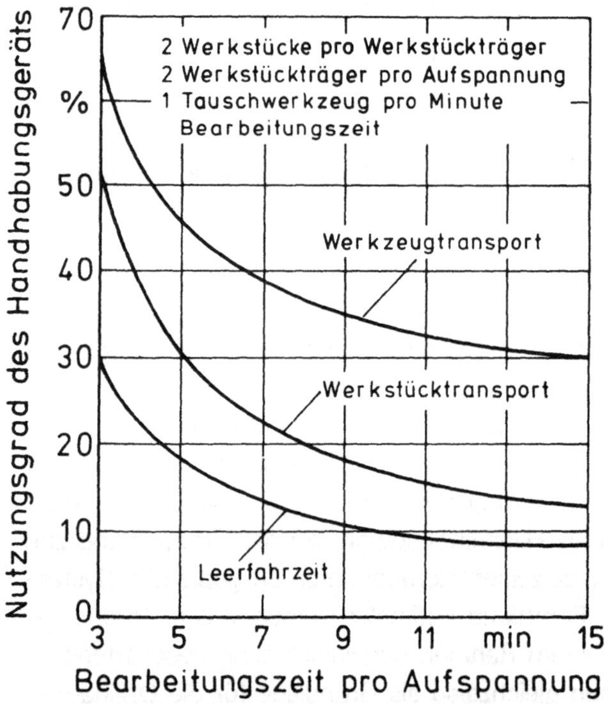

Bild 13: Durch Simulation ermittelte Nutzung des Handhabungsgerätes in einer flexiblen Fertigungszelle [5]

durch Simulation ausgelegt. Bild 13 zeigt beispielhaft für das Handhabungsgerät die ermittelte Abhängigkeit vom Nutzungsgrad und Werkzeugmaschinenhauptzeit.
Eine andere Art der Simulation ermöglicht eine wesentlich detailgenauere Abbildung von Fertigungsteilsystemen in der Feinplanungsphase. Durch Simulierung und Animation von Bewegungsabläufen im Fertigungssystem in Echtzeit unter Verwendung von 3D-Graphiksystemen können am Bildschirmarbeitsplatz aus Dateien Komponenten wie Industrieroboter, Fördersysteme und Werkzeuge abgerufen und in einem Layout zusammengestellt werden (Bild 14). Mit diesen Möglichkeiten kann eine Sequenz generiert, in detaillierter Form im Hinblick auf Leistung, Zeitbedarf und Kollision analysiert und optimiert werden. Auf diese Weise sind nacheinander alternative Komponenten und Anordnungen auf ihre Eignung überprüfbar, ohne daß tatsächliche Versuchsaufbauten erforderlich werden [6].

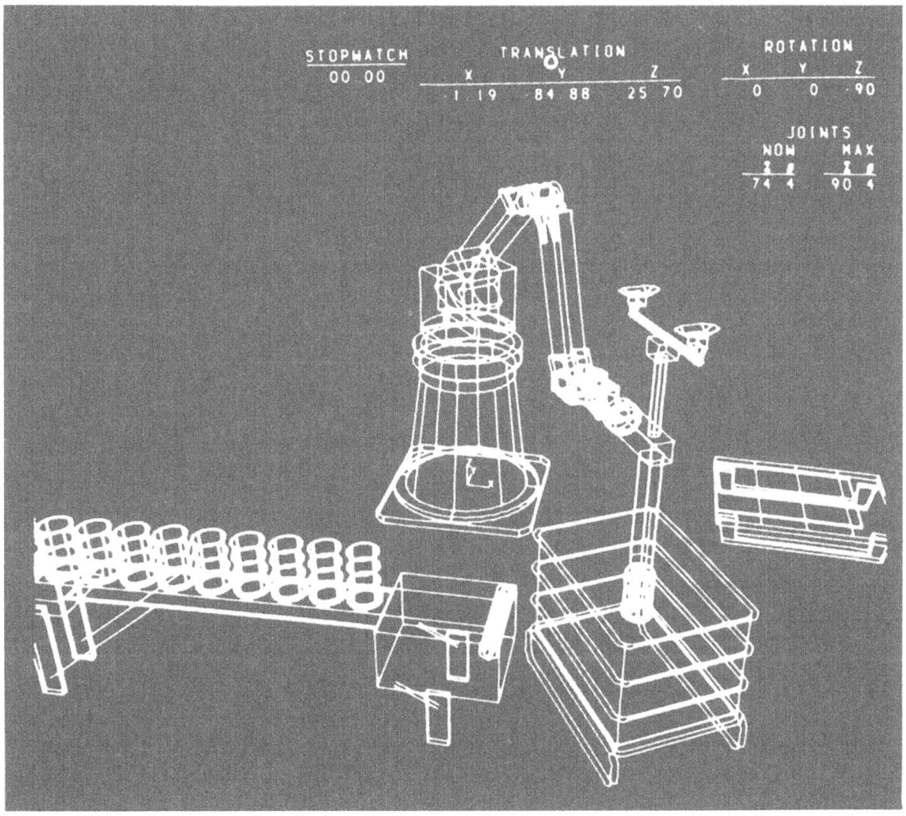

Bild 14: Graphische Simulation von Handhabungsvorgängen zur Layoutoptimierung und Prozeßzeitermittlung (Werkfoto: McDonnel Douglas Automation, Köln)

Eine weitere Nutzung dieses Planungssystems ist mit der Möglichkeit zur direkten Umsetzung der Simulationsbewegungsanweisungen in ein für die Produktion nutzbares Industrieroboterbewegungsprogramm gegeben. Diese Realisierung einer derartigen Offline-Programmiermöglichkeit erfordert jedoch die Erfüllung zweier wichtiger Voraussetzungen:

- Zum einen muß, ähnlich einem Postprozessor, ein Umsetzen auf die Prozeßanweisungen des speziell einzusetzenden Industrieroboters erfolgen;
- zum anderen müssen unvermeidliche Abweichungen zwischen Modell und realem System kompensiert werden können.

Die Verwirklichung der ersten Forderung erfordert entweder einheitliche Schnittstellen bei den Systemkomponenten, wie sie etwa mit IR-Data in Deutschland entwickelt werden, oder gesondert für jeden Gerätetyp eigene Anpassungen. Die Möglichkeiten der IR-Data-Schnittstelle sind in Bild 15 beschrieben [7].

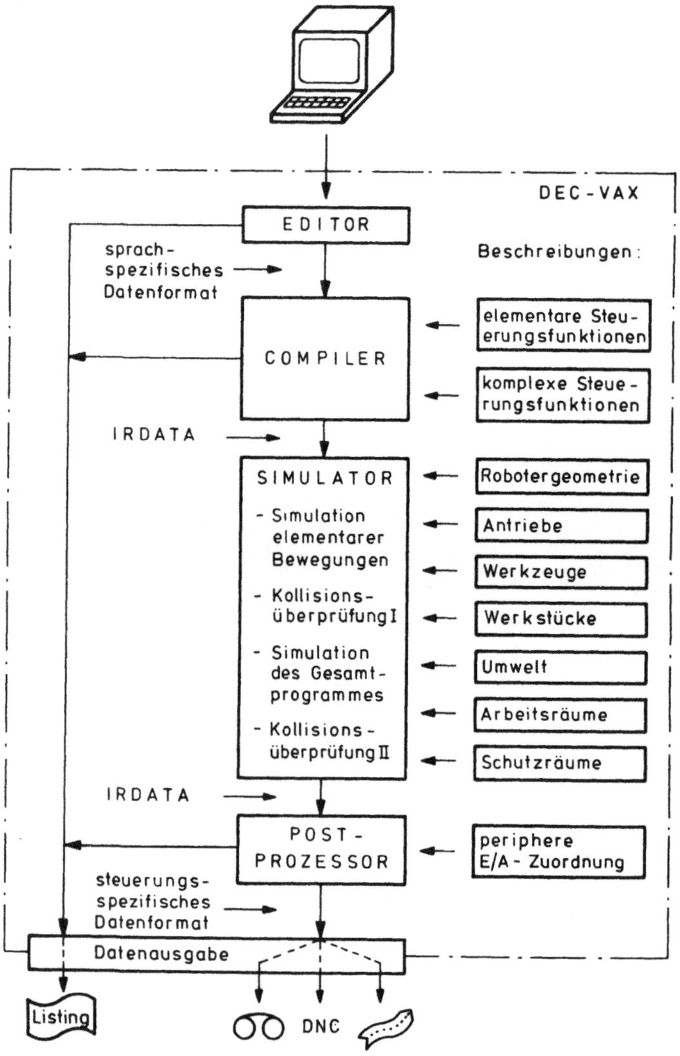

Bild 15: Struktur eines Offline-Programmiersystems mit IR-Data-Schnittstelle [7]

Für die zweite Forderung sind geeignete Sensoren in Probeläufen des Fertigungssystems einzusetzen, die die jeweiligen Positionsabweichungen erfassen, in Korrekturbefehle umsetzen und so das am Modell erschaffene Programm der realen Umwelt anpassen.

4. Zusammenfassung

Im Bereich der Handhabungstechnik sind zwei wesentliche Entwicklungsrichtungen zu verzeichnen. Zum einen erfolgt eine stärker der Aufgabe angepaßte Ausrichtung der Konstruktion der Handhabungskomponenten. Dies bedeutet für den Bereich der Maschinenbeschickungssysteme eine Hinwendung zu Portal- und Flanschbauformen bei einem Zurückgehen nicht-maschinenintegrierter Standsysteme. Das klassische programmierbare Handhabungsgerät, der fünf- oder sechsachsige Industrieroboter in Standbauweise, hat zwar im Bereich der Bearbeitung, Beschichtung und des Schweißens — und damit in der Gesamtzahl der bisher installierten Geräte — nach wie vor eine überragende Bedeutung,

in seinem ursprünglichen Bestimmungsbereich, der Handhabungstechnik, ist er jedoch nur noch in Ausnahmefällen zu finden.
Die zweite Entwicklungsrichtung betrifft den Bereich der Anlagenplanung und Programmierung. Ziel der Entwicklung ist es hier, mit minimalem Aufwand an Planungszeit eine maximale Planungssicherheit zu erreichen. Wesentliche Hilfsmittel sind hier die verschiedenen Arten der Simulation im Grob- und Feinplanungsbereich sowie Datenbanksysteme für die Auswahl der unterschiedlichen Systemkomponenten. Zur Reduzierung der Systemstillstandszeiten können zusätzlich damit Offline-Programmiersysteme verbunden sein, die außerhalb der Werkstatt für die fertigungsaufgabenabhängige Programmerstellung für sämtliche Operationen des Fertigungssystems herangezogen werden können. Die Trennung von Planung, Steuerung und Programmierung der einzelnen Komponenten wird somit überwunden, und es entsteht die komplex vernetzte Struktur eines CIM-Systems.

Literatur:

[1] Spur, G.: Aufschwung, Krisis und Zukunft der Fabrik. In: Vorträge des Produktionstechnischen Kolloquiums Berlin 1983. München: Carl Hanser Verlag, 1983.
[2] o. V.: VDI-Richtlinie 2860; Blatt 2 (E). Düsseldorf: VDI-Verlag, 1985.
[3] Ganiyusufoglu, Ö. S.: Integrierte Handhabungsgeräte zur Werkzeugmaschinenbeschickung. ZwF 78 (1983) 3, S. 116 — 125.
[4] Furgac, I.: Aufgabenbezogene Auslegung von Robotersystemen. Reihe: Produktionstechnik — Berlin; Band 39. München: Carl Hanser Verlag, 1985.
[5] Seliger, G.: Wirtschaftliche Planung automatisierter Fertigungssysteme. Reihe: Produktionstechnik — Berlin; Band 31. München: Carl Hanser Verlag, 1983.
[6] Witte, E. A.: Fertigungs-Robotersysteme. Process Engineering Magazine (1984) 5 — 6.
[7] Prager, K.: Kopplung externer und interner Programmiersysteme für Industrieroboter. Reihe: Produktionstechnik — Berlin; Band 33. München: Carl Hanser Verlag, 1983.
[8] Spur, G., Furgac, I., Felsing, W.: Requirements for the Task-Oriented Development of Integrated Robotic Concepts. In: Computers in Engineering 1984. New York: ASME, 1984.
[9] Spur, G. et al.: Design Rules for the Integration of Industrial Robots into CIM-Systems. Report for the Commission of the European Community. ESPRIT-Project 5.1/75. Berlin: Fraunhofer-Institut für Produktionsanlagen und Konstruktionstechnik, 1984.

Industrieroboter und Integration

3. Halbtag

Industrieroboter und ihre Einsatzmöglichkeiten

Dipl.-Ing. Stefan Müller, KUKA Schweißanlagen + Roboter GmbH, Augsburg

KUKA ist Entwickler und Hersteller von Robotern (Bild 1) und beliefert die Industrie weltweit mit kompletten Roboter-Systemen, die in flexible Transferlinien oder Fertigungszellen integriert sind. Das Roboterprogramm überdeckt die Traglastklassen von 8 bis 100 daN (Bild 2). Alle Geräte werden mit der gleichen Steuerung ausgerüstet.

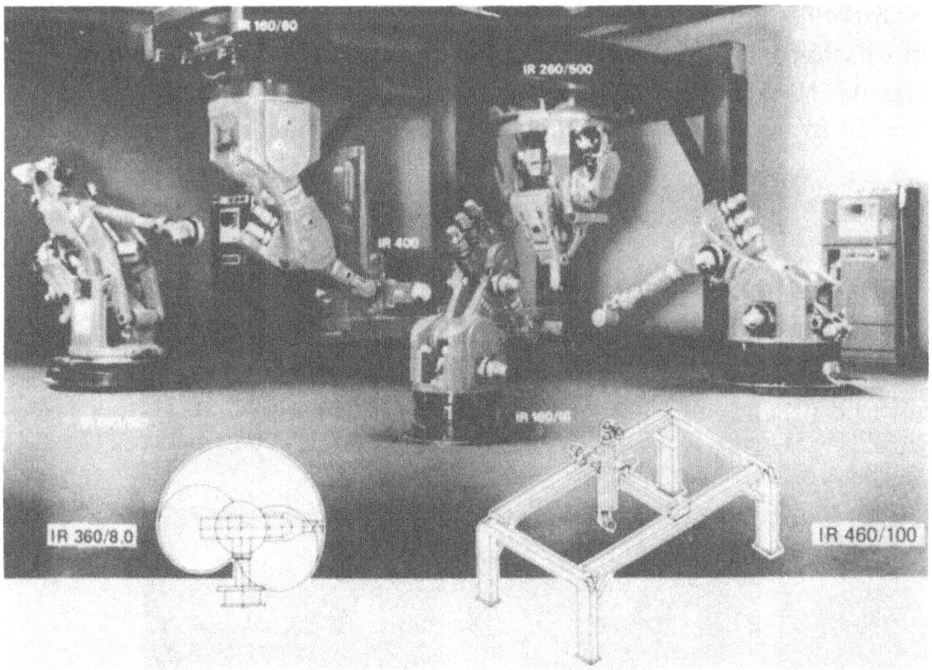

Bild 1: KUKA-Roboter, Lieferprogramm

Serie	KUKA IR 100		KUKA IR 200	KUKA IR 300		KUKA IR 400	KUKA IR 600	KUKA IR 900 (System DEA)	
Typ	IR 161/15	IR 161/60	IR 260/500.1	IR 360/8.0	IR 360/8.2	IR 460/100	IR 662/100	IR 930/10	IR 931/10
Achsanzahl	6	6	6	bis 7	bis 6	6	6	3-5	3-5
Bauart	Vertikal	Vertikal	Portal	Vertikal	Horizontal	Portal	Vertikal	Vertikal	Horizontal
Traglast [daN]	15	60	60	8	8	100	100	10	10
Anpreßkraft [daN]	–	–	500	–	–	–	–	–	–
Wiederholgenauigkeit [mm]	<±0,2	<±0,5	<±0,8	<±0,1	<±0,1	<±0,25	<±0,8	<±0,025	<±0,025
Antriebssystem	elektromechanisch								
Arbeitsraumvolumen $[m^3]$	10,5-20,5	14,5-28,5	3-24,5	4,2	0,47	0,5-135	37	0,21	0,15-0,42
Anwendungsgebiete									
Bearbeiten	•	•	•	•	•	•	•		
Handhaben	•	•	•	•	•	•	•	•	•
Montage	•	•	•	•	•	•	•	•	•
Punktschweißen		•	•			•	•		
Bahnschweißen	•	•		•	•	•	•		
Weitere	•	•		•	•	•	•	•	•
Steuerung	RC 20/41							RC 12/16	
IR-Darstellung (vereinfacht)	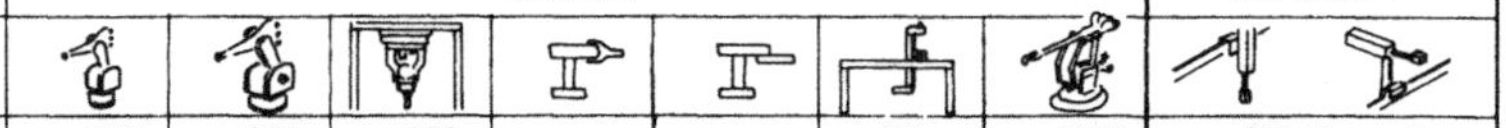								
Verkauft (bis 12/84)	ca. 160	ca. 260	ca. 170	–	–	10	ca. 1050	ca. 200 (Europa)	

Bild 2: KUKA-Roboter, Technische Daten

Punktschweißen bei Automobilen

Seit Jahren gehören Roboter unabdingbar zur Herstellung von Pkw-Karosserien. Daß ihre Einsatzmöglichkeiten anlagentechnisch immer noch verbessert werden können, zeigt das folgende Beispiel. Die Karosserie des in Bild 3, Mitte, dargestellten Fahrzeugs wird nach einem neuen Konzept hergestellt. Dessen optimale Flexibilität besteht u. a. darin, daß gleichzeitig drei verschiedene Modelle die Anlage durchlaufen können. Das dritte Modell wird in der Regel das Nachfolgemodell eines der beiden anderen Modelle sein. Diese totale Mixproduktion ist nur mit Robotern möglich.

Bild 3: Schweiß-Transferlinien mit KUKA-Robotern für Pkw-Karosserien

Punktschweißen bei Landmaschinen

Daß Roboter auch in kleineren Unternehmen erfolgreich eingesetzt werden können, zeigen die folgenden Beispiele. In Bild 4, links, werden Kotflügel und Fronthaubenteile für Traktoren geschweißt. Hierfür sind um den Roboter vier manuell zu beschickende Vorrichtungen angeordnet. Die vier unterschiedlichen Schweißprogramme werden automatisch angewählt. Die Schweißzange wiegt 90 kg. Im rechten Bild werden 4,5 m lange Rüttlerhorden für Mähdrescher geschweißt. Blechdicke bis zu 3,5 mm. Der Roboter setzt 460 Schweißpunkte in ca. 10 Minuten.

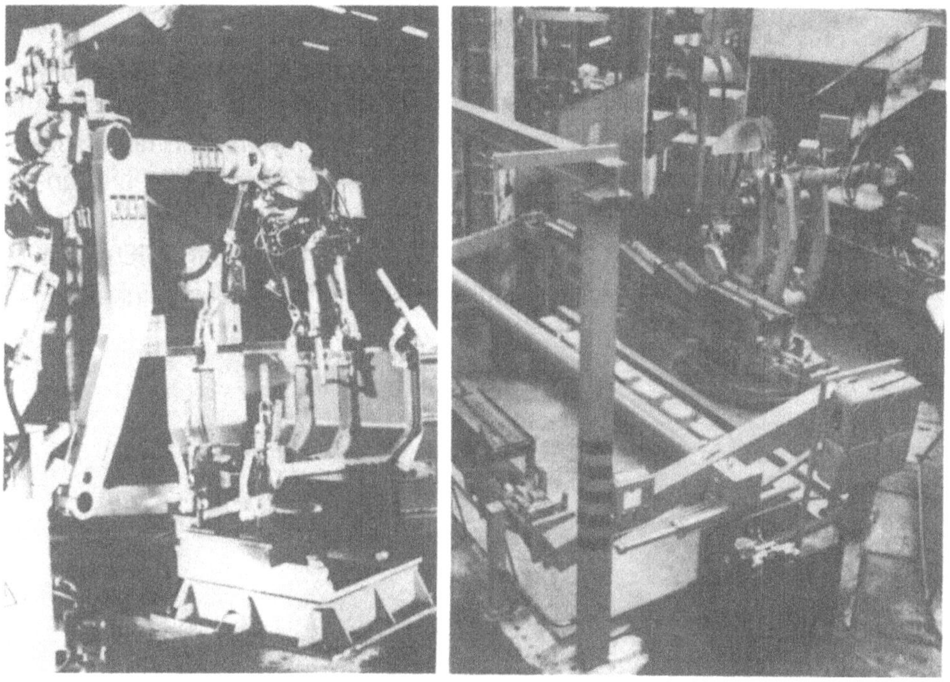

Bild 4: Punktschweißen von Traktorenteilen (links) und Rüttlerhorden (rechts)

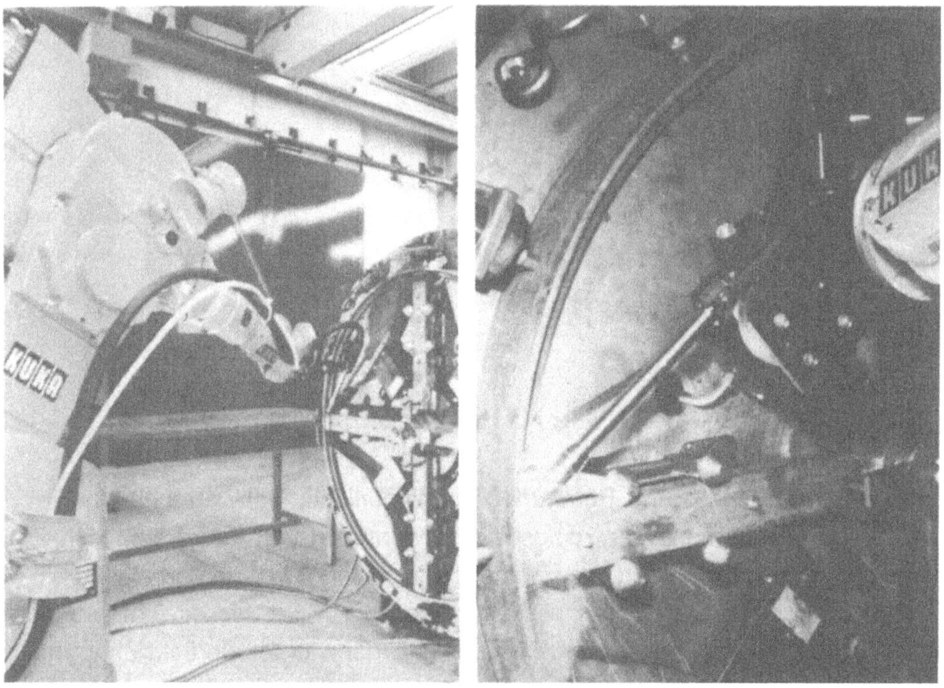

Bild 5: Lichtbogenschweißen von Stahlspeichenrädern mit IR 160/15

Lichtbogenschweißen bei Kabelrollen

In Bild 5 wird das Lichtbogenschweißen von Stahlspeichenrädern für Kabelrollen gezeigt. Die Spannvorrichtung ist auf einem Schwenk-Dreh-Tisch befestigt, so daß der Roboter stets in Vorzugslage schweißen kann. Er schweißt schnell und zuverlässig; Bahnsteuerung und Pendelsensor helfen dabei. Für das Personal unerwünschte Begleiterscheinungen gibt es nicht.

Clinchen

Clinchen ist eine neue Verbindungstechnik, mit der sich unbehandelte oder behandelte Bleche aus gleichen oder unterschiedlichen Werkstoffen und Dicken, auch zusammen mit Isolier- oder Antidröhn-Folien, verbinden lassen. Clinch-„Punkte" verbinden die Bleche ohne jede Vorbereitung oder Wärmebeaufschlagung form- und kraftschlüssig und unlösbar. Der Energieaufwand ist gering. Das Verfahren ist eine interessante Alternativlösung dort, wo Schweißen zum Problem wird. Bild 6 zeigt rechts einen IR 160/15 mit Clinchzange. Mitte: Geclinchtes Karosserieteil. Links: Ausschnitt mit Clinchpunkt.

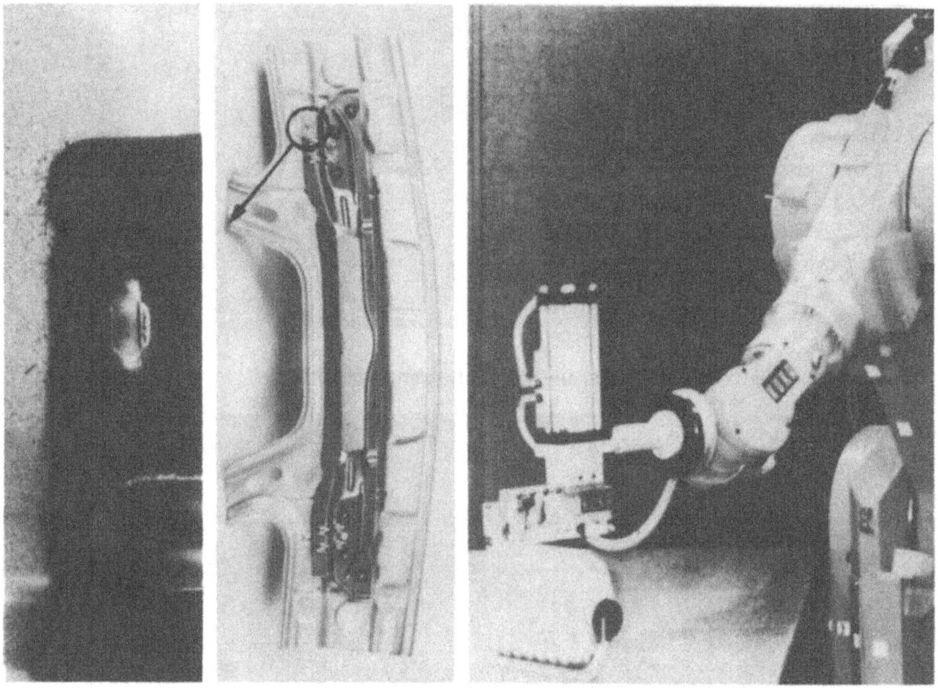

Bild 6: IR 160/15 beim Clinchen, geclinchte Teile

Montieren von Pkw-Rädern

Optimale Montagerationalisierung und Befreiung von körperlicher Schwerarbeit sind in dieser Montagezelle zum automatischen, beidseitigen Montieren von Pkw-Rädern verwirklicht worden (Bild 7, rechts). Während die Fahrzeuge im Hängeförderer vorbeigleiten, müssen die Roboter mit ihren Greif-Schraub-Werkzeugen die Räder fassen, entsprechend dem Nabenlochbild ausrichten (sensorgeführt, Bild links), dann unter Berücksichtigung der Bandgeschwindigkeit an die Naben setzen und festschrauben. Es können wahlweise 4- und 5-Loch-Felgen verwendet und wechselnde Taktzeiten berücksichtigt werden.

Bild 7: Flexibel automatisierte Radmontage am laufenden Conveyor mit IR 662/100

Montieren von Pkw-Türen

„Türenlose" Endmontage ist gegenwärtig letzter Stand der Technik in der Automobilindustrie. Die mit Türen lackierte Karosserie wird ohne Türen vervollständigt. Währenddessen werden die Türen in einer anderen Abteilung komplettiert und dann wieder an die Karossen montiert. Bild 8 zeigt das Ab- bzw. Anmontieren einer Pkw-Tür.

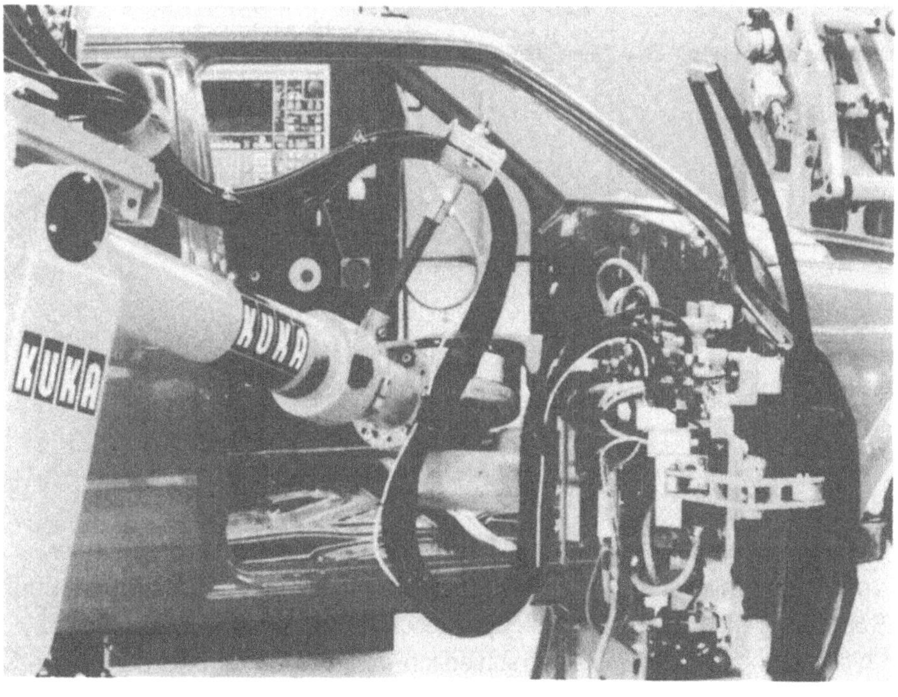

Bild 8: Türenab- und Anmontieren mit IR 662/100 (Türenlose Pkw-Endmontage)

Kleben

Kleben ist ein Verbindungsverfahren, das in zahlreichen Industriezweigen Eingang gefunden hat und weitere Verbreitung erfährt durch die Anwendung von Robotern. Kleben kann einerseits eine gute Werkstoffausnutzung bewirken und andererseits der Korrosion wirksam begegnen. Gleichzeitig trägt der Klebstoff aufgrund seiner guten Dämpfungseigenschaften zur Verbesserung des Dämpfungsverhaltens der gesamten Konstruktion bei. Bild 9 zeigt links das wechselweise Auftragen von zwei Klebstoffarten auf eine Lkw-Tür. Anschließend wird das Türinnenteil eingelegt. Rechts oben: Ausschnitt einer Anlage zum Kleben von Windschutzscheiben. Rechts unten: Auftragsgerät mit Raupendüse.

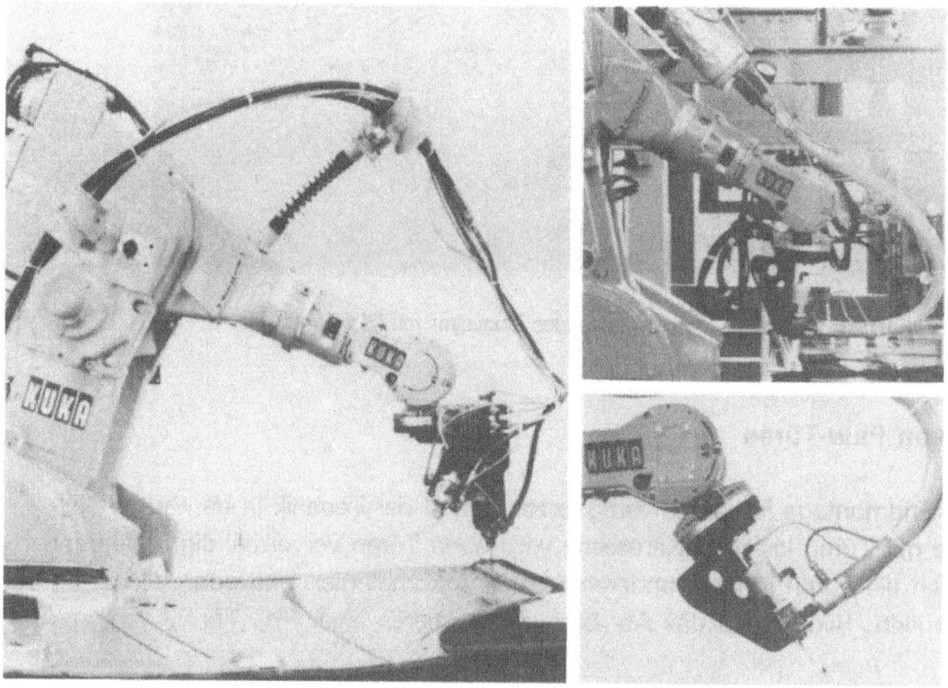

Bild 9: IR 160/15 beim Klebstoffauftragen (Lkw-Türen, Pkw-Windschutzscheiben)

Palettieren

In zunehmendem Maße werden Stapelvorgänge, z. B. das Palettieren von Halb- oder Fertigprodukten, von Robotern erledigt. In Bild 10 werden links schwere Glasröhrenbündel vom Greifer des Roboters gepackt und auf Paletten gesetzt. Ein konventioneller Palettierautomat war hier nicht geeignet. Die unterschiedlich langen Bündel und deren Zerbrechlichkeit zwangen den Hersteller, Roboter einzusetzen. Rechts: Das Stapeln von Karosserieteilen in einem Gestell.

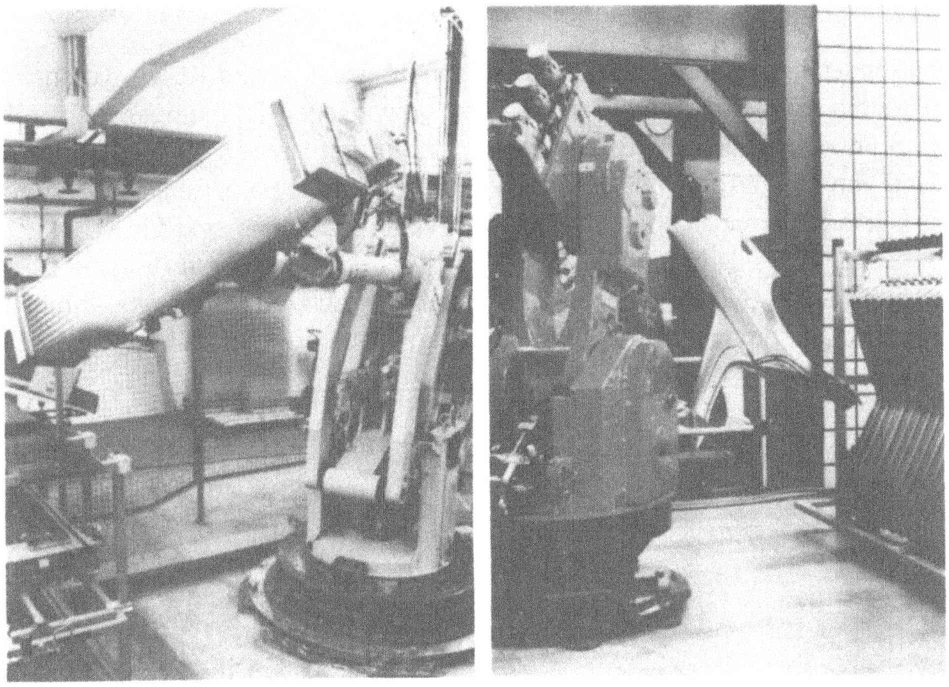

Bild 10: Bahngesteuertes Palettieren mit IR 600 (links) und IR 160/60 (rechts)

Montieren von Zylinderköpfen

Mit robotisierten Montageoperationen eng verbunden ist der schnelle Wechsel mehrerer Werkzeuge am selben Roboter. In Bild 11 trägt der Roboter eine Werkzeugwechseleinrichtung, mit der er zunächst einen Greifer aufnimmt. Mit diesem greift er einen Zylinderkopf, setzt ihn auf den Motorblock (links), wechselt dann den Greifer gegen einen Doppel-Schrauber aus und dreht die Zylinderkopfschrauben fest (rechts).

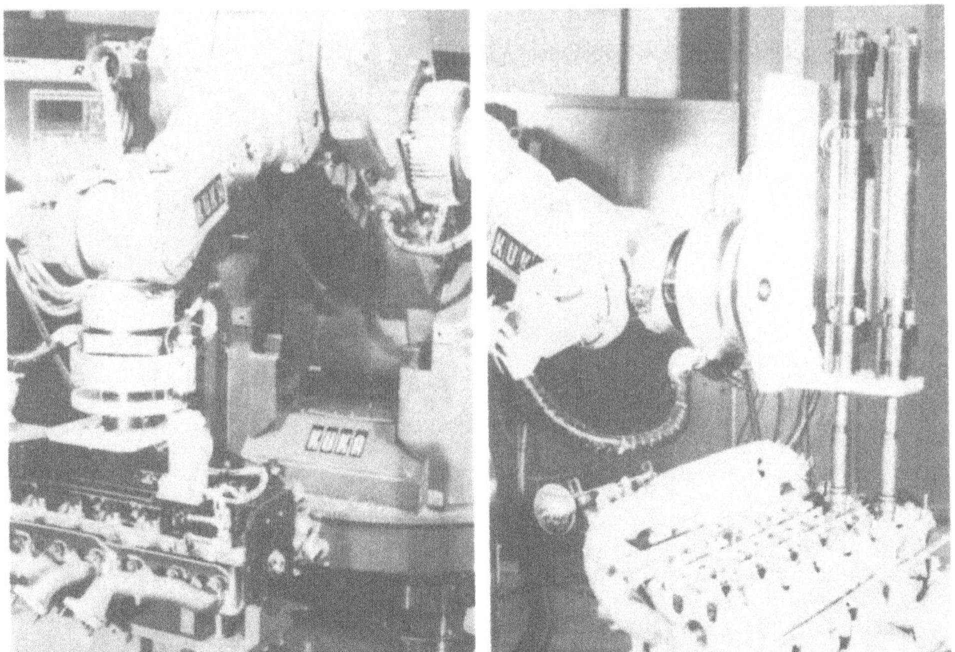

Bild 11: Aufsetzen und Festschrauben von Zylinderköpfen mit IR 160/60

Entwicklungsschwerpunkte

Aufgrund langjähriger Zusammenarbeit mit der Automobilindustrie wird KUKA diesen Bereich auch künftig mit Vorrang betreuen. Die dort gewonnenen Erfahrungen werden in andere Bereiche übertragen. Für die BRD wird gemeinsam mit Hahn & Kolb, Stuttgart, die Erschließung von Marktsegmenten für flexible Fertigungssysteme außerhalb der Automobilindustrie verstärkt vorangetrieben. — Entwicklungsschwerpunkte sind für KUKA z. B. Robotermechanik, Steuerung und Sensorik (Bild 12). Übergeordnete Aufgabe bleibt es jedoch, schlüsselfertige Systemlösungen zu planen, zu bauen, zu installieren — mit breitgefächertem Roboterprogramm und einem einzigen Steuerungstyp für alle Roboter.

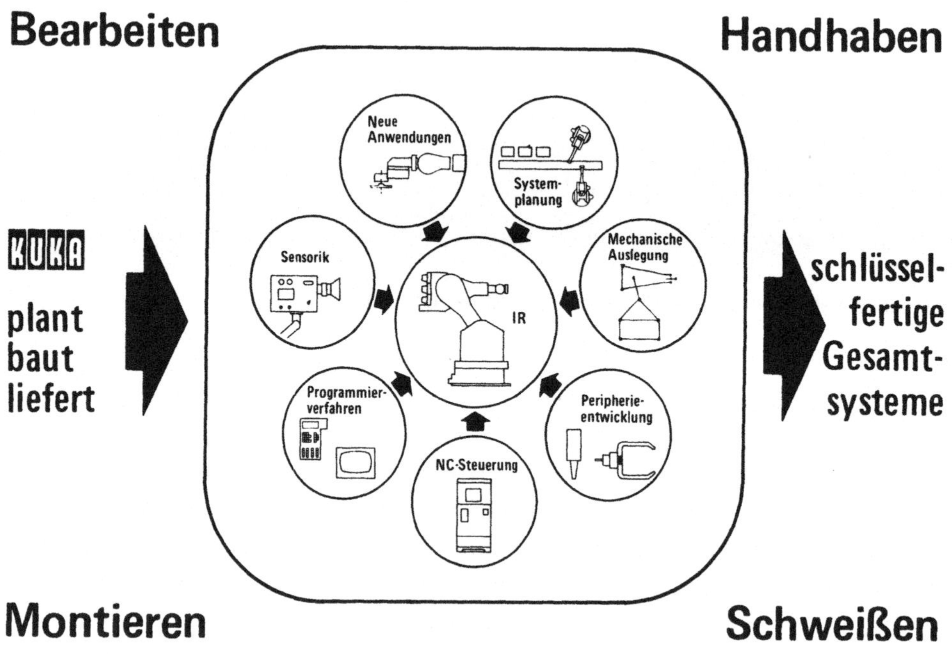

Bild 12: Entwicklungsschwerpunkte der KUKA-Robotertechnologie

Palettieren im 2-Sekunden-Takt

Walter Reis, Reis GmbH & Co Maschinenfabrik, Obernburg

Palettieren im 2-Sekunden-Takt

Dieser Kurzvortrag beschreibt 2 grundsätzlich verschiedene Anwendungsfälle. Im ersten Beispiel wird das zeitkritische Palettieren von schweren Spulen in der Textilindustrie beschrieben. Im zweiten Beispiel die preiswerte Automation einer vorhandenen Drehmaschine mit einem Linear-Robot.

Alle 2,5 Sekunden eine 5 kg schwere Spule

Der Anwender gehört zu den größten Herstellern von textilen Garnen. Am Ende der Produktionslinie fallen im raschen Takt die Spulen zur Palettierung in Kartons an. Die Spulen selbst sind zum Schutz des Materials mit einer lose umstülpten Polyäthylen-Folie verpackt, sie dürfen sich im Karton gegenseitig nicht berühren. Aus diesem Grunde werden in die Kartons Zwischenplatten als Distanzflächen der Stapel und zusätzlich noch gelochte Wellpappelagen eingelegt, um die Spulen gegeneinander zu distanzieren. Insgesamt werden so 5 Spulenschichten, mit jeweils 5 weiteren Zwischenkartonagen für Trennung in der Höhe und für Distanzierung der Spulen untereinander erzeugt. Diese Arbeit erfolgt 2-schichtig. Vor der Automation mit dem Roboter RR 625 waren 4 Arbeiter mit dieser körperlich schweren Arbeit beschäftigt.
Alle 2,5 sec kommen die Spulen aus der Fertigung an die Verpackungsstation. Wenn man die zusätzlichen Handhabungen des Roboters für die Zwischenlagen und für das Wechseln der vollen gegen leere Kartonagen hinzurechnet, dann sind sogar alle 2,0 sec eine Spule mit einem Gewicht von ca. 5 kg zu transportieren. Diese zeitkritische Aufgabe wird noch dadurch erschwert, daß die Spulendurchmesser ständig zwischen 190 und 225 mm wechseln.
Die Anlage wurde schlüsselfertig vom Roboterhersteller geplant und aufgebaut, wobei jedoch der Betreiber das Rollenband und die Verknüpfung in Zusammenarbeit mit uns erledigte.

Bild 1: Ein REIS-ROBOT 625 mit einem Spezialgreifer für gleichzeitig 5 Spulen und mit Sauggreifer für die Zwischenplatten, umgeben von Transportanlagen, Zuführeinrichtungen und der Bereitstellung von Zwischenplatten, in Zusammenarbeit mit REIS-Linear-Robot.

Zum Einsatz kam ein Standard-Roboter RR 625 mit 40 kg Tragkraft, sowie als zweites Gerät für die vorbereitende Behandlung der Zwischenlagen ein REIS-Linear-Robot. Zur Lösung der Aufgabe wurde ein Spezialgreifer für 5 Spulen entwickelt, der zusätzlich noch Tast- und Saugvorrichtung für die verschiedenartigen Zwischenlagen besitzt. Das Gesamtgewicht Greifer und Spulen beträgt zusammen etwa über 40 kg.
In einer speziellen Vorrichtung, die vom Roboterhersteller entwickelt und gebaut wurde, werden die einlaufenden Spulen in greifgerechte Position gebracht. Der Roboter prüft selbständig, ob alle Greifpositionen besetzt sind. Im negativen Falle wird automatisch der Zuführvorgang wiederholt und der Roboter greift erneut, prüft und macht dann seine Arbeit. Die Positionierung muß in einem Toleranzbereich von $\pm$ 3 mm erfolgen.
Für die komplette Beladung einer Kartonage mit den Maßen 1270 x 1020 x 900 mm steht nur eine Zeit von 5 Minuten zur Verfügung. Die Steuerung „ROBOTstar" des Roboters verwaltet auch die Peripherie, zu der in diesem Fall der REIS-Linear-Robot mit 3 hydraulisch bewegten, mikroprozessorgesteuerten Achsen gehört. Dieses Gerät bereitet selbständig die richtige Greifmöglichkeit der Zwischenlagen und der Lochplatten vor. Der Linear-Robot arbeitet ebenfalls von verschiedenen Stapeln über Suchprogramm und ordnet die Teile für genauen Robotergriff.
Die Schwierigkeiten ergaben sich in der Vereinzelung der Spulen. Durch die Umhüllung mit Polyäthylen-Folie war es nicht möglich, eine genaue Zählung und damit eine ordnende Grundlage für die Behandlung der einlaufenden Spulen in die Vereinzelungsvorrichtung zu gewinnen. Diese Vorrichtung mußte deshalb nach dem Probebetrieb verändert werden. Heute ist ein System gefunden, bei dem die Sache reibungslos funktioniert. Die Vereinzelung erfolgt heute über ein vom Roboter gesteuertes, mechanisch wirkendes Sperrensystem.

Über die Wirtschaftlichkeit kann in diesem Fall keine exakte Aussage gemacht werden, weil die Daten nicht zur Verfügung stehen. Die Gesamtanlage arbeitet nur unter Betrachtung aller Komponenten, also auch der vom Kunden beigestellten Rollen- und Abfertigungssysteme für die leeren und vollen Kartons. Auch sind die kundenseitig gemachten Aufwendungen für die Verknüpfung nach Herstellerangaben nicht definiert.
Der Preis für die beiden Roboter, für die Vereinzelung und die Steuerung der Peripherie betrug ca. 250.000,— DM. Die Anlage arbeitet heute vollautomatisch ohne Aufsicht, im 2-Schichtbetrieb und meldet sich selbständig im Falle einer Störung. Die Ausfallrate liegt im Schnitt bei $< 0{,}5\%$.
Wenn man die Personaleinsparung zugrunde legt, dann dürfte eine Amortisation in jedem Falle in einem Zeitraum von 1,5 — 2 Jahren erfolgt sein. Die Gründe für die Anschaffung lagen in der Wirtschaftlichkeit. Denn auch in der Textilindustrie muß, wie überall heutzutage, mit dem letzten Pfennig gerechnet werden. Des weiteren aber auch in humanitären Aspekten. Denn wenn man die Schichtleistung von ca. 8.600 Spulen, bei einem Einzelgewicht von 5 kg, rechnet, dann kommen immerhin ansehnliche 43.000 kg pro Schicht je 2 Mann zusammen, von der stupiden Tätigkeit ganz abgesehen.

Low-cost Automation einer Drehmaschine mit einem Linear-Robot

Eine Firma stellt Teile für Elektromotoren aus Aluminiumguß her. Diese Teile werden auf vorhandenen CNC-Drehmaschinen bearbeitet. Bedingt durch den starken Kostendruck suchte der mittelständische Betrieb EMOD, Bad Salzschlirf, nach einer lohnkostensenkenden Lösung. Es werden mindestens 10 verschiedene Typen von Lagerschildern gefertigt. Vorhanden waren japanische programmierbare CNC-Drehmaschinen für manuelle Bedienung. Diese Maschinen sollten unter allen Umständen weiterverwendet werden. Gleichzeitig sollte ein mannloser Schichtbetrieb ermöglicht werden.
Die realisierte Lösung mit einem REIS-Linear-Robot mit 3 Roboterachsen löste dieses Problem mit einem Systempreis von insgesamt weniger als 100.000,— DM je Maschine. Dazu wurde eine Paletteneinrichtung vom Roboterhersteller konstruiert und geschaffen,

Bild 1: REIS-Linear-Robot über Drehmaschine und Teilespeicher

auf der die Paletten mit 4 x 4 Positionen je mindestens 20 Teile abgelegt werden können. Alle Teile haben ein Mittelloch, das jedoch verschiedene Durchmesser hat. Aus diesem Grunde sind die Paletten mit leicht auswechselbaren Dornen für die entsprechenden Werkstücke versehen. Die Paletten werden auf einem angetriebenen Rollenband automatisch zur Übergabeposition gebracht und dort festgeklemmt. Die Mikroprozessorsteuerung des Roboters kontrolliert auch direktprogrammierbar die komplette Peripherie, also all die Funktionen wie vorher beschrieben.

Bild 3: Über Sensor und Suchprogramm findet der Roboter das nächste Stück oder einen freien Ablageplatz.

Ein Doppelgreifer wechselt das bearbeitete Werkstück gegen ein Rohteil aus.

Die Steuerung führt im Klartext den Programmierer und gibt eventuelle Fehlermeldungen und Hinweise für den Benutzer aus. Zum Programmieren von Wegen und Positionen wird über ein Menue einfach die gewünschte Funktion aufgerufen und dann im ,,Teach-Betrieb" zur Position gefahren. Eine Optimierung des Bremsverhaltens, und damit ein zeitoptimaler Betrieb, erfolgt dann von der Steuerung automatisch. Gleichzeitig können bis zu 99 Programme eingespeichert, über EPROMS abgelegt und untereinander verknüpft werden, was in diesem Beispiel praktisch angewendet wird.
Mittels zweier Sensoren und einem Suchprogramm der Steuerung werden die Teile vom Stapel gearbeitet und auf Stapel abgelegt. Dabei helfen Infrarot-Sensoren mit Lichtleitkabel, die genaue Position zu finden. Die Steuerung ist auch in der Lage, logische Operationen auszuführen und somit in Verbindung mit den eingebauten Sensoren festzustellen, ob auf einem ganz bestimmten Stapel bearbeitete oder unbearbeitete Teile vorhanden sind. Dies ist deshalb besonders wichtig, weil diese Anlage vollautomatisch mannlos arbeitet und die Paletten im Pendelbetrieb der Übergabestation zugeführt werden.

Alle 10 verschiedenen Typen werden mit einer einzigen Greifereinrichtung behandelt. Lediglich ein Umstellen auf eine ganz bestimmte Durchmesserposition ist für verschiedene Grundtypen notwendig. Der Drehgreifer hat 3 verschiedene Positionen: 0° — 90° — und 180°. Dies ist deshalb wichtig, weil ansonsten ein horizontales Drehfutter und die vertikale Lagerung der Teile nicht unter einen Hut zu bringen wären. Um Zeit zu sparen, wird eine Zwischenposition über der Maschine jeweils mit einem fertigen oder rohen Teil belegt, während die Eingabe oder Entnahme aus dem Futter erfolgt. Das Futter und die Positioniervorrichtung werden ebenfalls vom Roboter direkt mitgesteuert. Hier ergab sich eine besondere Schwierigkeit deshalb, weil der Drehmaschinenlieferant nicht mehr in der Lage war, die Veränderungen für die Verknüpfung an dieser Maschine vorzunehmen. Dies wurde deshalb auch von uns miterledigt.
Je nach Type beträgt die Stillstandszeit der Spindel 15 — 18 sec. Schwierig war ein genaues, planparalleles Einlegen ins Futter. Dies wurde durch eine zusätzliche vom Roboter kontrollierte, pneumatische Hilfsspannvorrichtung erreicht.
Die Anlage wurde vom Roboterhersteller komplett konzipiert, wobei in diesem Fall die Drehmaschine „beigestellt" wurde. Für den Probebetrieb wurde eine Drehmaschine zum Roboterhersteller gebracht. Zwischenzeitlich arbeiten mehrere Anlagen beim Kunden. Der Arbeitsvorrat beträgt gegenwärtig je nach Bearbeitungszeit ca. 12 Stunden, verteilt auf 3 Paletten. Eine Erweiterung wäre ohne wesentliche Kosten vorstellbar. Programmierbar wird jedes 10. Teil auf eine Prüfposition gebracht.
Die Wirtschaftlichkeit ist durch den geringen Anschaffungspreis, bei gleichzeitig stark reduzierter Lohnkostenbelastung hoch. Der Gesamtaufwand von weniger als 100.000,— DM, bei gleichzeitiger Lohnkostenentlastung von nahezu 100% im 2-Schichtbetrieb, ergibt Amortisationszeiten von weniger als 1 Jahr. Mehrere Anlagen arbeiten vollautomatisch. Ein Werker versorgt die Maschinen und prüft die Werkstücke. Ein Beispiel für kostengünstige, lohnkostensenkende Automation.

Neuartige Einsatzbeispiele von hochintelligenten Robotern, Visionsystemen und Lasern

Dipl.-Ing. Karl-Friedrich Kämper, Unimation Inc., Niederlassung Heusenstamm

1. Automatisierung von Justiervorgängen

Die rasante technische Verfahrens- und Produktentwicklung, speziell im Bereich der Elektronik- und artverwandten Industrie, verkürzt die Produktstandzeiten von vielen technisch hochentwickelten Produkten auf Werte zwischen ein und zwei Jahre.
Dabei vermehrt sich die Anzahl der Produktvarianten, bzw. die Losgrößen werden kleiner, da die Produkte oft auftragsbezogen im Mischbetrieb gefertigt werden.
Soll unter diesen Gegebenheiten wirtschaftlich und qualitativ hochwertig produziert werden, dann müssen die Fertigungseinrichtungen in hohem Maße anpassungsfähig sein.
Hier ist einer der sinnvollen Einsatzorte solcher Industrieroboter, die mit geeigneten Sensoren ausgerüstet, ihre Umwelt wahrnehmen können. Unter Zuhilfenahme einer höheren Programmiersprache sind sie fähig, ihre Aufgabe in bezug auf Reihenfolge, Bewegungsbahn, Geschwindigkeit etc. (innerhalb definierter Grenzen) veränderten Systemparametern anzupassen.
Ein solches System, bestehend aus Industrieroboter PUMA 560 mit greifergeführter CCD-Miniaturkamera, Optik und Beleuchtungseinrichtung kann von Fa. Unimation Inc. kunde- bzw. produktspezifisch angepaßt projektiert bezogen werden.
Das o. g. System ist für folgende Aufgabenstellungen geeignet:
(Auszug)

1. Erfassung und Ausregelung von Lagetoleranzen in zwei Ebenen z. B. für Objekterkennung, Objektzentrierung unter Einbeziehung eventueller Fertigungs- bzw. Positioniertoleranzen bei erschwerter Zugänglichkeit.
2. Automatisierung von Justier- und Abgleichvorgängen unter Produktionsbedingungen.
3. On-Line-Schweißnahtverfolgung mit laufendem Sensor (CCD-Kamera — Val-II).

2. Laser-Marking

Laser-Marking wird hauptsächlich in der Automobilindustrie, und zwar bei der Produktion von Einspritzdüsen, verwendet. Mit dem 5-achsigen PUMA 550 wurde ein Gerät entwickelt, das diese Probleme optimal löst.
Arbeitsweise: Paletten mit je 50 Düsen laufen über ein Förderband, wo sie automatisch gezählt werden. Der PUMA 550 ist ausgestattet mit einem extra langen Greifer. Der Roboterarm geht in die erste Düse, hebt diese von der Palette und macht eine Drehung von 95 Grad, um die Düse in die Laserstation zu befördern. Der Laser macht eine Markierung in die Düse, die anschließend vom Roboter wieder in die Ausgangsposition zurückgelegt wird. Der Vorgang dauert 15 Sekunden. Nur ein Mann ist für die Überwachung notwendig. Der Vorgang wiederholt sich 50 mal, danach wird die nächste Palette in Position gebracht.
Schlüsselfaktor: Ein Schlüsselfaktor für die hohe Produktivität des neuen Markierungssystems ist die Tatsache, daß alle am Arbeitsprozeß beteiligten Steuersysteme sowohl mit dem Roboterarm als auch mit dem übergeordneten Rechner des Lasers verbunden sind, und daher mit maximaler Geschwindigkeit und größter Effektivität gearbeitet werden kann.

3. VS

Das neu entwickelte VS-Intelligent Robot System wird in der Automobilindustrie für das Einsetzen von Front- und Heckscheiben eingesetzt. Beste Resultate wurden erzielt, wie größte Sicherheit, bessere Paßform und nicht zuletzt Einsparung von Personal.
In Zukunft wird dieses VS-System auch eingesetzt werden bei der Produktion von Waschmaschinen, Küchenherden, Computer-Peripherien, elektronischen Produkten. Der Vorteil liegt darin, daß mit dem VS-System an laufenden Fließbändern gearbeitet werden kann, wie in der Automobilindustrie und bei Serienproduktionen notwendig, mit besserer Qualität und höherer Geschwindigkeit als von Menschenhand möglich.
Arbeitsweise: Die Glasauswahl geschieht durch den Operator. Von diesem Punkt an bis zur endgültigen Fertigstellung des Autos ist der Weg vollautomatisch.
Die Klebe- bzw. Gummidichtungen werden durch den Roboter aufgesprüht. Die richtige Stelle wird durch Sensoren gefunden. Dann erfolgt der Transport zur Roboterstation. Dafür hält das Fließband für einige Sekunden. Der Roboter — je ein Roboter für Front- und Heckscheibe — nimmt das Glas mittels Gummisauger auf und positioniert es ca. 30 mm entfernt vom Montageobjekt. Vier am Greifer befindliche TV Kameras finden die exakte Position für die Montage. Dann setzt der Roboter mit Druckluft das Glas ein. Beide Roboter für Front- und Heckscheibe arbeiten zur gleichen Zeit. Der Vorgang ist in wenigen Minuten beendet.

VS

UNIMATE
PUMA 700

Cummins Engines

AUSTIN ROVER

Automatic Glazing System

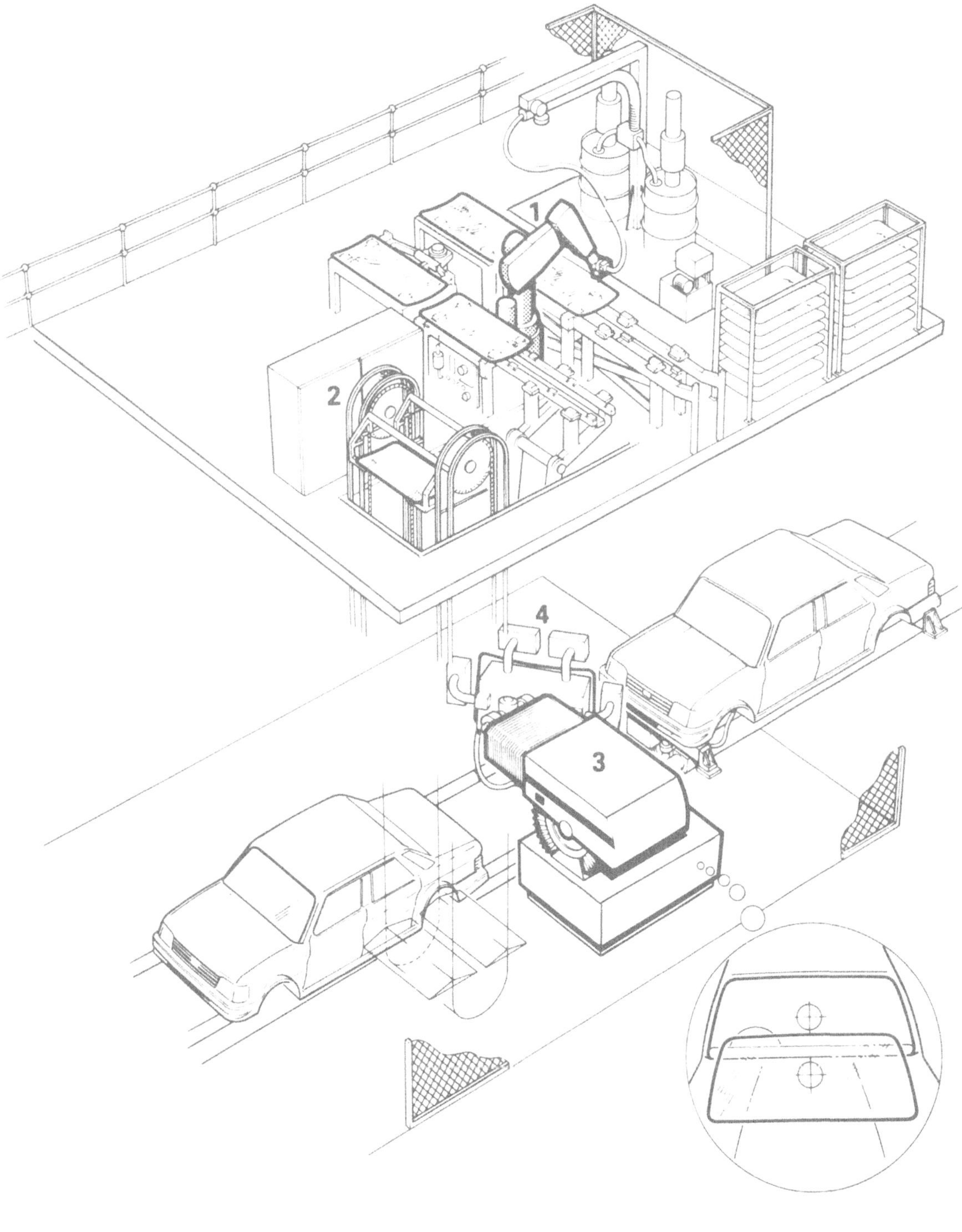

This diagram represents the front screen preparation and fitment sequence in the new automatic glazing system on the Montego assembly line at Austin Rover's Cowley manufacturing complex. The rear screen sequence is identical.
1 robot application of primer and adhesive, 2 rotating rack delivers screens to track level, 3 robot fitment of screen, 4 camera control of screen fitment

Automatisches Kommissionieren

Dipl.-Ing. Werner Pivit, Jungheinrich Unternehmensverwaltung KG, Hamburg

1. Entwicklungsstand

Nach großen Rationalisierungsbemühungen im Bereich der Produktion während der letzten Jahrzehnte hat die Materialflußtechnik in letzter Zeit zunehmend an Bedeutung gewonnen. Die steigenden Stückkostenanteile für Transport, Lagerung und Handhabung beschleunigten diesen Trend. Damit ist auch die Technik des Kommissionierens verstärkt ins Blickfeld gerückt. Zeitstudien, Arbeitsplatzgestaltung, kombiniert mit administrativen Maßnahmen, haben hier bereits ein beachtliches Rationalisierungspotential erschlossen. Speziell für das Kommissionieren entwickelte Techniken und Fahrzeuge sind ein weiterer Aspekt. Die aktuellen Schlagworte heißen jedoch ,,direkte Kommunikation zwischen Kommissionierung und Lagerverwaltung'' (informative Automation) sowie ,,automatische Kommissionierung'' (Vollautomation).
Wesentlicher Baustein der automatischen Kommissionierung ist der ,,Kommissionierroboter'' für die Ausführung des Kommissionier-Handlings. Die weiteren Betrachtungen beziehen sich daher vorwiegend hierauf.
Infolge der rasanten Entwicklungsschritte auf dem Gebiet der Mikroelektronik bieten die Steuerungen der Handhabungsgeräte heutiger Generation — eben der Industrieroboter — die Möglichkeit zur Entnahme und **geordneten** Abgabe **verschiedener** Artikel unterschiedlicher Geometrie. Das bedeutet: Die automatische Packmusterbildung ist auch bei verschiedenen Artikeln unterschiedlicher Formen in den Bereich des wirtschaftlich Machbaren gerückt.
Mit dem Einsatz des Kommissionierroboters unter möglichst den gleichen räumlichen Bedingungen, wie sie beim konventionellen Kommissionieren herrschen, werden mehrere Ziele verfolgt (Bild 1):

- hohe **Verfügbarkeit** durch zuverlässige Technik,
- **flexible Kapazität** durch Ausweitung des Mehrschichtbetriebs,
- **Herabsetzen der Fehlerquote** durch permanente und automatische Kontrollsysteme,
- **beschleunigter Materialfluß** durch direkte Verknüpfung von Informationssystemen,
- **Kostensenkung** durch kurze Amortisationszeiten.
- Erwähnenswert ist auch das **Handling** von schweren Gütern, die bei manueller Entnahme die zeitaufwendige Benutzung von Hilfsmitteln erfordert.

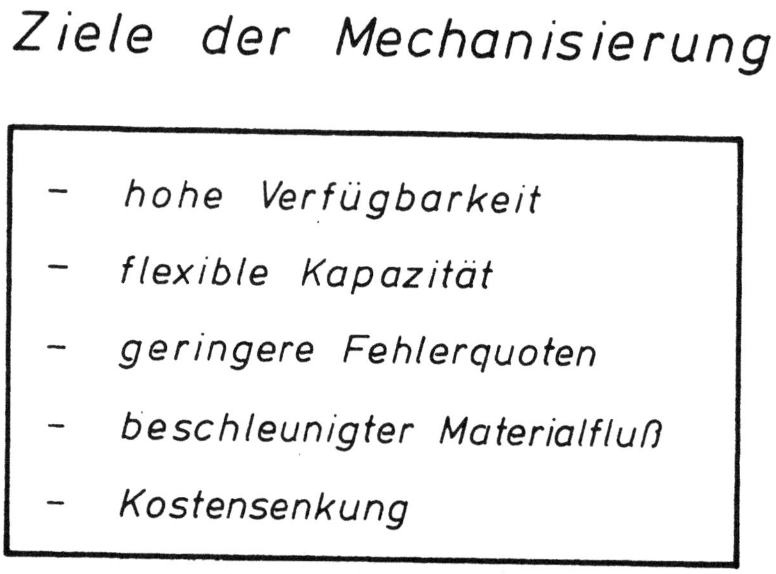

Bild 1: Ziele der Mechanisierung

2. Problemstellung

Die wesentlichen Problemstellungen der automatischen Kommissionierung mit Robotern sind in Bild 2 dargestellt und im folgenden kurz erläutert:
Die Packdichte auf der Palette läßt ein Greifen über die Seitenflächen eines Kartons oft nicht zu. In solchen Fällen kann der Artikel also nur über die Deckelfläche, z. B. mit Hilfe von Vakuum, gefaßt werden.

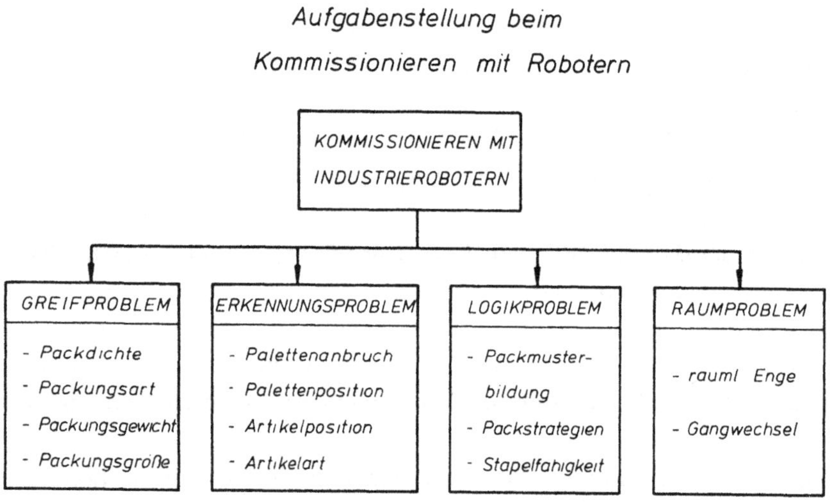

Bild 2: Aufgaben beim Kommissionieren mit Robotern

Die unterschiedlichen Packungsarten, also Sack, Karton, Tray, erfordern jeweils spezielle Greiferkonstruktionen. Es gibt nicht **den** Universalgreifer. Andererseits bleibt es natürlich nicht ausgeschlossen, unter **günstigen Umständen und mit dem entsprechenden Know-how beispielsweise Kartons** und Säcke mit einem Werkzeug zu fassen.
Unter bestimmten Voraussetzungen ist auch der automatische Greiferwechsel oder die automatische partielle Aktivierung von Greifern denkbar.

Die zweite Aufgabe, die beim Kommissionieren mit Robotern zu lösen ist, kann als Erkennungsproblem bezeichnet werden. So müssen die Palettenposition, die Artikelposition (über das Packmuster) und der Fortschritt des Palettenanbruchs bekannt sein. Dies kann einmal über logische Abbilder in Rechnersystemen erfolgen, zum anderen können aber auch Sensoren diese Aufgabe übernehmen, was sich besonders empfiehlt, wenn die Positionen der zu handelnden Artikel (Pakete), z. B. aufgrund von Transportverschiebungen, undefiniert sind.
Das Logikproblem bestimmt die Anforderungen an Hard- und Software. Mit Logikproblem soll die Packmusterbildung — abhängig von den verschiedenen Verpackungsformen und -größen, Anzahl der Artikel etc. bei der gleichzeitigen Berücksichtigung von vorgegebenen Packstrategien oder beispielsweise der Stapelfähigkeit der Produkte beschrieben werden.
Das Raumproblem wird am deutlichsten dadurch gekennzeichnet, daß eine automatische Kommissionierung in aller Regel nicht mehr Fläche oder Volumen beanspruchen sollte als leistungsgleiche, manuelle Lösungen.

3. Strategie für das automatische Kommissionieren

Kommissionieraufgaben sind sowohl in der Distribution als auch in der Produktion zu finden. Obgleich Jungheinrich Anlagen- und Roboter-Technik die erste automatische Kommissionieranlage für den Anwendungsbereich der Elektronik-Produktion installiert hat, soll hier besonders auf den Anwendungsbereich der Distribution eingegangen werden.
Rationelle Kommissionierung setzt oft eine Unterteilung in Schnell- und Langsamlaufzonen voraus. Der Schnelläuferbereich ist mit seinen großen Stückzahlen und seiner relativ geringen Artikelvielfalt für das automatische Kommissionieren wirtschaftlich besonders interessant. Der große Umschlag führt zu schneller Amortisation, insbesondere bei mehrschichtigem Betrieb. Der Langsamläuferbereich dürfte zumindest vorläufig der manuellen Kommissionierung vorbehalten bleiben.
Eine solche Kommissionieranlage gliedert sich in zwei wesentliche Teile (Bild 3):

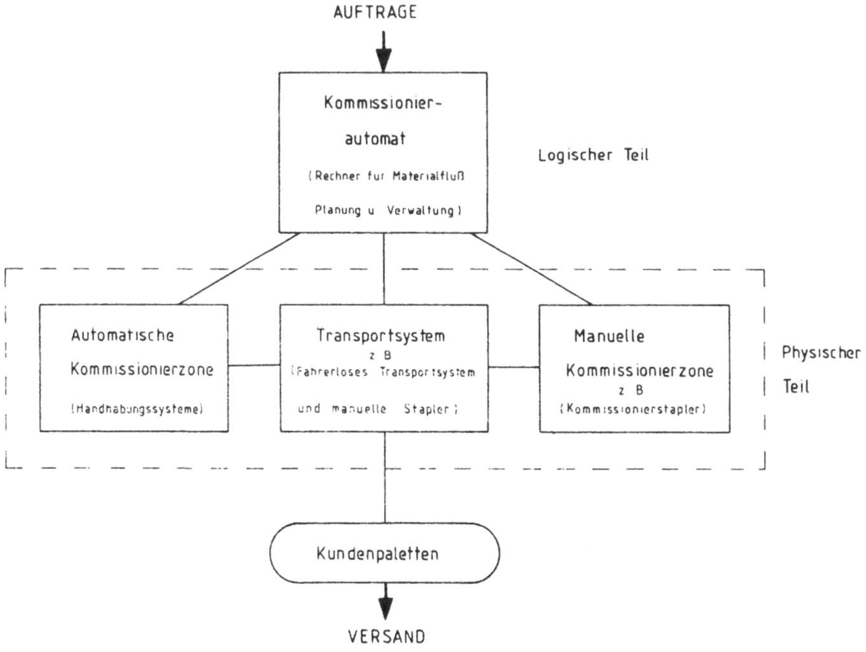

Bild 3: Logischer und physischer Teil einer Kommissionieranlage

— den logischen Teil (Datenverarbeitung)
— und den physischen Teil mit automatischer und gegebenenfalls zusätzlicher manueller Kommissionierzone, verbunden durch ein Transportsystem.

Im Regelfall wird dabei der manuelle Kommissionierbereich bezüglich der informativen Systemeinbeziehung „automatisiert" sein.

4. Geräteauswahl

Bei der Auswahl eines geeigneten Industrieroboters gibt es grundsätzlich zwei Alternativen:

— Roboter auf Linearverfahreinheit/Regalförderzeug zum Kommissionieren am/im Regallager,
— Roboter plus Portal zum Kommissionieren vor oder unabhängig vom Regallager.

Die Konzentration auf den Schnelläuferbereich, also den Bereich geringerer Vielfalt, aber großer Mengen, erfordert aus wirtschaftlichen Gründen das „Kommissionieren vor dem Lager". Die angesprochenen Raumprobleme entfallen damit. Im Gegenteil: Neben dem großen Arbeitsbereich bei geringem Flächenbedarf eines Portalroboters ist der „Griff von oben" unproblematisch und raumsparend. Bei einem Roboter mit kartesischen Koordinaten kommen als weitere Vorteile hinzu:

— einfache Steuerung,
— hohe Geschwindigkeit,
— großes Tragvermögen (hohe Lasten),
— günstiges Preis-Leisungs-Verhältnis.

Darauf aufbauend sind bei Jungheinrich Anlagen- und Roboter-Technik konzeptionelle Lösungen entwickelt worden, wovon nachfolgend einige hier vorgestellt werden sollen. Das Bild 4 zeigt ein Kragarmportal zum Kommissionieren, im Vordergrund die Bereitstellplätze für die Artikelpaletten. Der Zu- und Abtransport der Artikelpaletten kann dabei durch jedes beliebige Transportsystem erfolgen, soweit es eine einwandfreie informatorische „Palettenverfolgung" zuläßt, wie z. B. manuell bediente Gabelstapler mit WEGAT-TELECOM-SYSTEM. Der Verschiebewagen mit zwei Palettenplätzen ver- und entsorgt die

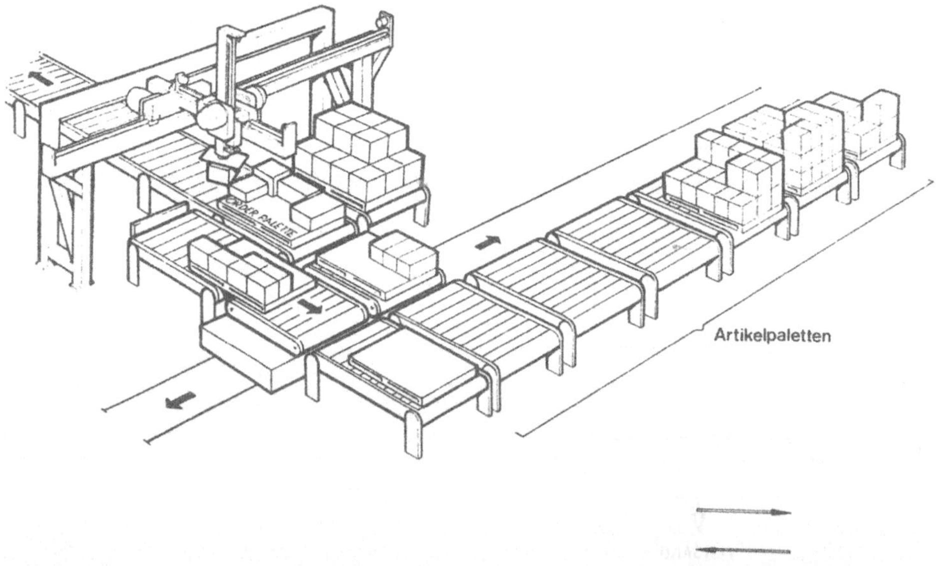

Bild 4: Kragarmportal

Artikelplätze im Arbeitsbereich des Portals. Während eine Artikelpalette ausgetauscht wird, kann von der zweiten kommissioniert werden.
Eine andere Lösung ist das Vollportal im nächsten Bild. Hier ist der Verschiebewagen als weitere Roboterachse ausgelegt und dient als Aufnahme der Orderpalette, mit seinem zweiten Platz zur Entsorgung leerer Artikelpaletten. Bei begrenzter Anzahl können hier alle Artikel in direktem Zugriff stehen.

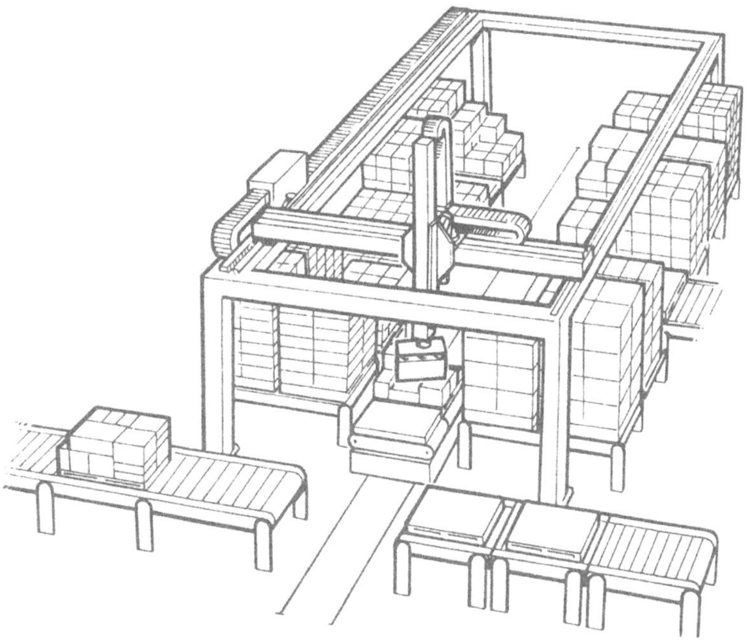

Bild 5: Vollportal mit Verschiebewagen

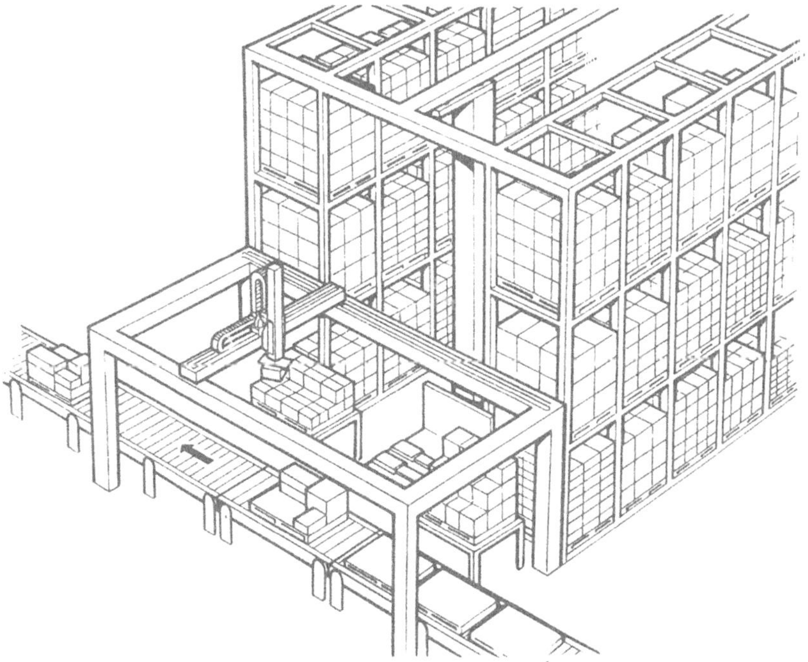

Bild 6: Vollportal und RFZ

Bei größerer Artikelvielfalt ist die Lösung in Bild 6 vorteilhaft. Zwei Bereitstellplätze werden von einem RFZ bedient, das Zugriff zu einer großen Artikelzahl hat. Orderpaletten incl. Leerpaletten werden von einem zugeordneten „externen" Transportsystem übernommen, das hier als Stetigförderer dargestellt ist.

5. Zusammenfassung

Zusammengefaßt läßt sich sagen, daß neben den vielversprechenden Vorteilen einer automatischen Kommissionierung im wesentlichen vier Problemkreise zu beobachten sind:
- das Greifproblem,
- das Erkennungsproblem,
- das Logikproblem und
- das Raumproblem.

Insbesondere mit der Teilung der Kommissionierung in Schnell- und in Langsamläuferbereiche bietet sich bereits heute schon in vielen Fällen ein wirtschaftlich interessanter Anwendungsbereich für das automatische Kommissionieren.
Durch Fortentwicklung der Techniken der automatischen Kommissionierung (Roboter-, Software- und Peripherietechniken), insbesondere durch neue mathematische Methoden der Packmusterbildung und deren Umsetzung in wirtschaftlich/technisch sinnvolle Lösungen, wird sich die automatische Kommissionierung auf der Basis von Robotern schnell durchsetzen.
Jungheinrich ist in weiten Bereichen der Kommissioniertechnik seit vielen Jahren aktiv tätig und hat viele vorbildliche Lösungen in die Praxis eingeführt.
Der Geschäftsbereich Jungheinrich Anlagen- und Roboter-Technik hat diese Produktsparte des Hauses Jungheinrich gut entwickelt und ist mit den bereits installierten als auch mit den auf der Messe ausgestellten automatischen Kommissioniertechniken ein führender Anbieter auf dem sich noch entwickelnden Markt.

Automatisierung der Kabelbaumfertigung mit Industrierobotern

Dipl.-Ing. (FH) Peter Hölzl,
MANTEC Gesellschaft für Automatisierungs- und Handhabungssysteme mbH, Fürth

Auch wenn Kabelbäume aus der Sicht des Benutzers von elektrischen oder elektronischen Systemen als passive Verbindungselemente, die noch dazu häufig im Verborgenen verlegt sind, ein Schattendasein im wahrsten Sinne des Wortes führen, sind sie quasi das elektrische Rückgrat in vielen Maschinen und Apparaten unserer technischen Umwelt. Ob in Flugzeugen oder Kraftfahrzeugen, in Computern, Hausgeräten oder Telefonvermittlungssystemen: Überall werden Kabelbäume zur Verschaltung von dezentral angeordneten aktiven Funktionseinheiten eingesetzt. Trotz moderner Verdrahtungstechniken oder serieller Übertragungsverfahren, die statt einer Vielzahl von Einzeladern ein breitbandiges Übertragungssystem mit Koaxialkabeln oder Lichtwellenleitern benutzen, wird der Kabelbaum noch auf lange Zeit ein unverzichtbares Konstruktionselement in elektrischen und elektronischen Systemen bleiben.
Die Abmessungen dieser Kabelbäume reichen von einigen Dezimetern, z. B. zur Verbindung zwischen den einzelnen Baugruppenträgern einer Telefonnebenstellenanlage, bis zu mehreren Metern, z. B. im Fahrzeug- oder Flugzeugbau. Sie enthalten oft nur wenige, manchmal aber auch mehr als 100 Einzeladern. Allen gemeinsam ist, daß sie auch heute noch größtenteils von Hand hergestellt werden. Der Fertigungsprozeß beginnt mit dem Einlegen der Drähte in Nagelbretter, auf denen die Drahtwege für die einzelnen Adernfarben oder -typen eingezeichnet sind. Dann folgt das Abbinden und Aufschneiden der Drähte, das Abisolieren und Anschlagen der Kontakte sowie die Montage der Stecker. Schließlich wird in einem Prüfvorgang festgestellt, ob sich beim Hantieren mit dem unübersichtlichen Drahtgewirr Fehler eingeschlichen haben.
Einer Automatisierung dieser Abläufe stehen die hohen Kosten der für die Kabelbaumherstellung angebotenen speziellen Automaten im Wege. Sie rentieren sich nur bei der Serienproduktion großer Stückzahlen. Durch die häufig unsichere Lebenserwartung der Kabelbäume ist deshalb die Wirtschaftlichkeit nur selten gegeben. Durch den Einsatz von Industrierobotern läßt sich aber, wie am folgenden Beispiel gezeigt wird, der erste Schritt des Herstellungsprozesses, nämlich das Einlegen der Drähte in das Nagelbrett, mit einer überschaubaren Investition automatisieren.

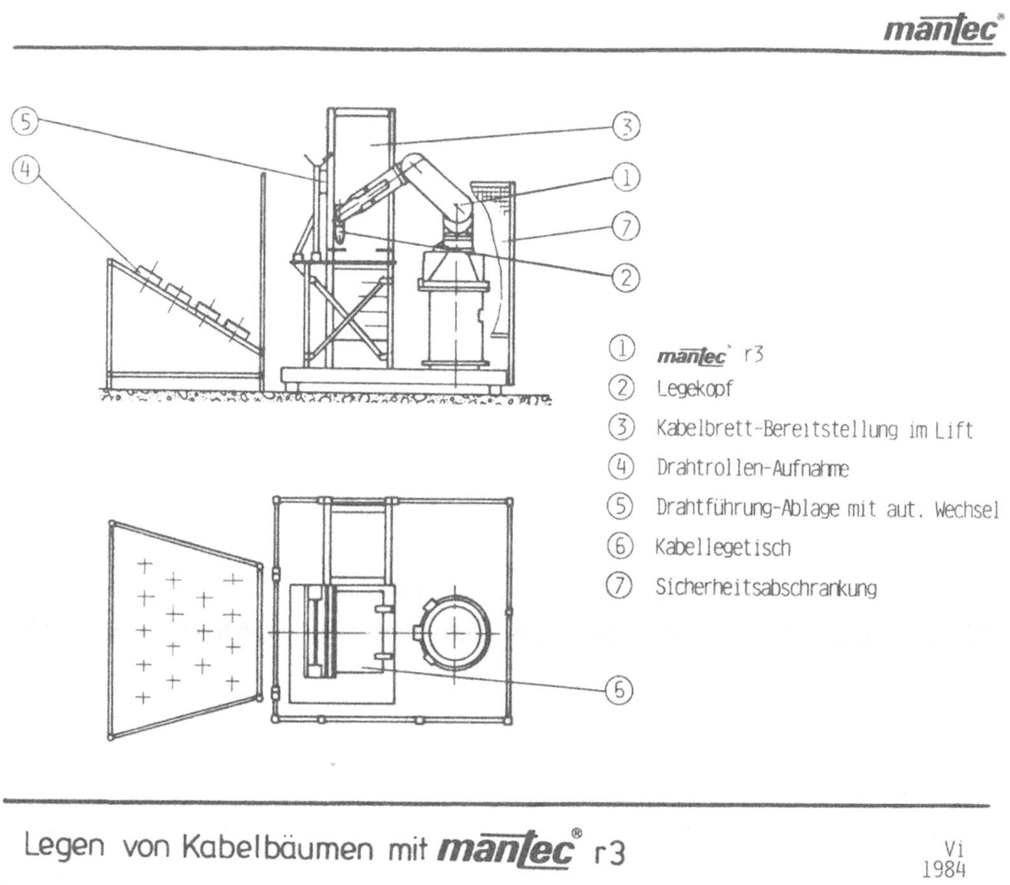

Bild 1: Layout der Anlage

Das Kernstück einer solchen Anlage, deren Layout Bild 1 zeigt, ist ein mit Bahnsteuerung ausgerüsteter 6-achsiger Universalroboter in Drehgelenk-Bauweise mit 15 kg Nennlast. Er ist mit einem speziell entwickelten Legewerkzeug ausgerüstet, das wiederum die eigentlichen Legeköpfe aufnimmt, in denen die verschiedenen Drahtfarben und Sorten reproduzierbar angeboten werden.
Während die Legeköpfe (Bild 2) lediglich die Aufgabe haben, die Drahtenden zu fixieren, um sie für den Roboter greifbar zu machen, hat das Legewerkzeug mit dem Legerohr (Bild 3) mehrere Funktionen: Es sorgt für den Vorschub des Drahtes in das Legerohr, die Überwachung des ordnungsgemäßen Drahttransportes sowie für das Trennen des Drahtes am Ende des Leitungszuges. Die Legeköpfe, jeweils einer pro Drahtfarbe und -sorte, sind im Arbeitsbereich des Roboters an einer Halteleiste untergebracht (Bild 2), wo sie vom Legewerkzeug übernommen und während des Legevorganges elektromagnetisch gehalten werden. Die Drahtrollen selbst, im vorliegenden Beispiel 16, sind außerhalb des Sicherheitsbereiches auf einem Gestell untergebracht, um sie auch während des laufenden Betriebes leicht auswechseln zu können.
Da in unserem Beispiel aufgrund der relativ geringen Komplexität der Kabelbäume die Legezeit pro Nagelbrett nur ca. 8 — 9 Minuten beträgt, war zur Realisierung eines aufsichtsarmen Betriebes die Bevorratung mehrerer Nagelbretter im Arbeitsbereich des Roboters erforderlich. Es wurden deshalb 11 Nagelbretter, die für einen ca. 1 1/2 Stunden unbeaufsichtigten Betrieb ausreichen, in einem Lift angeordnet, dessen Gestell und Kabine auf Bild 7 rechts zu sehen sind. Die ganze Anlage, mit Ausnahme des Drahtrollengestells, ist gegen unbefugtes Betreten durch einen Schutzzaun mit elektrisch verriegelten Türen gesichert.

Bild 2: Legeköpfe und Halteleisten

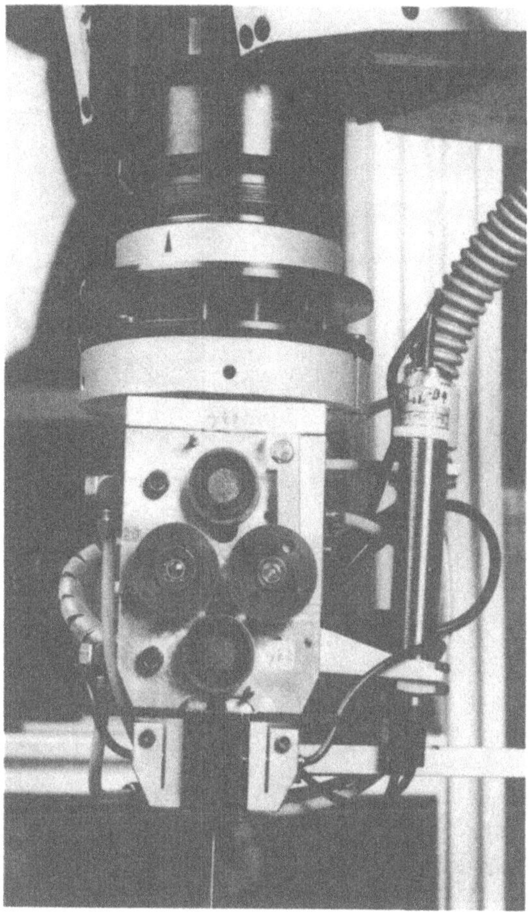

Bild 3: Legewerkzeuge (ohne Legekopf) mit Haltermagneten

Während des Programmablaufs entnimmt nun der Roboter mit einem am Legewerkzeug angebrachten Dorn (Bild 4) ein Nagelbrett aus dem Speicher und zieht es in die Arbeitsposition, wo es mit Pneumatikzylindern indexiert wird. Nach dem Aufnehmen des ersten Legekopfes (Bild 5) beginnt das eigentliche Legeprogramm. Dabei wird zunächt das Drahtende durch die Vorschubeinrichtung vom Legewerkzeug in das Legerohr und in eine zu diesem Zweck im Nagelbrett angebrachte Bohrung geschoben.

Nachdem der Draht auf diese Weise leicht fixiert ist, werden 2 Windungen um einen Nagel geschlungen, was das Lösen des Drahtes durch die beim Legevorgang auftretenden Zugkräfte verhindert. Darauf folgt das Einlegen des Drahtes durch Abfahren der programmierten Legegassen (Bild 6). Der Draht wird dabei über Kopf von der Rolle abgezogen. Wenn eine Drahtfarbe fertiggelegt ist, wird der Draht durch das im Legewerkzeug eingebaute Trennmesser abgeschnitten, das Drahtende um den Nagel gewickelt und der Legekopf an der Halteleiste abgelegt.

Dieser Vorgang wird mit den nächsten Drahtfarben so lange wiederholt, bis der Kabelbaum fertig gelegt ist.

Für den reinen Legevorgang beträgt die Zeitersparnis gegenüber dem manuellen Arbeitsgang ca. 15 bis 20%. Da wegen des Be- und Entladens des Liftmagazins weitere Nebenzeiten auftreten, bringt der Einsatz des Industrieroboters eine Zeitersparnis von ca. 8%. Allerdings kann der beim manuellen Legen unbedingt erforderliche zeitaufwendige Prüf- und Reparaturvorgang entfallen, da Legefehler praktisch ausgeschlossen sind. Diese Ersparnis trägt erheblich zur Wirtschaftlichkeit der Anlage bei.

Bild 4: Transport des Nagelbretts durch das Legewerkzeug

Bild 5: Entnehmen des Legekopfes

Das beschriebene Konzept eignet sich nicht nur für die gezeigten relativ kleinen Kabelbäume. Der Arbeitsbereich des Roboters, der erforderlichenfalls durch Anordnung an einem Portal und Verfahreinheit bedeutend erweitert werden kann, läßt auch die Bearbeitung von erheblich größeren Legebrettern zu, wie sie z. B. für Kfz- oder Flugzeugkabelbäume erforderlich sind. Auch ist es möglich, dem Roboter die Vorbereitung der Nagelbretter, d. h. das Einsetzen der Nägel, in eine Rasterplatte zu übertragen. Dies wird insbesondere da der Fall sein, wo wegen der direkten Ankopplung des Legeroboters an ein CAD/CIM-System oder an einen Fertigungsleitrechner eine rechtzeitige Bereitstellung der benötigten Nagelbretter aus dem Vorrichtungslager nicht mehr möglich ist.
Eine Automatisierung der sich an das Legen anschließenden Fertigungsschritte scheitert derzeit noch am Fehlen geeigneter Werkzeuge und Verbrauchsmaterialien. So sind die heute erhältlichen Abbindezangen zu klobig und deshalb bei engen Baumstrukturen nicht zu verwenden. Auch das für diese Zangen erforderliche Abbindematerial ist zu teuer. Ähnlich ist die Situation bei der Kontaktierung und den Steckern. Hier fehlen robotergeeignete Systeme und Verarbeitungswerkzeuge.
Weiterentwicklungen in diesem Bereich werden dem Industrieroboter neue Einsatzmöglichkeiten in der Kabelbaumfertigung eröffnen.

Bild 6: Das Einlegen eines Drahtes

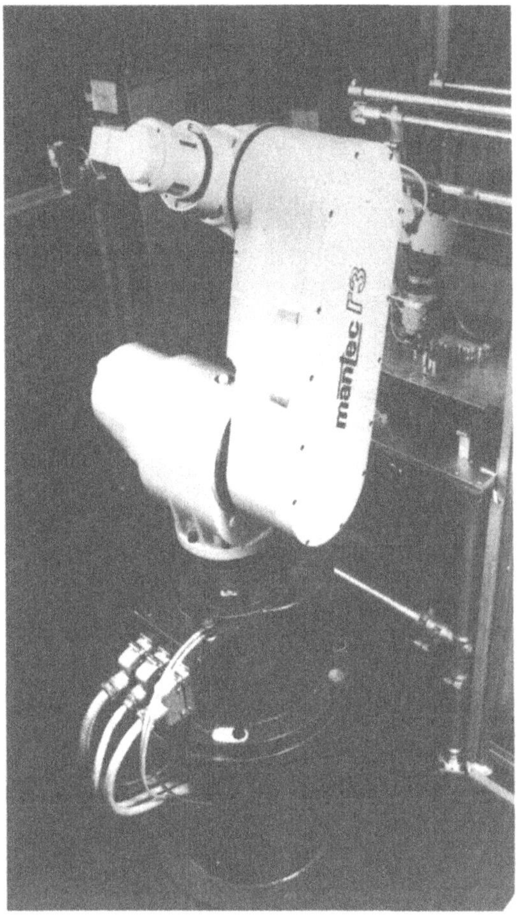

Bild 7: Gesamtansicht der Anlage

Präsentation teilmechanisierter Kühlermontage

K. H. Keller, Volkswagenwerk AG, Wolfsburg

In der Automobilmontage lassen sich mit heute bekannten Mitteln ca. 35% des Fertigungsumfanges wirtschaftlich sinnvoll mechanisch durchführen. Das Volkswagenwerk hat als erste Automobilfabrik der Welt bis heute 25% der Montagevorgänge automatisiert (Golf-Montage). Ein Teilabschnitt daraus (Kühlermontage) wird nachstehend beschrieben.

Kurzbeschreibung

1. Aufgabenstellung

Der technische Aufbau eines Kühlers erfordert, daß zunächst der Lüfter mit der Hutze verschraubt wird, dann ist der Unterzusammenbau Hutze — Lüfter auf den Kühler zu setzen und mit 4 Schrauben zu verbinden. Soweit eine wenig faszinierende Aufgabe. Interessant wird der Fall durch folgende Zusatzforderungen:

a) Es galt, die gesamte vorhandene und zukünftige Kühler-Palette für das Fahrzeugmodell Golf abzudecken. Daraus folgte:
b) Die Anlage mußte flexibel sein (zum Zeitpunkt der Planung gab es 20 verschiedene Kühler. Heutiger Stand sind 30 Typen) (siehe Bild 1).

Dies führte dazu, Industrieroboter einzusetzen.
Aus der zur Verfügung stehenden Roboter-Palette wurden die besonders für Montagevorgänge in vertikaler Ebene konzipierten Modelle „S 1" und „S 2" ausgewählt.
Wesentliche Merkmale dieser Typen sind im Vergleich zu VW-Gelenkarmgeräten (G 15 oder G 60)

— höhere Verfahrgeschwindigkeiten,
— einfache Programmierung infolge linearer Verfahrwege.

Die Verbindung zu den Arbeitsstationen erfolgt durch ein flexibles Transportbandsystem, auf dem Werkstückträger und Material zu den einzelnen Arbeitsplätzen gebracht werden. Flexibel, weil die Werkstückträger nicht mit einer Kette starr verbunden sind.
Neben den vollmechanischen Arbeitsplätzen gibt es weiterhin eine Reihe von Handarbeitsplätzen.

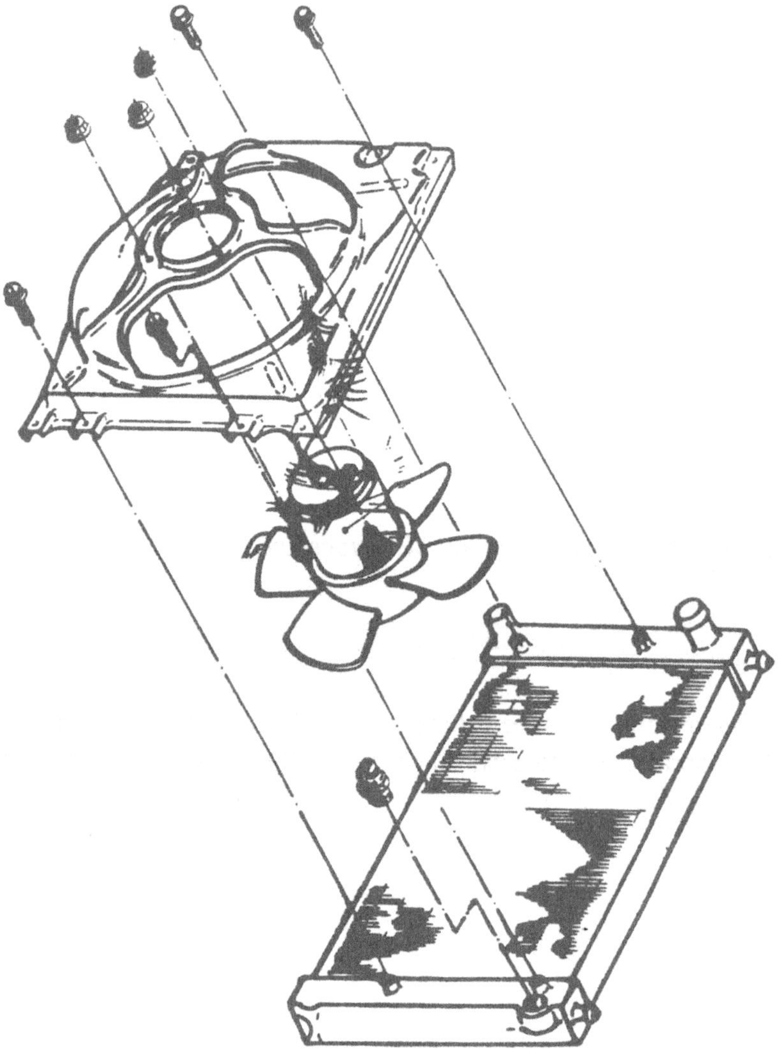

Bild 1: Mechanisierter Montageanteil

Gründe dafür sind:

- erforderliche Flexibilität bei Kleinserien, für die es keine Greifer oder Vorrichtungen gibt,
- fliegender Wechsel, z. B. bei Umbauten oder Reparaturen.

Die Anlage und ihre Stationen bestehen im wesentlichen aus folgenden Segmenten:

- Transportband,
- Werkstückträger,
- Industrieroboter,
- Kodiersystem,
- Schraubenzuführsystem.

Ein Kodiersystem ist erforderlich, um alle z. Z. vorhandenen 30 Kühlervarianten definieren zu können und um diese den nachgeschalteten Montagelinien zuordnen zu können. Dies erfolgt über Kodesetzer (Kodierblöcke der Firma Bosch). Das Kodiersystem ist elektromechanisch. Die Festlegung der Kodiertabelle erfolgt nach dem Dualsystem.
Die Schrauben werden nach ihrer Vereinzelung (Ordnungsautomat) über eine Zublasleitung einer Ladebuchse zugeführt. Von dort holt sie sich der „Schraubroboter" (lagepositioniert) nach einem Greifsuchlauf ab.

2. Einzelbeschreibung der Stationen (siehe Bild 2)

Handarbeitsplatz 1: Auflegen des Lüfters und der Hutze auf den Werkstücktransporter (WT).

Handarbeitsplatz 4: Auflegen des Kühlers auf den WT.

Die Plätze 1 und 4 erhalten die Information über das aufzulegende Material vom Rechner ausgedruckt (Großrechner für Gesamt-Materialfluß der Montagehalle).

Nach dem Auflegen des Materials ist die entsprechende Typentaste (die Kodierung WT läuft automatisch ab) und ein Freigabetaster zu drücken. Über elektrische Abfragelemente erfolgt die Kontrolle der Sorteneinwahl.

Zwischen Station 1 und 4 korrespondiert ein Fallregister, welches erlaubt, zusammengehörende Kühlerbausteine zu ungleichen Zeiten einzulegen und trotzdem die Sequenz einzuhalten. Dies ist erforderlich, da die Wege von den Plätzen 1 und 4 zur gemeinsamen Station 3.1 — 3.2 ungleich lang sind.

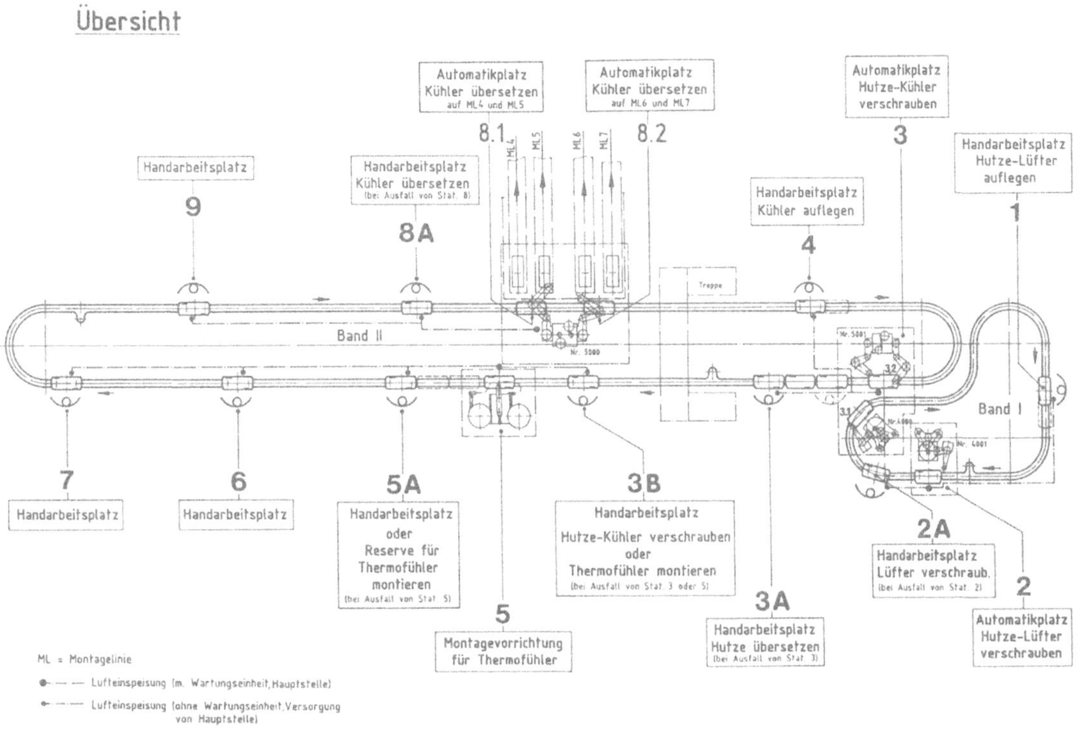

Bild 2: Kühlermontageband

Station 2: Automatisches Verschrauben zwischen Hutze — Lüfter

Über ein Ordnungsgerät werden die Muttern zur Aufnahme in den Schrauber lagerichtig vorbereitet.

Ein „S 1"-Gerät, an dem ein 3-fach-Schraubkopf hängt, übernimmt die Muttern und fährt in den Koordinaten X-Y fünf verschiedene Punkte an und verschraubt durch eine vertikale Bewegung die genannten Werkstücke.

An dem einlaufenden WT wird die Kodierung gelesen und das jeweilige notwendige Programm vom Roboter abgerufen.

Station 3.1 — 3.2: Übersetzen von Hutze — Lüfter auf Kühler

Die Kodierung des einlaufenden WT wird gelesen und auf Übereinstimmung der Sequenz überprüft. Dann setzt das „S 1"-Gerät die Hutze auf den Kühler.

Über ein Schraubenzuführgerät sind 4 Schrauben positionsgenau einem „S 2"-Gerät, dessen 2 Arme je 2 Schrauben tragen, angeboten worden.

Das „S 2"-Gerät hat die 4 Schrauben übernommen, steht in Warteposition und beginnt mit dem Verschraubvorgang, nachdem die Hutze übergesetzt wurde. Nach erfolgter i.-O.-Meldung der Verschraubung läuft der Kühler zu den nachfolgenden Stationen weiter.

Das „S 1"-Gerät in Station 3.1 hat 5 verschiedene Programme, während das „S 2"-Gerät in Station 3.2 3 verschiedene Programme besitzt.

Außerdem kann jeder Schrauber auf 2 verschiedene Abstände programmiert werden. Dies erfolgt elektro-pneumatisch.

Station 8.1 — 8.2: Kühler übersetzen

In dieser Doppelstation ist ein „S 2"-Gerät eingesetzt. Von dem Kode am WT wird die vorgegebene Montagelinie abgefragt. Die WT mit den Zuordnungen zur Montagelinie 6 und Montagelinie 7 passieren die Station 8.1 und werden in 8.2 übergesetzt, während die zur Montagelinie 4 und Montagelinie 5 zu steuernden Kühler in der Station 3.1 übergesetzt werden. Die Zangen an den „S 2"-Armen sind so ausgebildet, daß alle 30 Typen gegriffen werden können (siehe Bild 3).

Die Leistung der Anlage ist z. Z. auf 4 Zeb. Kühler/Minute ausgelegt.

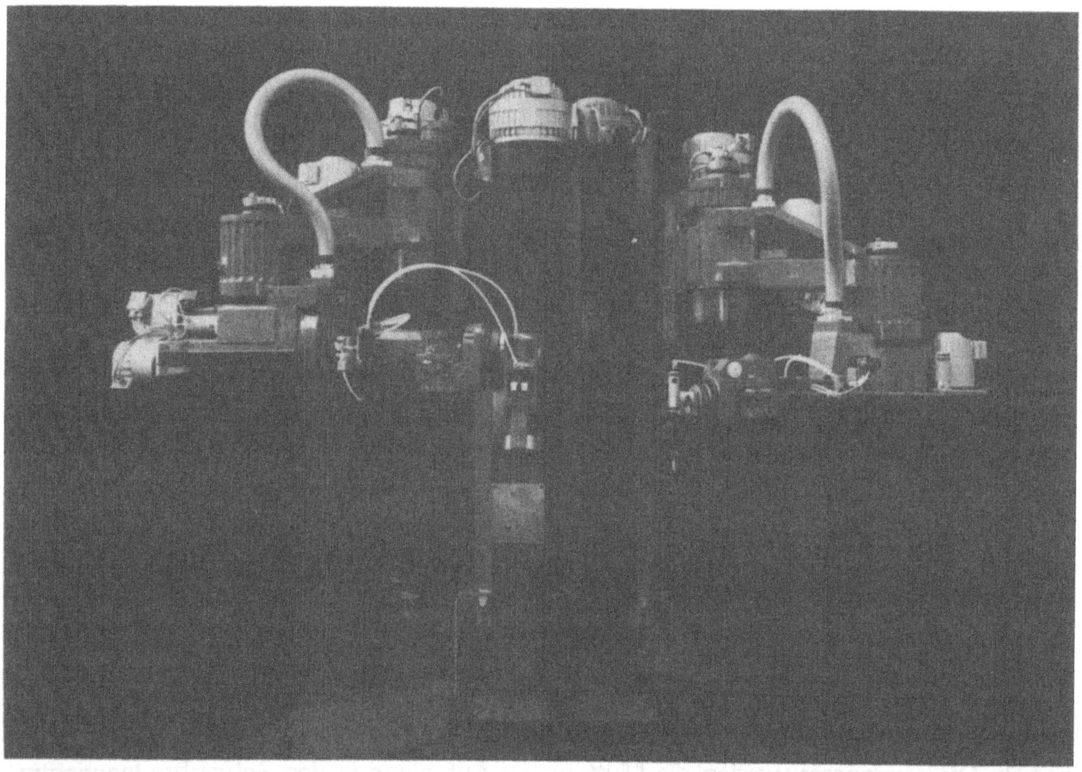

Bild 3: VW-Industrieroboter „S 2"

Industrieroboter und ihre Einsatzmöglichkeiten beim Lichtbogenschweißen und Schneiden

Manfred Schmidt, Carl Cloos GmbH, Haiger

Einleitung

Ähnlich wie Anfang der 60er Jahre das Ablösen der Stabelektrodenschweißung durch die MAG-Schweißung begann, zeigt der heutige Weg immer mehr in die Umrüstung zur Mechanisierung. Hier trägt natürlich in jüngster Zeit der Roboter einen großen Teil bei, da er im Gegensatz zur konventionellen Sondermaschine auch bei kleinen Stückzahlen wirtschaftliche Vorteile bietet (Bild 1).
Der Anwender kann ausgereifte Lichtbogenschweißroboter einsetzen. Die Zeit, daß Roboter aus dem bewährten Handhabungsbereich für den Einsatz des Lichtbogenprozesses modifiziert werden müssen, ist vorbei. Trotz der sehr raschen Mechanisierung über den Schweißroboter muß davon ausgegangen werden, daß die Einzweckmaschine, in der

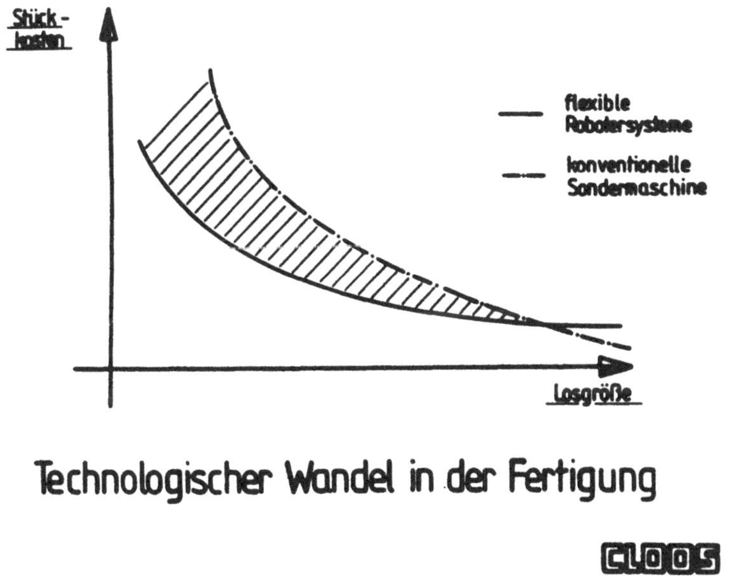

Bild 1

mehrere Lichtbogen brennen können, sicherlich noch auf längere Zeit in der Großserie das wirtschaftliche Rationalisierungsmittel bleibt.
Mit dem Industrieroboter allein ist die wirtschaftliche Schweiß- bzw. Schneidlösung bei weitem nicht komplett. Wichtige Peripherieelemente wie:
- Schutzgasschweiß- bzw. Schneidausrüstung,
- Positioniereinrichtungen für Werkstücke bzw. Roboter,
- Sicherheitseinrichtungen und
- Sensoren

bilden erst den Gesamtkomplex.

1. Programmierbare Stromquellen

Als Stand der Technik muß heute angesehen werden, daß die Stromquellen für die Ausgabe von Leitspannungssignalen Schnittstellen für das Programmieren über die Robotersteuerungen besitzen, d. h. eine manuell programmierbare Zwischensteuerung gehört der Vergangenheit an. Dadurch ist man unabhängig in der Quantität der Parameterprogramme.

1.1 Stufenlose Regelung über Thyristor

Seit Anfang der 70er Jahre gibt es die ersten Stromquellen mit stufenloser Spannungsregelung über Thyristor. Dadurch war die Basis geschaffen, erstmals für den mechanisierten Prozeß die Schweißparameter zu programmieren. Diese Quellen sind heute sehr verbreitet mit Schweißrobotern eingesetzt.

1.2 MIG/MAG-Impulstechnik

Mit dem Jahr 1980 wurde eine neue MIG/MAG-Impulstechnik in die Praxis eingeführt.
Vorteile sind:
- Erhebliche Verminderung von Schweißspritzern;
- netzspannungskompensiert;
- steckbare Schnittstelle zur freien Programmierbarkeit über Leitspannungen mit Roboter;
- steckbare Schnittstelle für Prozeßüberwachung, Strom, Spannung, Schweißdraht, Schutzgas;
- Verwendung von dickeren Drahtelektroden unter vorbestimmter Tropfenablösung;
- bessere Schweißnahtqualität durch gezielte Wärmeeinbringung;
- Verringerung von Stillstandszeiten durch weniger Reinigung an Werkzeugen und Schweißbrenner.

Bekannt ist seit etwa Mitte der 60er Jahre die MIG-Impulstechnik, bei der die Pulsfrequenz von der Netzfrequenz abhängig geregelt wird und häufig auf 4 Stufen festgelegt ist, d. h. die Stromquellen können mit 25, 33 1/3, 50 und 100 Hz gefahren werden.
Die neue transistorisierte Impulstechnik „-Trans-Puls-" (Bild 2), bei der jeweils unabhängig voneinander Grundstrom, Impulshöhe, Impulsbreite und Impulsfrequenz stufenlos einstellbar sind, hat den großen Vorteil, daß unter Verwendung von Mischgasen mit einem Mindestanteil von 80% Argon unlegierter Stahl sehr spritzerarm verschweißt werden kann.

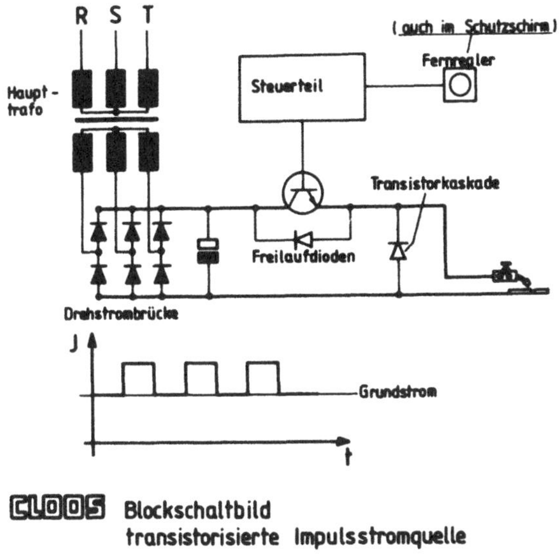

Bild 2

1.3 Berührungsfreies Zünden des MIG/MAG-Lichtbogens

Das seit langem angestrebte Ziel, die Drahtelektrode bei MIG/MAG-Schweißen berührungsfrei zu zünden, ist erreicht, so daß man davon sprechen kann, daß in der Zukunft die Wirtschaftlichkeit gerade beim mechanisierten Schweißen durch diese Technik erheblich verbessert wird, da die Störquellen:

- unpräziser Zündvorgang,
- übergroße Spritzerbildung in der Zündphase

und dadurch hoher Verschleiß an Verschleißteilen und Werkzeugen unterbleibt.

2. Schweißbrenner und Zubehör

Es sei an dieser Stelle nochmals darauf hingewiesen, daß MIG/MAG-Schweißbrenner, die für das maschinelle, sprich Roboterschweißen, eingesetzt werden, grundsätzlich wassergekühlt sein sollten. Die bekannten Verschleißteilwerkstoffe bestehen aus Kupferlegierungen, die in bezug auf ansteigende Temperatur sehr stark an Festigkeit verlieren, so daß nur über konzentriertes Kühlen des Brennervorderteiles auch eine vernünftige Wirtschaftlichkeit dieses Systems erreicht wird.

2.1 Maschinenschweißbrenner

Der Roboterschweißbrenner (Bild 3) sollte im vorderen Teil vom Schlauchpaket abkuppelbar sein, um einmal im Produktionsablauf einen schnellen Wechsel vornehmen zu können, zum anderen aber auch, um in Verbindung mit Werkzeugwechsel kompliziertere Schweißteile produzieren zu können, für die Sonderbrennerkonstruktionen aufgrund von beengten Platzverhältnissen eingesetzt werden müssen.

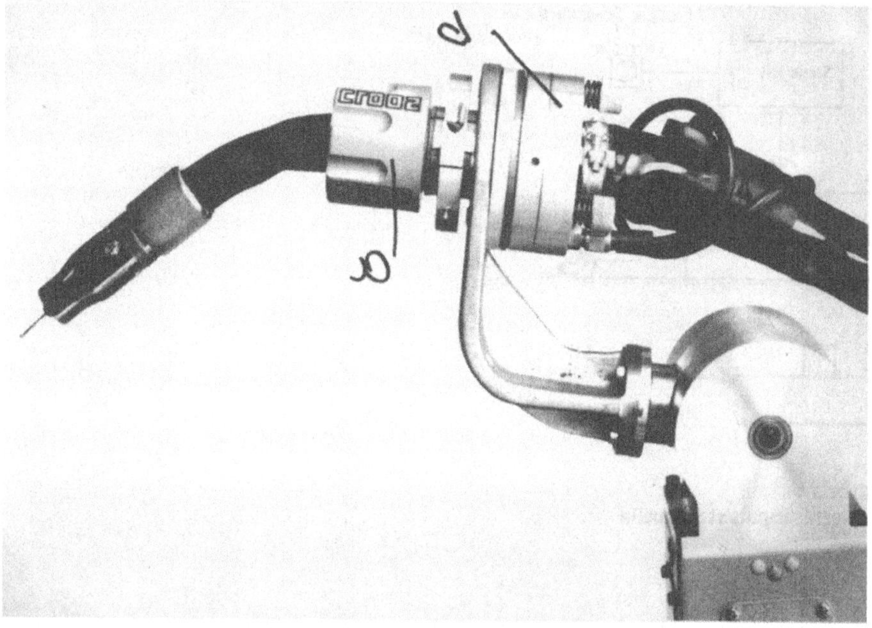

Bild 3: Roboterschweißbrenner
a Kupplung, b Abschaltsicherung

2.2 Brennerabschaltsicherung

Das Verbindungsglied zwischen Brennerhalter und Roboter sollte keine starre Befestigung sein, sondern aus einer mechanisch/elektrischen Abschaltsicherung bestehen, d. h. innerhalb einer zueinander abgefederten Flanschringbefestigung sind Mikroschalter eingesetzt, so daß bei ungewollter Berührung des Brenners eine Ausweichung möglich wird, die dann sofort das Robotersystem auf Not/Aus setzt.

2.3 Mechanisierte Brennerreinigungseinrichtung

Mit der Einführung von programmierfähigen, mechanisierten MIG/MAG-Schweißeinrichtungen wie Schweißroboter sind sehr erfolgreiche Entwicklungen auf der mechanisierten Brennerreinigung durchgeführt worden. Hier sind zwei Systeme zu nennen:

a) Das pneumatische Reinigen. Forderungen an die Brennerkonstruktion:
   - getrennte Luftführung bis in den Gasstromdüsenbereich,
   - Rückschlagventil zur Sprühölversorgung,
   - Luftmenge pro Reinigungsprozeß in 0,5 sec ca. 5 l bei 5 – 6 bar vorgespannter Druckluft.

b) Mechanisches Reinigen als Ergänzung zum pneumatischen Reinigen. Beide Systeme werden häufig im Wechsel eingesetzt bei Schweißleistungen über 250 A. Es handelt sich um eine separate Reinigungsstation, die von der Mechanisierungsanlage angefahren wird und der Gasstromdüsenbereich mit einem schnelldrehenden Messer mechanisch gesäubert wird.

3. Sensoren und Roboterbeispiele

Es sei vorweggenommen, daß es auf lange Sicht gesehen **keinen universellen Sensor** geben wird, der uns im Lichtbogenschweißbereich alle Probleme löst.
Es werden aber sicherlich für ein gewisses Teilespektrum eine Vielzahl von Sensoren in naher Zukunft in die praktische Anwendung einfließen.
Da diese Sensoren immer eine Einheit unterschiedlichster Größe sein werden und am Roboterkopf installiert werden müssen, sind zwei wichtige Forderungen an die Roboteranlage zu stellen.

a) Ein 6-achsiges System, das sich im übrigen ganz allgemein für die Lichtbogenanwendung durchsetzen wird, da optimalere Brennereinstellungen gewährleistet sind und teilweise auch Bewegungen in der Peripherie eingespart werden können.
Das 6-achsige System ist deshalb für außerhalb des Brenners installierte Sensoren wichtig, damit die Position des Sensors, die in einem festen Verhältnis zur Brennerspitze angeordnet ist, auch bei komplizierten Werkstückkonstruktionen ungestört positioniert werden kann.
b) Schnittstellen in der Robotersteuerung für die Verarbeitung von Sensorsignalen.
In diesem Zusammenhang sei auch gleichzeitig erwähnt, daß die Robotersteuerung ausbaufähig sein sollte, bis etwa 10 Achsen, um mindestens bis zu 4 Achsen in der Roboterperipherie mitzubetreiben und simultan mit den 6 Roboterachsen zu fahren.

3.1 Möglichkeiten von Sensoren

Das Nahtsuchen und Nahtverfolgen mit Sensoren stellt ein großes Entwicklungsfeld dar. Nachfolgend wird an Hand von praktischen Anwendungsbeispielen mit Robotern der begrenzte, aber wirtschaftliche Einsatz von Sensoren vorgestellt.
Eine Prozeßsignalverarbeitung ist seit einigen Jahren in der Praxis im Einsatz zur Höhen- und Seitensteuerung, d. h. der Sensorpunkt ist der Lichtbogen selbst.

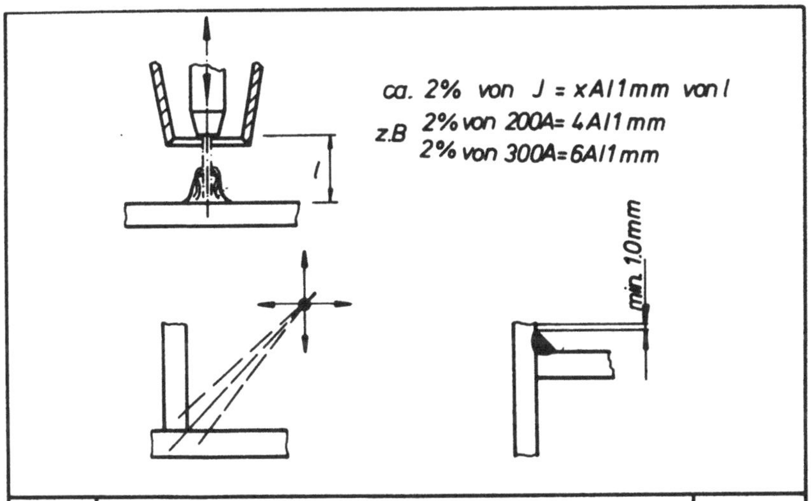

Nahtführung durch Datenverwertung aus dem Lichtbogen

Bild 4

Bekannt ist, daß mit einer Abstandsänderung Kontaktdüse — Werkstück in der MIG/MAG-Technik eine Stromänderung entsteht. Diese Stromänderung wird als Signal zur konstanten Abstandseinhaltung verarbeitet. Bei Seiten- und Höhentastung ist es erforderlich, den Lichtbogen zu pendeln. Hier gibt es zwei Alternativen:
- mechanisches Pendeln des Brenners,
- magnetisches Auslenken des Lichtbogenkegels.

Um bei der Anwendung der Robotertechnik zu bleiben, wird das mechanische Pendeln des Brenners eingesetzt, da der heutige Roboter eine Pendelfunktion haben soll (Bild 4). Die Pendelfunktion im Robotersystem ist erforderlich für das Schweißen von großvolumigen Nähten, Auftragsschweißungen sowie das Schweißen in Zwangslagen. Der Vorteil des mechanischen Pendels des Schweißbrenners ist weiterhin darin begründet, daß keine Magnetpole am Brenner installiert werden müssen, die einmal vom Platz her störend sein können, aber auch den üblichen Umweltbedingungen des Lichtbogens ausgesetzt sind.

Die Grenzen dieser Prozeßsignalverarbeitung liegen in der Fugenform, d. h. es müssen zwei klare Schenkel für die Abfragepunkte vorhanden sein.

Die intelligente Robotersteuerung ist heute in der Lage, die Prozeßsignalverarbeitung während der Schweißung in neue Koordinaten, d. h. abweichend zur programmierten Bahn im Speicher abzulegen, so daß beim Mehrlagenschweißprozeß die neugefundenen Bahnen mit den darauf zu legenden Aufbaulagen ohne Prozeßsignalverarbeitung abgeschweißt werden. Somit ist es auch möglich, V-Fugen in Mehrlagentechnik bis zur Decklage einwandfrei zu schweißen.

Eine weitere Alternative der praktisch in der Anwendung stehenden Sensorik ist das mechanisierte Roboterschweißen mit induktivem Schalter als Sensor (Bild 5).

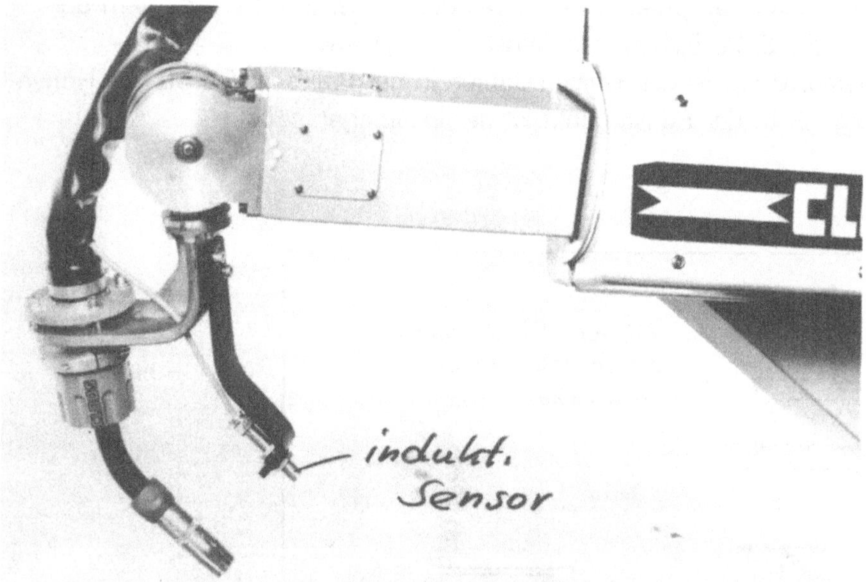

Bild 5: Roboterschweißen mit induktivem Schalter

Beide Sensorarten können natürlich auch miteinander zusammenarbeiten, d. h. der induktive Schalter zur Lageerkennung bei Großteilen und der Lichtbogensensor zur Bahnverfolgung.

Sensorsignalverarbeitung zur Nahtvolumensteuerung

Hier wird der induktive Sensor in Verbindung mit der Robotersteuerung dazu genutzt, um unterschiedliche Luftspalten am Werkstück vor dem Schweißprozeß auszumessen, um anschließend über abgelegte, sogenannte Listenkonzepte (Parameterpakete), die Schweißung entsprechend dem gemessenen Luftspalt in angepaßter Geschwindigkeit, Schweißleistung, Schweißspannung und Pendelhub einzubringen (Bild 6).
Die Einschränkung beim Arbeiten mit außenliegenden Sensoren ist, daß ein direktes Bahnverfolgen während des Schweißprozesses nicht möglich ist. Es ergeben sich Zeitverluste durch vorheriges Messen, die aber mit dem Robotersystem nur im 10tel-Sekundenbereich liegen.

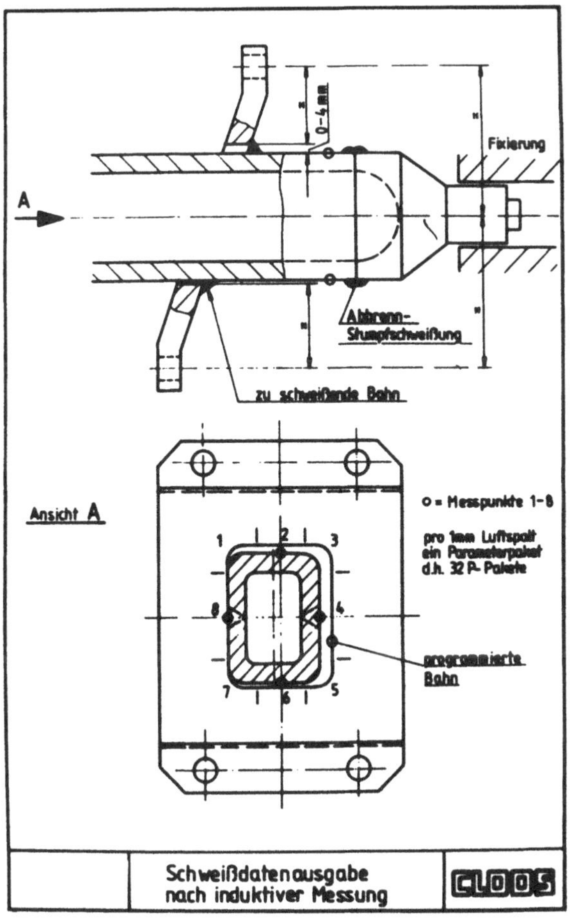

Bild 6

3.2 Roboterbeispiele

Da die Roboteranwendung gerade im Klein- und Mittelbetrieb, d. h. bei Klein- und Kleinststückzahlen als wiederholende Bauteile, ihre Zukunft hat, ist bekannt, d. h. sogar wiederholende Einzelteilfertigung läßt sich wirtschaftlich mit **codiertem Palettenwechsler** als Werkzeugträger roboterschweißen.
Zuvor seien **wichtige Voraussetzungen** an den Standard der heutigen Lichtbogenroboter aufgezeichnet:

a) Möglichst 6 Achsen
b) Montagemöglichkeit in allen Positionen
c) Mechanisch/elektrische Abschaltsicherung
d) Pendeln mit allen Achsen
e) Kontinuierliches Pendelprogramm im Kreis
f) Abschirmung gegen Hochfrequenzstörungen, z. B. beim WIG-Schweißen
g) Freies Programmieren des TCP
h) Mischen von Programmpaketen
i) Speicher für Schweißprogramme
j) Speicher für das Ablegen von durch Sensoren bestimmte neue Koordinaten
k) Schnittstelle für Sensoren, d. h. Verarbeiten von Meßsignalen
l) 3-D-Programmierung auch für Austauschen von Robotern in Transferstraßen
m) Steuerungserweiterung für in der Peripherie zu betreibende Antriebe zum simultanen Fahren mit den Roboterachsen
n) Anschluß für externen Programmierplatz
o) Anschluß für Drucker zur Dokumentation

Obige Punkte sind als Ergänzung zum allgemein bekannten technischen Stand zu sehen.

3.3 Beispiel Baumaschinensektor (Bild 7)

Dieses Beispiel ist auch übertragbar auf den allgemeinen Stahlbau bzw. Großfahrzeugbau. Hier ist nicht nur eine funktionierende Abtastung, wie z. B. der **gependelte Lichtbogensensor** notwendig, sondern auch eine freiprogrammierbare Linearverfahreinheit, auf der der Roboter an den zu schweißenden Großteilen während des Schweißprozesses entlangfährt. Die Notwendigkeit der freiprogrammierbaren Längsfahreinheit ergibt sich aus der Tatsache, daß Trägerkonstruktionen nicht nur konisch verlaufen, sondern auch radiusförmig mit stark abgewinkelten Konturen, die sich nur schweißen lassen, wenn die zu schweißende Bahnkontur mit gleichmäßiger, d. h. programmierbarer, Ablaufgeschwindigkeit abgeschweißt werden kann.

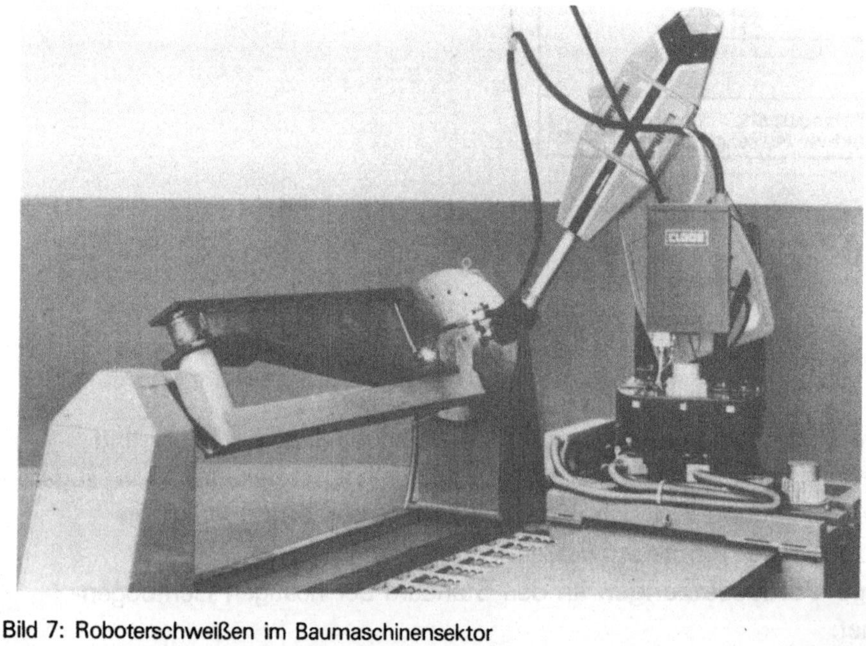

Bild 7: Roboterschweißen im Baumaschinensektor

3.4 Beispiel Containerfertigung (Bild 8)

In diesem Beispiel zeigt sich die Wichtigkeit der verschiedenen Montagemöglichkeiten von Robotersystemen.
Geschweißt werden Rahmen von Containerkonstruktionen, die nicht im Millimeterbereich gefertigt werden können, d. h. erforderlich ist die Anwendung eines Sensors, in diesem Falle wiederum der **gependelte Lichtbogensensor**. Die Voraussetzungen sind in Form von Kehlnähten gegeben.
Aufgrund der Produktionskapazität sind 4 Geräte in einer Portalkonstruktion aufgenommen, die an einer Reihe von Dreh-Wende-Stationen je nach Startfreigabe in Position gehen und die programmierte Arbeit ableisten.

Bild 8: Roboterschweißen in der Containerfertigung

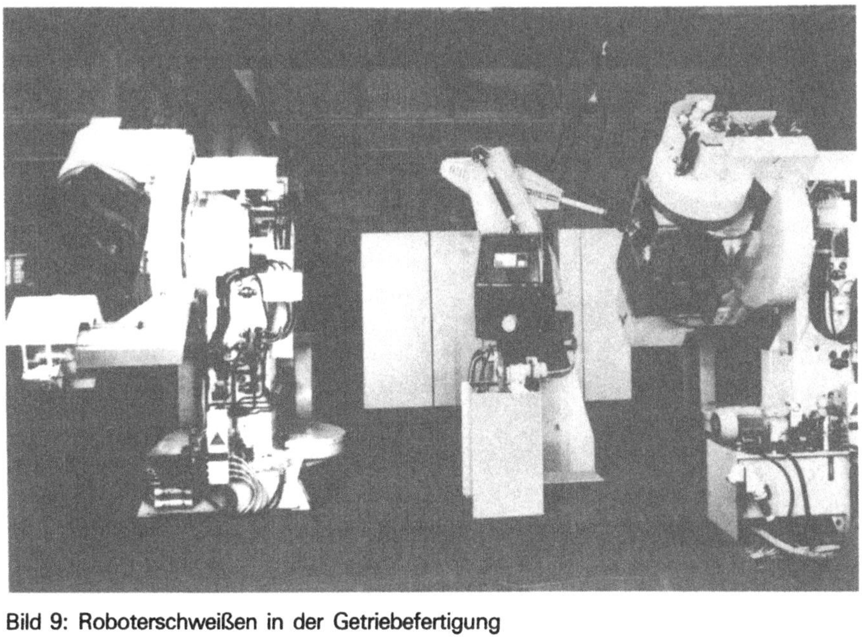

Bild 9: Roboterschweißen in der Getriebefertigung

3.5 Beispiel Getriebebau (Bild 9)

Geschweißt werden starkwandige Getriebegehäuse — Blechdicke 20 — 25 mm — Kehlnähte bis 15 mm à Maß, was mehrlagiges Schweißen bedeutet.
Toleranzen bis zu 3 mm — geschweißt wird mit dem **gependelten Lichtbogensensor** einschließlich der Funktion Ablegen von neugefundenen Wurzellagenkoordinaten im Speicher, um darauf aufbauend ohne Sensorfunktion die Decklagen einzubringen.

4. Modulare Peripheriegeräte

Der Roboter selbst stellt allein keine wirtschaftliche Prozeßlösung dar, d. h. eine dem Bedarfsfall angepaßte Peripherie ergibt erst den wirtschaftlichen Arbeitsplatz.
Durch die freie Programmiermöglichkeit des Roboters muß die Peripherie keine Zusammenstellung aus Sondermaschinen sein, sondern kann aus der verhältnismäßig kurzen Erfahrung und Entwicklung aus modularen Einheiten zusammengesetzt werden. Die komplizierten Bewegungen im Schweißprozeß werden durch den Roboter ausgeführt, so daß aus heutiger Sicht gesagt werden kann, daß in fast 90% der Anwendungsfälle, die mit Roboterlösungen angegangen werden, modulare Peripherieelemente zum Einsatz kommen. Lediglich das Einspannproblem des zu schweißenden Werkstückes bleibt einer Sonderkonzeption vorbehalten.
Aus der raschen Entwicklung des Lichtbogen-Schweißroboters hat sich auch kurzfristig ein breitgefächertes, standardisiertes Peripheriefeld gebildet, wovon jede einzelne Gruppe sehr häufig in 5 Belastungsgrößen dem Anwender zur Verfügung gestellt werden kann.

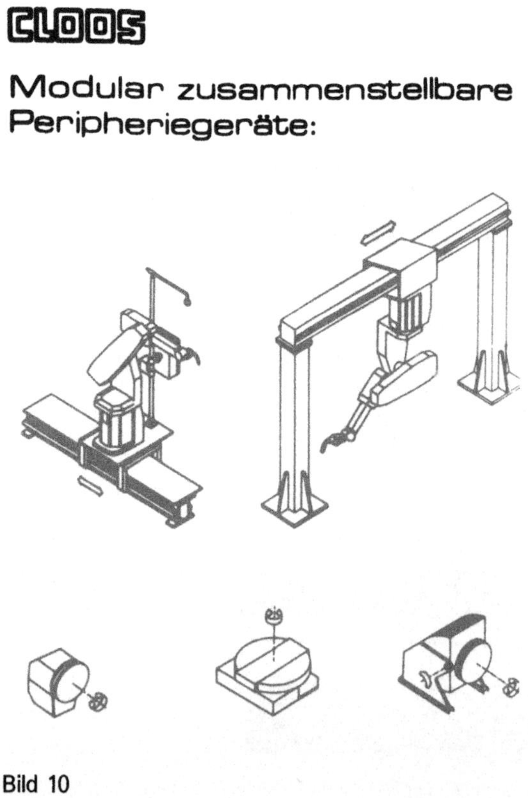

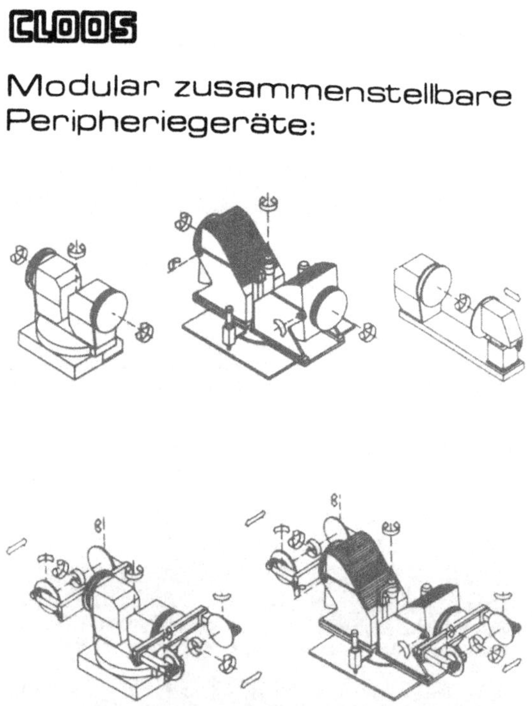

Bild 10

Zusammenfassung

Die erweiterte Einsatzmöglichkeit und die verbesserte Verfügbarkeit von Lichtbogenrobotern sind nicht nur das Ergebnis der verbesserten Techniken im Roboter selbst, sondern auch die positiven Entwicklungen

- auf dem Stromquellensektor in bezug auf spritzerarmes Schweißen sowie der unabhängigen Zahl von Schweißparameterpaketen;
- bei den Peripheriegeräten der Einstieg in Seriensysteme, weg von Einzweckeinrichtungen;
- bei den Sensoren die in Einzelfällen erreichte Intelligenz und Funktionssicherheit.

Mit dem Einstieg in das berührungsfreie MIG/MAG-Zünden erfolgt ein weiterer wichtiger Schritt zur Sicherung der Qualität und Verfügbarkeit.

Industrieroboter und ihre Einsatzmöglichkeiten

Dipl.-Ing. Rainer Strauch, ASEA GmbH, Friedberg

1. Einleitung

Im Jahre 1974 hat ASEA den ersten Industrieroboter auf den Markt gebracht, der voll elektrisch angetrieben wurde. Auch die dazugehörige, erstmals für einen solchen Zweck eingesetzte Mikroprozessorsteuerung hat sich mittlerweile weltweit durchgesetzt.
Der nachfolgende Beitrag beschreibt die aus dieser langjährigen Entwicklungs- und Anwendungserfahrung heraus entstandene Roboterfamilie und ihre vielseitigen Einsatzmöglichkeiten.

2. Einsatzschwerpunkte

Weit über 4.000 ASEA Industrieroboter arbeiteten Ende 1984 weltweit in den unterschiedlichsten Fertigungsbereichen der Industrie, in Unternehmen mit 3 Mitarbeitern genauso wie in Großkonzernen.
Auf die einzelnen Applikationsbereiche verteilen sich diese Geräte wie folgt:

— Lichtbogenschweißen	40%
— Punktschweißen	15%
— Maschinenbedienung/Materialhandhabung	25%
— Kleben	5%
— sonstige Anwendungen	15%

Unter „sonstige Anwendungen" sind die Systeme für Montage, Entgraten, Teileversorgung und verschiedene andere Anwendungen zusammengefaßt. Hinter diesen Industrierobotern steht heute eine weltweite Organisation mit ca. 400 Mitarbeitern für Entwicklung, Projektierung, Service, Schulung und Verkauf.

3. Robotersteuerung S2

Seitdem die zweite Steuerungsgeneration für Industrieroboter 1983 nach umfangreichen Tests und Einsatzerfahrungen im eigenen Haus von ASEA auf den Markt gebracht

wurde, sind mittlerweile weit über 2.000 dieser Steuerungssysteme eingesetzt. Konsequent von der ersten Vorstudie an wurde das Konzept eines modularen Aufbaus sowohl für die Hardware als auch für die Software verfolgt. Damit ist sichergestellt, daß in Verbindung mit den entsprechend vorgesehenen Leistungsreserven dieses Steuerungssystem auch die Aufgaben der kommenden Jahre erfüllen wird (Bild 1).
Die integrierten Diagnoseeinrichtungen und der übersichtliche Aufbau dokumentieren, daß auch die Servicefreundlichkeit bei dieser Entwicklung großgeschrieben wurde.

Bild 1: S2 – Robotersteuerung mit Leistungsteil

3.1 Die Mensch-Maschine-Schnittstelle

Die Schnittstelle zwischen dem Bediener und dem Steuerungssystem ist eines der wesentlichsten Merkmale einer Robotersteuerung. Bestimmend für das Bedienkonzept der S2-Steuerung war die Forderung, daß für die Programmierung einer Anlage nicht ein speziell ausgebildeter Roboterspezialist erforderlich sein darf, der sich erst noch umfangreiche Prozeßkenntnisse aneignen muß, sondern der in seinem speziellen Beruf ausgebildete Facharbeiter soll in der Lage sein, nach einem entsprechenden Programmierkurs diese Aufgabe zu erfüllen.

3.1.1 „Menuetechnik" – ein dialogorientiertes Bedienkonzept

Diese Anforderung führte zwangsläufig zu einem dialogorientierten Bedienkonzept, wobei die Dateneingabe in Form eines „Frage- und Antwortspieles" erfolgt. Hierfür muß keine spezielle Programmiersprache erlernt werden, da die möglichen Antworten in wählbarer Landessprache dem Bediener im Display angeboten werden, und er nur das Gewünschte aus dem Angebot auszusuchen braucht („Menuetechnik"). Der Bediener kann sich also auf das konzentrieren, **was** er eingeben will, das **wie** zeigt ihm die Maschine durch eine umfangreiche, eindeutige Bedienerführung.

Realisiert ist dieses Bedienkonzept mit einer Programmiereinheit (Bild 2), welche die Eingabe **aller** Steuerungsfunktionen ermöglicht und dabei trotzdem handlich und übersichtlich ist. Ein weiterer großer Vorteil dieses Verfahrens ist, daß es einer Erweiterung des Funktionsumfanges der Steuerung alle Möglichkeiten offen läßt, ohne daß Änderungen an der Programmiereinheit oder Nachteile in der Bediensicherheit oder Übersichtlichkeit in Kauf genommen werden müssen.

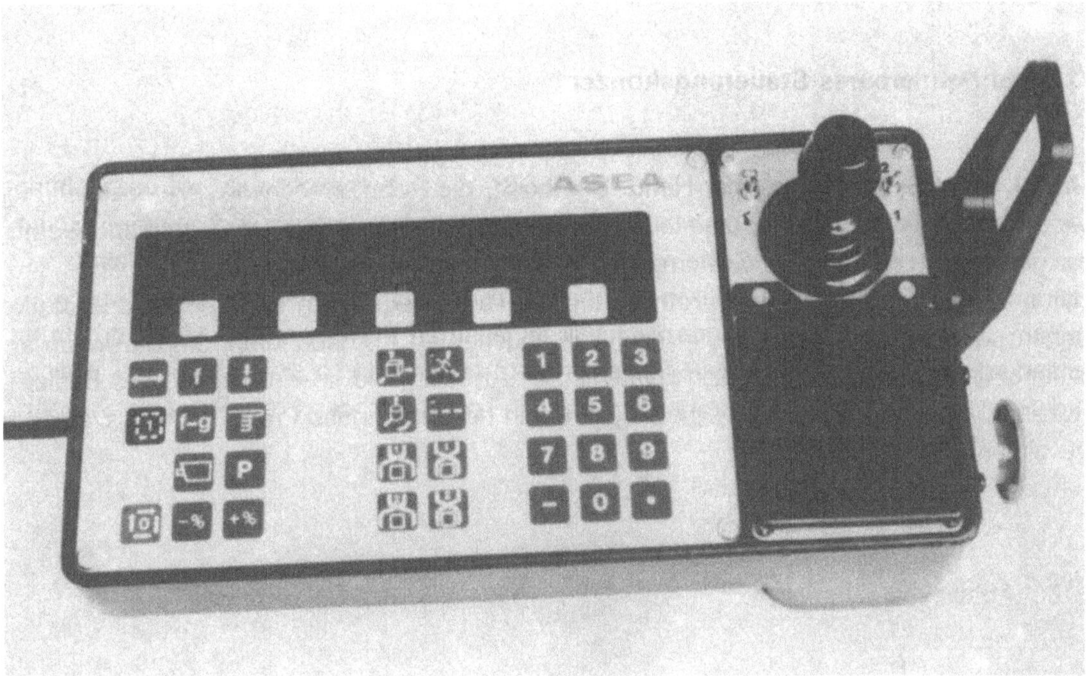

Bild 2: Programmiereinheit der S2-Steuerung

3.1.2 Manuell gesteuertes Verfahren des Roboters

Robotersysteme weisen aufgrund system- und prozeßbedingter Anforderungen meist eine recht komplexe Achskonfiguration auf. Moderne Robotersteuerungen bieten die Funktion eines frei definierbaren Arbeitspunktes oder Tool-Center-Points (TCP), der relativ zum Roboterflansch den für das montierte Werkzeug relevanten Arbeitspunkt festlegt, wie z. B. Mittelpunkt eines Backengreifers oder Spitze einer Schweiß- oder Klebepistole.
In Verbindung mit einer Bahnsteuerung mit Interpolation von Zwischenpunkten in z. B. kartesischen Koordinaten kann nun der Bediener den für seine Arbeit wichtigen TCP direkt in für sein räumliches Vorstellungsvermögen idealen kartesischen Koordinaten steuern, ohne sich um die hierzu erforderlichen komplexen Achsbewegungen kümmern zu müssen. Dies erledigt für ihn die Steuerung.
Die S2-Steuerung von ASEA ermöglicht es, bis zu 9 verschiedene Werkzeugarbeitspunkte (TCPs) zu definieren und diese dann jeweils passend zum angeflanschten Werkzeug programmgesteuert zu aktivieren. Für das manuelle Steuern der TCP-Bewegung bei der Programmierung des Roboters bietet diese Steuerung einen weiteren großen Vorteil. Bei der Ansteuerung der Bewegungen über Verfahrtasten (z. B. jeweils eine Taste für x+, x−, y+, y−, z+ und z−) muß der Blickkontakt des Bedieners zum robotergeführten Werkzeug ständig unterbrochen werden, um die richtige Taste aus dem Tastenfeld auszusuchen.

Die S2-Steuerung verwendet hierfür einen Steuerknüppel auf der Programmiereinheit (Bild 2), der den menschlichen Fähigkeiten besser angepaßt ist. Da die Verfahrrichtung des TCP direkt einer Auslenkrichtung (x+, x—, y+, y—) oder einem Drehsinn (z+, z—) des Steuerknüppels entspricht, kann der Bediener seine Aufmerksamkeit und damit auch seinen Blick voll auf den Ort des Geschehens, die Roboterbewegung, konzentrieren. Dies erhöht nicht zuletzt auch die Sicherheit für Mensch und Material.

3.2 Konfigurierbares Steuerungskonzept

ASEA liefert Systeme aus einer Hand. Das heißt, die Robotermechanik, die dazugehörige Antriebstechnik und die Robotersteuerung werden selbst entwickelt und gefertigt. Somit ist garantiert, daß bei allen Systemen diese Komponenten optimal aufeinander abgestimmt sind. Das modulare Konzept ermöglicht es hierbei, neben den applikationsspezifischen oder der jeweiligen Robotermechanik angepaßten Komponenten, ein Maximum an standardisierten Bauteilen in allen Systemen einzusetzen und so ein einheitliches Bedienkonzept, eine rationelle Ersatzteilhaltung und ein hervorragendes Preis-/Leistungsverhältnis zu bieten.

3.2.1 Adaptives System

Reicht für eine komplexere Aufgabe der Umfang der Standardfunktionen nicht aus, so kann das System mit einer adaptiven Software aufgerüstet werden. Ein solches Steuerungssystem ist in der Lage, mit Hilfe entsprechender Sensoren dreidimensionale Suchvorgänge zur exakten Lokalisierung eines Werkstücks auszuführen.
Auch eine sensorgesteuerte Reduzierung der Bahngeschwindigkeit oder das Folgen einer nur grob vorprogrammierten Kontur lassen sich hiermit realisieren. Anwendung findet dieses System vornehmlich dann, wenn die Positioniertoleranzen der Werkstücke mehrdimensionale Suchvorgänge erforderlich machen oder zum sensorgeführten Entgraten.

3.2.2 Robot Vision System

Besonders für die Applikationsbereiche Materialhandhabung, Maschinenbedienung und Montage wurde von ASEA ein Bildverarbeitungssystem entwickelt, das komplett in die Robotersteuerung integriert ist (Bild 3). Lediglich die ein bis vier Kameras, die an ein System anschließbar sind, befinden sich außerhalb des Steuerungsschrankes. Konsequente Folge dieser räumlichen und funktionellen Integration ist, daß die Programmierung des Vision Systems ebenfalls über die Programmiereinheit der Roboters erfolgt.
Dank der verwendeten Grauwerttechnik sind übliche Umlichtschwankungen kein Problem. Eine übermäßige Auslichtung der Szene, wie sie bei binär arbeitenden Systemen erforderlich ist, entfällt. Der typische Zeitbedarf für eine Bildverarbeitung liegt im Bereich von 300 — 400 msec, wobei das Vision System parallel zum Robotersystem arbeitet.

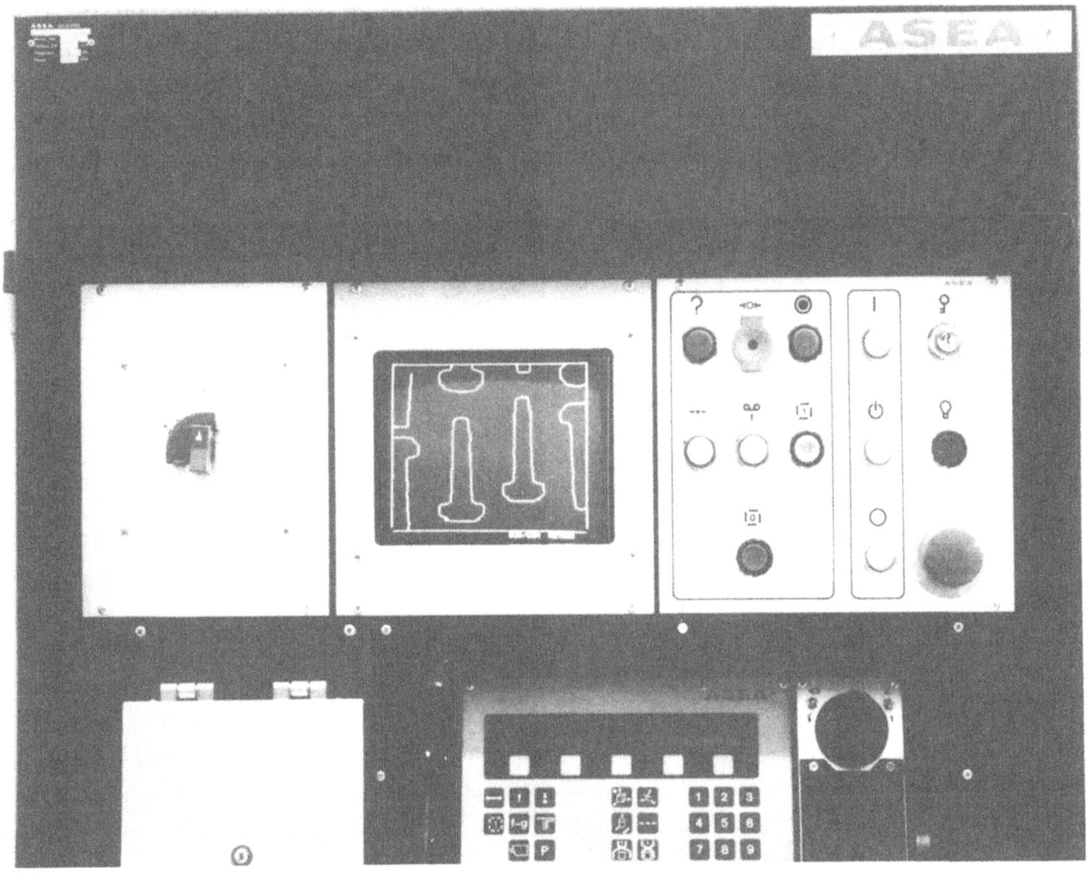

Bild 3: Bedienfeld der S2-Steuerung mit integriertem Bildverarbeitungssystem

3.2.3 Rechnerschnittstelle

Für die Kommunikation mit einem übergeordneten Rechner ist eine V.24-Schnittstelle (RS-232C) lieferbar, die umfangreiche Möglichkeiten bietet. Sämtliche im Robotersystem gespeicherten Daten können hierüber übertragen werden, so daß der externe Rechner als externe Programmbank, als Leitrechner, als Betriebsdatenerfassungssystem oder als eine Kombination aus diesen Funktionen arbeiten kann. Auch intelligente Sensoren können über diese Schnittstelle angeschlossen werden.

4. Industrieroboter von ASEA

Zur Zeit besteht die Produktpalette aus vier Standardsystemen, von denen drei in mehreren Varianten lieferbar sind. Gemeinsam ist allen die, trotz hoher Leistungsfähigkeit, sehr bedienerfreundliche Robotersteuerung S2.

4.1 Universeller Industrieroboter IRB 6/2

Nach dem Knickarmprinzip konstruiert ist der IRB 6/2 (Bild 4) für Handhabungsgewichte bis 6 kg ausgelegt, wobei der Schwerpunkt der Last 200 mm vom Roboterflansch entfernt sein kann. In seiner Grundversion verfügt er über 5 Freiheitsgrade, ist aber auch mit einer dritten Handgelenksachse und einer linearen, servogesteuerten Verfahrachse lieferbar. Angetrieben werden alle Achsen von Gleichstrom- Scheibenläufermotoren. Die Kraftübertragung erfolgt über Harmonic-Drive Getriebe, bzw. Kugelrollspindeln bei den Achsen 2 und 3. Das Gerät kann sowohl stehend wie hängend montiert werden. Die erreichbare Wiederholgenauigkeit liegt auch nach einigen Betriebsjahren noch unter +/— 2 mm.

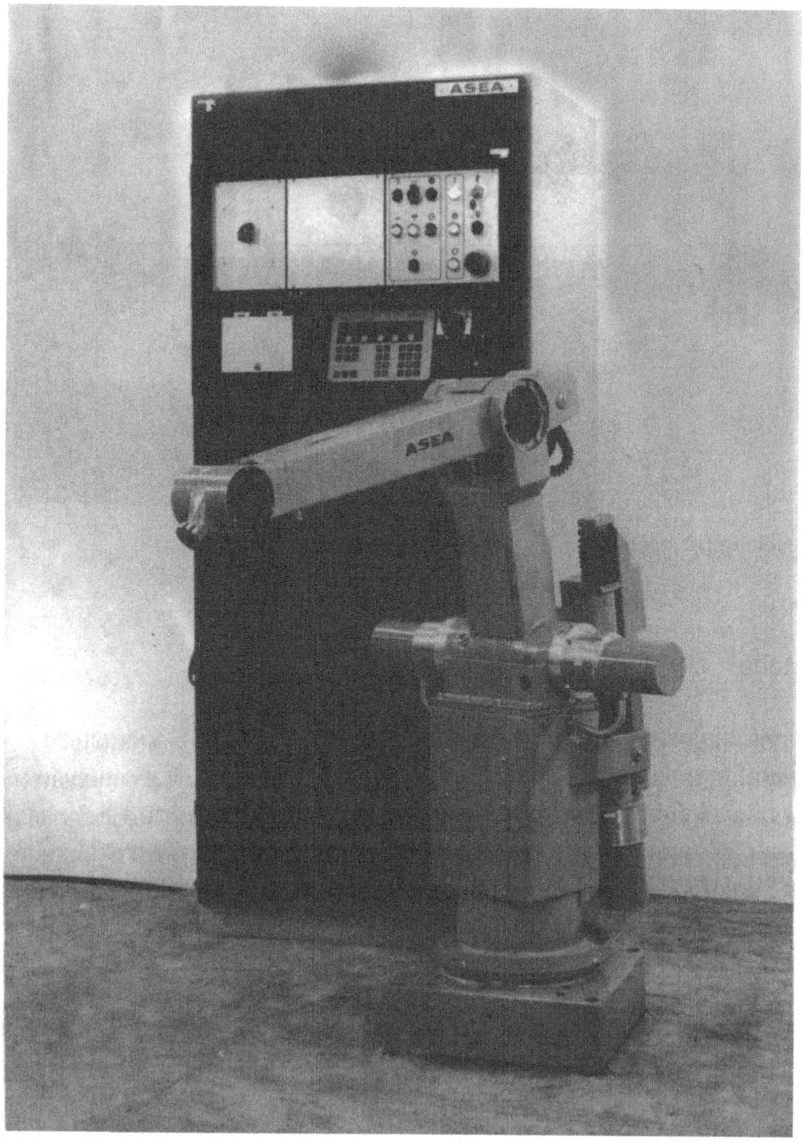

Bild 4: IRB 6/2 mit Steuerung

Die größten Anwendungsgebiete für den IRB 6/2 sind das Lichtbogenschweißen, das Kleben und die Materialhandhabung, aber auch zur Montage, zum Entgraten und zur automatischen Teilevermessung sind diese Geräte eingesetzt. Um auch besonderen Anforderungen dieser Anwendungsbereiche gerecht werden zu können, wurden zwei Varianten dieses Robotertyps entwickelt.

Der IRB L 6/2 hat einen verlängerten Oberarm und erhält dadurch einen vergrößerten Arbeitsbereich. Speziell für die hängende Montage wurde der IRB G 6/2 konzipiert.

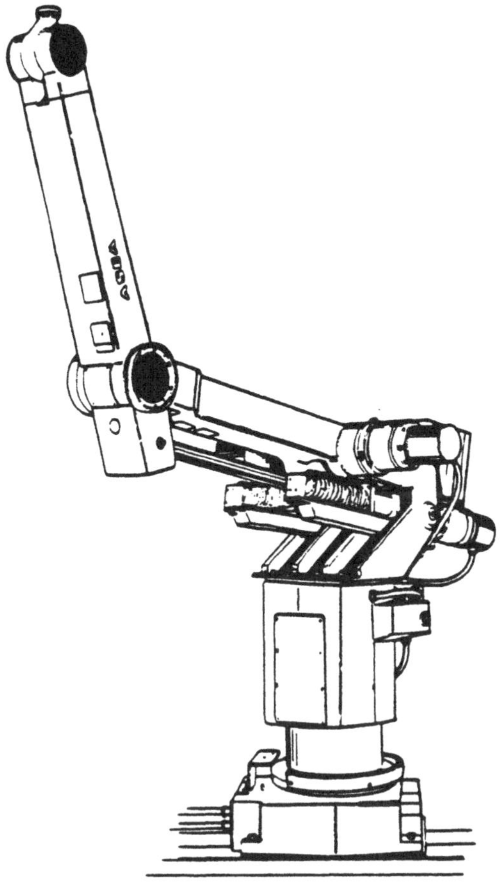

Bild 5: IRB G 6/2 für Überkopfmontage

Um die Ansteuerung der Stromquelle über analoge Ausgänge der Steuerung so einfach wie möglich zu gestalten, wurde für diese mechanischen Einheiten ein spezielles Steuerungspaket entwickelt. Die zusätzlich erforderliche Hardware setzt sich aus standardisierten Komponenten zusammen, lediglich die Software ist eigens hierfür erstellt worden. Sie ermöglicht es, daß Schweißparameter über die Programmiereinheit direkt in den entsprechenden Einheiten (Volt, Ampere usw.) programmiert und sogar online, d. h. während der Roboter produziert, verändert werden können. Auch die vollständige Integration des Nahtsuchsensors (Bild 6) in das Bedienkonzept ist realisiert.

4.2 Universeller Industrieroboter IRB 60/2

Der IRB 60/2 basiert auf dem gleichen Prinzip wie der IRB 6/2. Auch er besitzt 5 Freiheitsgrade und kann mit einer dritten Handgelenksachse oder einer Verfahreinheit aufgerüstet werden. Um die zulässige Belastbarkeit von 60 kg zu ermöglichen, sind beim IRB 60/2 stärkere Scheibenläufermotore eingesetzt. In dem gesamten Arbeitsbereich liegt die Wiederholgenauigkeit des Gerätes unter +/− 0,4 mm.
Die Haupteinsatzbereiche für den IRB 60/2 sind die Maschinenbedienung und die Materialhandhabung. Auch zur Montage schwerer Teile, zum Gußputzen und zur Vermessung oder zum Schweißen von großflächigen Teilen ist dieser Roboter geeignet.

Bild 6: IRB 6/2 mit dritter Handgelenksachse und Nahtsuchsensor

4.3 IRB 90/S zum Punktschweißen und IRB 90/M zur Materialhandhabung

Der IRB 90/S wurde ganz speziell für den Einsatz zum Punktschweißen entwickelt (Bild 7). Er besitzt in der Standardversion 6 Achsen und kann Schweißzangen mit einem Gewicht von bis zu 60 kg tragen, wobei der Hebelarm zur Roboterflanschmitte bis zu 400 mm betragen kann. Daß es sich auch bei diesem Gerät um eine hochdynamische, robuste Konstruktion handelt, versteht sich von selbst. Auch hier werden entsprechend dimensionierte Scheibenläufermotore eingesetzt. Der IRB 90 ist so konstruiert, daß auch einzelne Komponenten der Mechanik im Bedarfsfalle einfach ausgetauscht werden können.
Eine weitere Besonderheit dieses Systems ist die Möglichkeit, die Wasser-, Luft- und Stromversorgungsleitungen für die Schweißzange in den Oberarm zu integrieren. Wird der Schweißtransformator am hinteren Ende des Unterarmes befestigt, so wirkt er als Gegengewicht zur Schweißzange und sämtliche Versorgungsleitungen können im Inneren des Oberarmes geführt werden. Die Stromübertragung an den Gelenken erfolgt dann über Schleifringkontakte, die sich in langen und harten Tests bestens bewährt haben. Auch softwaremäßig ist der IRB 90/S auf seine Schweißaufgabe zugeschnitten. Die integrierte Schweißzeitsteuerung vereinfacht die Programmierung und das Ansteuern der Schweißsteuerung erheblich.

Bild 7: IRB 90/S mit integrierter Wasser-, Luft-, Stromversorgung und abgenommener Schutzklappe für die Arbeitseinheit der 1. Achse

Lieferbar ist der IRB 90/S sowohl als Robotersystem als auch als komplette Schweißstation.
Speziell für die Handhabung schwerer Werkstücke oder wenn ein großer Arbeitsbereich erforderlich ist, wird der IRB 90/M eingesetzt. Er besitzt den gleichen kinematischen Aufbau wie der IRB 90/S, jedoch ohne das schweißtechnische Zubehör. Dafür wurde die Antriebstechnik entsprechend modifiziert, so daß auch bei der Handhabung sehr schwerer Lasten ein optimales Beschleunigen und Abbremsen und damit auch eine optimale Taktzeit erreicht werden kann.

4.4 IRB 1000 — ein neues Montagekonzept

Die jüngste Neuentwicklung in der Roboterpalette von ASEA ist das Montagekonzept, dessen Kernstück der neue IRB 1000 ist (Bild 8). In Verbindung mit standardisierter Greifertechnik (z. B. Multigreifer 1000), automatischem Palettenmagazin IRBM 1001 und

handelsüblicher Standardvorrichtungen wie Vibrationsförderer, Förderbänder usw. lassen sich so wirtschaftlich komplette Montagestationen für die Kleinteilmontage zusammenstellen.
Auch das Robot Vision System ist zusammen mit dem IRB 1000 lieferbar. Der Montageroboter selbst ist nach einem neuen kinematischen Konzept entwickelt. Durch Pendelbewegungen in zwei Hauptachsen, deren Koordinaten zur Bahnsteuerung der Greiferhand für die Steuerung kein Problem darstellen, und durch günstige Anordnung der Massenschwerpunkte ist dieser Roboter das schnellste Gerät dieser Klasse auf dem Markt.

Bild 8: Montagestation IRB 1000 mit Verfahreinheit, automatischem Palettenmagazin und Vibrationsförderer

Der Montageroboter wird hängend montiert und sein Arbeitsbereich kann über eine lineare, servogesteuerte Verfahrachse weiter vergrößert werden. Das Handhabungsgewicht kann bis zu 5 kg betragen, je nach Abstand des Lastschwerpunktes zum Roboterflansch. Exakte Werte sind jedoch dem aussagefähigeren Belastungsdiagramm zu entnehmen.

5. Neue Anwendungsbereiche

Durch die ständige Weiterentwicklung der Robotersysteme, Sensortechnik und nicht zuletzt durch zunehmend automatisierungsgerechteres Gestalten von Neukonstruktionen lassen sich immer wieder neue Anwendungsgebiete für die Robotertechnik erschließen. Die großen Stückzahlen der Industrieroboter wurden bisher zum Lichtbogenschweißen (Bild 9), zum Punktschweißen, zum Farbsprühen und zur Materialhandhabung/Maschinenbedienung (Bild 10 und 11) eingesetzt. Diese Anwendungsbereiche werden auch in den nächsten Jahren noch die meisten Robotereinsätze verzeichnen können.

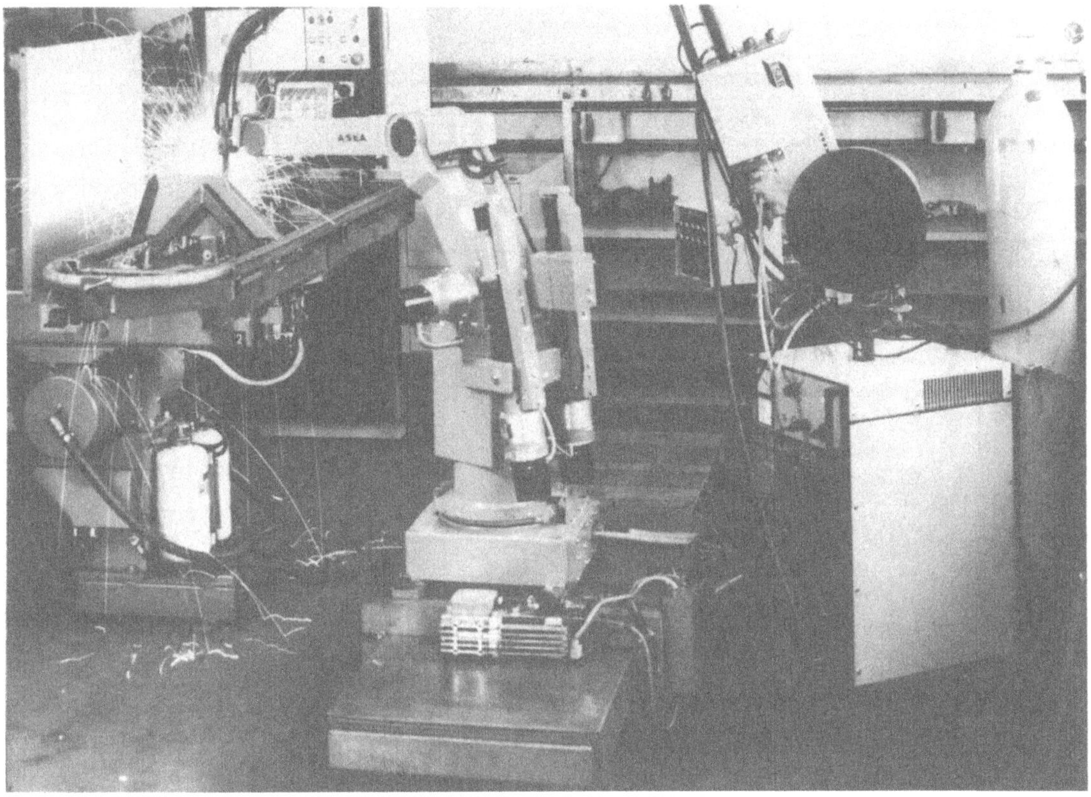

Bild 9: IRB 6/2 AW mit kompletter Schweißausrüstung und Wendepositionierer

5.1 Kleben mit Industrierobotern

Nicht mehr ganz neu, aber trotzdem noch sehr stark im Kommen, ist das Kleben mit Industrierobotern. Die wichtigsten Voraussetzungen hierfür sind exakte Bahntreue auch bei hohen Geschwindigkeiten und die Möglichkeit der schnellen, geschwindigkeitsproportionalen Ansteuerung der Klebdosiereinrichtung. Aufgrund der hohen Arbeitsgeschwindigkeiten von bis zu 600 mm/sec und hohen Qualitätsanforderungen ist die optimale Abstimmung aller Einzelkomponenten beim Kleben ein entscheidender Faktor. ASEA bietet daher für das Kleberauftragen Komplettlösungen an, die neben dem Industrieroboter mit entsprechend angepaßter Steuerung auch die Sensorik, Klebepistole, Dosiereinrichtung, Pumpe, Peripherie und die Erstellung des Anwenderprogrammes für die Gesamtanlage enthalten. Allein in der Bundesrepublik sind über 50 ASEA Roboter zum Kleben eingesetzt.

5.2 Montage mit Industrierobotern

Die flexible Automatisierung der Montage ist eine der entscheidenden Aufgaben der nächsten Jahre. Speziell im Bereich der mittleren Losgrößen bietet ein Industrieroboter dafür gute Voraussetzungen. Mehr als in allen anderen Applikationsbereichen ist hier jedoch die Mitwirkung der Konstrukteure wichtig, damit bei der Entwicklung neuer Produkte auch die Details automatisierungsgerecht gestaltet werden. Auch die Roboterhersteller müssen einiges tun, da die neuen Aufgaben auch neue Anforderungen an die

Bild 10: Ein IRB 90/M besorgt die flexible Verkettung zweier Blechpressen.

Bild 11: Ein IRB 60 bedient mehrere Maschinen in der Bremsscheibenfertigung bei ASEA MOTORS in Schweden.

Geräte stellen. Aus diesem Grund hat ASEA speziell für die Montage von Kleinteilen das Robotersystem IRB 1000 entwickelt. In Verbindung mit dem dazu erhältlichen umfangreichen Zubehör lassen sich auch extrem kurze Taktzeiten für die Montagevorgänge realisieren. Die Markteinführung dieses neuen Montagekonzepts erfolgte Ende 1984.
Aber auch mit den Universalrobotern IRB 6/2 und IRB 60/2 lassen sich Montageoperationen wirtschaftlich automatisieren. Beispiele hierfür sind die Montage von PKW-Motoren und elektrischen Schützen. Neben Robotersystemen sind auch hier die Teilezuführung und die Greifertechnik die entscheidenden Komponenten. In dem gezeigten Beispiel der Schützenmontage wird die Peripherie doppelt genutzt. Während ein Roboter montiert, lädt das zweite Gerät seinen Multigreifer mit sämtlichen für einen Montagevorgang erforderlichen Teilen. Dadurch wird optimaler Durchsatz und Ausnutzung der Anlage erreicht.

5.3 Brennschneiden mit Industrierobotern

Das Brennschneiden mit Robotern hat gegenüber Brennschneidmaschinen nicht nur Kostenvorteile bei der Beschaffung, sondern durch die größere Zahl der Freiheitsgrade wird auch ein größeres Maß an Flexibilität geboten. ASEA hat für diese Applikationen ein Systempaket entwickelt, welches neben dem Roboter eine in die Steuerung integrierte Anpaßsteuerung, ein Zündgerät, eine Zentralschaltung zum Steuern der Gase, ein externes Bedienpult sowie Brennerhalter, Brenner und Verbindungsschläuche enthält.

6. Vom Einzelgerät bis zur schlüsselfertigen Komplettlösung

Entsprechend der Unternehmensphilosophie von ASEA ist sowohl die Lieferung von Robotersystemen als auch die Übernahme der Gesamtverantwortung für schlüsselfertige Systemlösungen möglich.
Dafür steht in Friedberg eine Mannschaft zur Verfügung, die aus der Erfahrung aus fast 1.000 Roboterinstallationen innerhalb der Bundesrepublik Deutschland heraus eine fundierte Kundenbetreuung bieten kann. Sie reicht von dem Aufnehmen einer Anfrage und einem gegebenenfalls erforderlichen Kundenversuch über die Angebotsausarbeitung bis hin zur Projektierung der Gesamtanlage und der Projektabwicklung mit Aufbau, Installation und Inbetriebnahme.
Guter Service und intensive Kundenschulung sind eine Selbstverständlichkeit.
Dies sind die besten Voraussetzungen, um in guter Zusammenarbeit mit dem Kunden wirtschaftliche Systemlösungen zu realisieren.

Entgraten von Faserverbundstoffen mit Industrieroboter

Dipl.-Ing. Peter Kluge, Gesellschaft für digitale Automation mbH, München

1. Einleitung

In der Reihe der Fertigungsabschnitte von der Urform bis zum Fertigprodukt sind Entgratvorgänge häufig die einzigen Bearbeitungsschritte innerhalb einer automatischen Produktion, die noch manuell ausgeführt werden.
Produktivitäts- und Wirtschaftlichkeitsaspekte lassen einer Automatisierung dieses letzten manuellen Bearbeitungsschrittes besonderes Interesse zukommen.
Ein weiteres Argument ist die Humanisierung eines Arbeitsplatzes, an dem der Mensch besonders beim Arbeiten mit Faserverbundstoffen durch Staub- und Lärmentwicklung belastet ist.
Die Problematik bei der Automatisierung des Entgratens liegt wesentlich darin begründet, daß entlang der jeweiligen, toleranzbehafteten Werkstückkontur der Grat in seiner jeweiligen Ausprägung völlig abgetragen wird, ohne daß dabei das Fleisch — d. h. das Werkstück — beschädigt wird. An eine automatisierte Entgratvorrichtung werden somit hohe Anforderungen, vor allem hinsichtlich der Flexibilität gestellt. Darüber hinaus soll die Entgratvorrichtung so ausgelegt sein, daß an ihr eine große Teilevielfalt bearbeitet werden kann.
In diesem Beitrag werden einige Erfahrungen dargestellt, die im Einsatz von Industrierobotern für Entgrataufgaben an Kunststoffteilen aus Faserverbundwerkstoffen gesammelt wurden.
Insbesondere werden in diesem Zusammenhang sogenannte Kunststoffpreßteile betrachtet, die im wesentlichen aus ungerichteten Glasfasern („Wirrfasern") bestehen, die in einer Matrix aus einem Duroplast (z. B. UP-Harz) eingebettet sind.
Faserverbundene Kunststoffteile mit gerichtetem Faserverlauf („Laminate", gewickelte Teile o. ä.) müssen nach dem Urformen auch nachgearbeitet werden; die Probleme sind jedoch hier so gelagert, daß man eher von Konturfräsen als von Entgraten sprechen kann.
Zunächst werden die wesentlichen Einflußfaktoren, die den Entgratvorgang bestimmen, zusammengestellt. Diesem Anforderungsprofil werden die Möglichkeiten eines Robotereinsatzes für das Entgraten gegenübergestellt.

Weiterhin werden Methoden und Maßnahmen aufgezeigt, die ein gezieltes Reagieren im Entgratvorgang auf Änderung der Einflußfaktoren ermöglichen.

2. Einflußfaktoren

Den Entgratvorgang bestimmende Faktoren sind im wesentlichen:
- der Gratverlauf und die Werkstückkontur, entlang der der Grat abzutragen ist,
- die Gratausprägung (Grathaut, Materialanhäufung im Grat),
- das Werkstückmaterial,
- die Toleranzen, wie Werkstücktoleranzen, Qualitätstoleranzen an den entgrateten Flächen etc.,
- das Entgratwerkzeug.

Dabei können die Faktoren Werkstückmaterial, mit Einschränkungen auch Werkzeug, als konstant angesehen werden.
Die Faktoren Gratverlauf, Werkstückkontur und u. a. Gratausprägung sind nicht-konstante Faktoren, die bei der Automatisierung von Entgratvorgängen besonders zu berücksichtigen sind.

3. Erforderliche Anpassungen

Im Verlauf des Entgratprozesses sind somit in bestimmten Grenzen erforderlich:
- Anpassungen der Bewegungsbahn des Entgratwerkzeuges an die jeweilige Werkstückkontur,
- Anpassung an Materialhäufungen im Grat.

Die Anpassung an die Werkstückkontur kann durch Sensoreneinsatz oder ein entsprechend nachgiebig wirkendes Werkzeug erzielt werden. Bei veränderter Materialanhäufung im Grat sind die Zerspanleistung oder/und die Bewegungsgeschwindigkeit anzupassen. Schwierigkeiten ergeben sich hier insbesondere, wenn die Materialstärke im Grat in etwa der Materialstärke des Werkstücks entspricht. Die Materialanhäufung im Grat wird dann von automatischen Systemen häufig als veränderte Bewegungsbahn (Werkstückkontur) erkannt. Da man bei Preßteilen in der Regel davon ausgehen kann, daß die Grathaut erheblich weniger Materialstärke aufweist als das Fleisch, kann hier die Anpassung der Zerspanleistung vernachlässigt werden.

4. Werkzeugauswahl

Die Auswahl eines Werkzeuges für das Entgraten von Faserverbundwerkstoffen beschränkt sich auf die Entscheidung für einen Diamantfräser oder einen konventionellen Schleifkopf.
Hartmetallfräser stumpfen aufgrund der Einwirkung der Glasfasern bereits nach wenigen Betriebsstunden derart ab, daß es zu einer nicht tragbaren Veränderung der Zerspanparameter kommt.
Diamantfräser werden gerne dort eingesetzt, wo enge Radien gefahren werden müssen. Schleifköpfe mittleren Durchmessers finden Verwendung bei längeren Gratverläufen an Teilen mit größeren Toleranzen. Der unvermeidbare Verschleiß führt zwar zu einer

Änderung der Werkzeuggeometrie, die automatisch kompensiert werden muß, die Zerspanparameter bleiben jedoch annähernd konstant.
Die Drehzahlen liegen meist im Bereich über 10.000 U/min.

5. Robotermerkmale

Mit 6 frei programmierbaren Achsen ausgestattete Industrieroboter können beliebige Raumkurven innerhalb ihres Arbeitsbereiches abfahren. Durch Anbringen von Werkzeugen, Vorrichtungen oder Greifsystemen an der Hand lassen sie sich dem jeweiligen Einsatzfall anpassen. Je nach Ausrüstung ist auch ein automatischer Werkzeug- oder Greiferwechsel möglich.
Die Steuerungssysteme ermöglichen ein einfaches Umprogrammieren von einem Roboterbewegungsprogramm zum nächsten (z. B. bei Loswechsel) und lassen Anpassungen verschiedener Art zu.
So erfüllen Roboter wesentliche Forderungen, insbesondere hinsichtlich der Flexibilität, die bei Entgrataufgaben gestellt werden.

6. Robotereinsatz zum Entgraten

Zwei Formen des Robotereinsatzes sind bei Entgratungsvorgängen möglich. Der Roboter kann zum Führen des Entgratwerkzeuges eingesetzt werden. In diesem Fall ist das Werkstück während der Bearbeitung stationär. Andererseits kann das Werkzeug stationär sein, und der Roboter fährt das Werkstück an dem Entgratwerkzeug entlang. Letztere Variante ist insofern vorteilhaft, als der Roboter zusätzlich das Handhaben des Werkstücks vor und nach dem Entgraten übernehmen kann. Somit können häufig Zuführ- und Positioniervorrichtungen eingespart werden.
In beiden Fällen wird ein vom Werkstück abhängiger Roboterbewegungsablauf programmiert.
In der Praxis sind die beim Entgraten abzufahrenden Bahnen aufgrund verschiedener Toleranzen nicht raumfest und die Zerspanparameter aufgrund unterschiedlicher Gratausprägung selten konstant. Daher müssen Maßnahmen ergriffen werden, die Reaktionen auf die veränderlichen Einflußfaktoren (s. Pkt. 2 u. 3) ermöglichen.
Auf eine Veränderung der Einflußfaktoren kann aktiv oder passiv reagiert werden. Von aktivem Reagieren spricht man, wenn Einflußfaktoren und deren Änderungen durch Sensoren erfaßt werden, und aufgrund der Sensorsignale die programmierten Roboterbewegungsabläufe sowie die entsprechenden Bearbeitungsparameter gezielt verändert bzw. angepaßt werden. Passives Reagieren heißt, daß ein Element des Wirkpaares (meist das Werkzeug) definiert nachgiebig aufgehängt wird. Damit wird die Möglichkeit geschaffen, in begrenztem Umfang auf veränderte Randbedingungen zu reagieren.

7. Sensoren

Im Rahmen von Entgratvorgängen eingesetzte Sensoren sollen Größen aufnehmen, die den aktuellen Bahnverlauf (Werkstückkontur) wiedergeben sowie Größen erfassen, die die jeweiligen Zerspanparameter beeinflussen. Die durch den Sensor erfaßten aktuellen Parameterwerte werden in einem Rechner ausgewertet und führen nach dem Vergleich mit

den entsprechenden Werten in den aufgenommenen Programmen zu Anpassungen, die auf das angestrebte Entgratergebnis ausgerichtet sind.
Die Problematik beim Einsatz von Sensoren liegt in der Integration eines aus Sensor und Auswertelektronik bestehenden Sensorsystem in das Robotersystem, sowie in der Verarbeitungsgeschwindigkeit der Sensoreingangsdaten in die entsprechenden Eingangsdaten für die Robotersteuerung und deren Reaktionszeit darauf.
Aufgrund einer schlechten Kosten-Nutzen-Relation (je nach Entwicklungsstand der Robotersteuerung liegen die Kosten für ein komplettes Sensorsystem zwischen 30.000,— DM und 60.000,— DM) konnten sich Sensoren für dieses Aufgabengebiet noch nicht recht durchsetzen.

8. Methoden der passiven Programmanpassung

Bei der passiven Programmanpassung wird nicht der programmierte Roboterbewegungsablauf verändert, sondern die Bahn, die sich durch Aneinanderreihung aller programmierter Werkzeugwirkorte ergibt. Differenzen zwischen der programmierten Roboterbahn und dem toleranzbehafteten aktuellen Konturverlauf (Wirkorteverlauf) werden dadurch aufgefangen, daß zwischen dem Wirkorteverlauf und dem Roboterbewegungsablauf keine feste räumliche Zuordnung besteht. Der Ausgleich der Differenzen zwischen programmiertem Roboterbewegungsablauf und der aktuell abzufahrenden Bewegungsbahn wird durch das Werkstück direkt oder/und durch eine entsprechende Hilfskonstruktion eingeleitet.
Eine Anpassung der Zerspanparameter an die aktuellen Erfordernisse findet nur indirekt statt. Je nach der eingesetzten Methode besteht zwar ein Zusammenhang zwischen der Bahnkorrektur und der Änderung der Zerspanparameter, doch führt dies nicht zwangsläufig zum korrekten Entgratergebnis (ähnlich dem Kraft-Momenten-Sensor).

8.1 Passive Anpassung durch das Werkzeug

Der am häufigsten verwendeten Methode zur passiven Programmanpassung liegt die Ausnutzung der Reaktionskräfte zur Korrektur der Bewegungsbahn zugrunde.

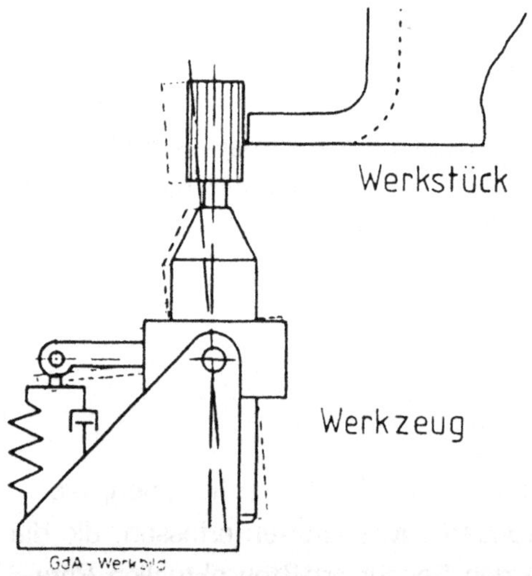

Bild 1: Gedämpft nachgiebig aufgehängtes Werkzeug

Durch definiertes Nachgeben eines Wirkpartners (meist des Werkzeugs) werden Toleranzen im Bahnverlauf ausgeglichen und Störungen vermieden, die aus unterschiedlicher Gratausprägung resultieren. Die Richtung der Ausweichbewegung sollte annähernd senkrecht zur Tangentialebene an die Bahn im Arbeitsbereich sein.
Die Größe der Auslenkkraft beeinflußt maßgeblich das Entgratergebnis. Bei der Programmerstellung wird der optimale Wert der Auslenkkraft empirisch ermittelt und eingestellt. Dieser Wert kann je nach Entgratprobleme in einem mehr oder weniger großen Bereich liegen.
Zur Einstellung der Auslenkkraft kann man sich den in Bild 2 gezeigten Zusammenhang zwischen der Reaktionskraft aus der Bearbeitung und der Ortskoordinate (senkrecht zur Werkstückoberfläche) zu Nutze machen.

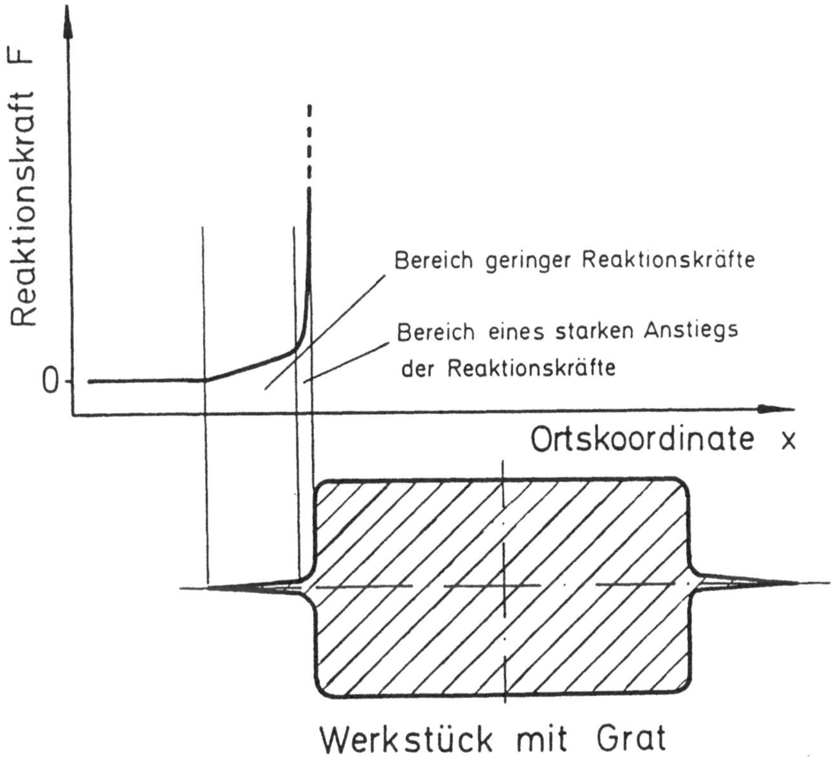

Bild 2: Zusammenhang zwischen der Reaktionskraft aus der Bearbeitung und der Ortskoordinate

Die Reaktionskraft steigt im Bereich des Gratfußes stark an. Die Auslenkkraft ist so einzustellen, daß sie zwar deutlich über die Reaktionskraft am Punkt 2 liegt, jedoch nicht zu groß ist, damit negative Effekte (Beschädigung des Werkstücks, hoher Werkzeugverschleiß, Werkzeugbruch) vermieden werden.
Um der Entstehung von Schwingungen des beweglichen Wirkpartners, die aufgrund von Schwankungen der Reaktionskräfte auftreten können, entgegenzuwirken, ist eine ausreichende Dämpfung vorzusehen.
Dieses Verfahren ist zum Abtragen von Graten an Kunststoffpreßteilen in der Regel anwendbar. Ist der Anstieg der Reaktionskräfte im Bereich des Gratfußes weniger ausgeprägt, nehmen also die Reaktionskräfte kontinuierlich zu (Anfasungen), so ist das Entgratergebnis von der sorgfältigen Einstellung der Auslenkkraft und der Abstimmung der Dämpfung abhängig.

8.2 Passive Anpassung unter Einsatz von Führungsrollen

Bei einer anderen Methode wird die Auslenkkraft nicht vom Werkzeug, wie im obigen Fall, sondern von einer Rolle aufgenommen, die um eine Achse parallel zur Fräsachse läuft und an einer definierten Oberfläche des Werkstückes abrollt. Die Rolle läuft dem Werkzeug voraus oder hinterher. Die Größe der Auslenkkraft wird so eingestellt, daß eine Ausweichbewegung aufgrund starker Materialanhäufungen im Grat möglich ist. Die Auslenkkraft wird in diesem Fall vom Werkzeug aufgenommen. Voraussetzung für den Einsatz dieser Methode ist das Konstanthalten der Orientierung des Werkzeugs in bezug auf die Bahntangente (bei konstantem Abstand der Bezugsfläche vom Gratfuß). Die Methode ist auch bei kontinuierlichen Änderungen des Abstands der Werkstückoberfläche vom Gratfuß anwendbar, setzt allerdings die Möglichkeit einer kontinuierlichen Änderung der Orientierung des Werkzeuges zur Bahntangente voraus.

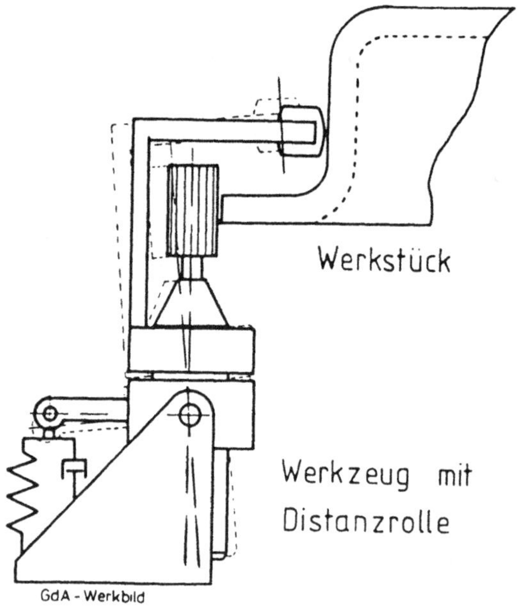

Bild 3: Werkzeug mit Führungsrolle

Bei diesem Verfahren wird ein auftretender Werkzeugverschleiß nicht automatisch kompensiert. Hierin liegt ein Unterschied zur oben dargestellten passiven Anpassung direkt durch das Werkzeug.
Bei der Bearbeitung von Kunststoffpreßteilen kann diese Methode nur bei Einsatz von Diamantwerkzeugen angewandt werden.

9. Einsatzbeispiel für passive Programmanpassung

Im nachfolgend beschriebenen Beispiel werden die Reaktionskräfte aus der Bearbeitung zur Anpassung genutzt.
Die Aufgabe bestand darin, Kunststoffpreßteile (Wannen aus glasfaserverstärktem Duroplast) zu entgraten. Die Toleranzen am Werkstückumfang betragen maximal 4 mm. Die Materialanhäufung im Grat ist in Relation zur Materialanhäufung am Werkstückflansch gering. Gefordert wurde eine Taktzeit von 40 s bei einer Bahnlänge von knapp 4 m, entlang der der Grat abzutragen ist. Dies erforderte Vorschubgeschwindigkeiten, die in einigen Bereichen des Wannenumfangs bei ca. 200 mm/s liegen.

Der gesamte Ablauf in dem Produktionsabschnitt stellt sich wie folgt dar:
In einer Presse werden zwei Wannen gleichzeitig gepreßt. Ein Handhabungsgerät entnimmt sie gemeinsam der Presse und stellt sie im Arbeitsbereich des Entgratroboters (HDS 26) bereit. Der Entgratroboter greift ein Werkstück mit einem Sauggreifer und führt es an dem stationären Entgratwerkzeug (Bild 4) entlang und legt es nach dem Entgraten auf einer Rollenbahn ab.

Bild 4: In zwei Achsen nachgiebig aufgehängte Schleifspindel mit pneumatisch einstellbarer Dämpfung

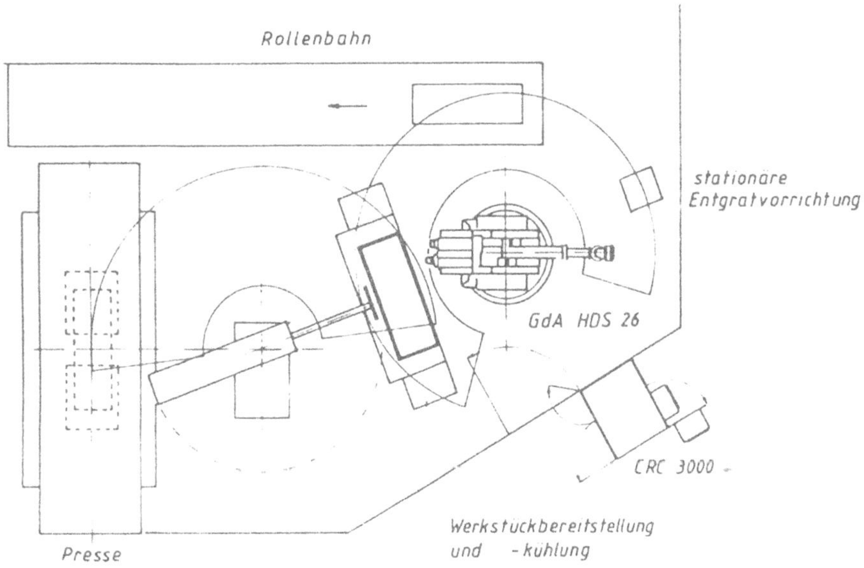

Bild 5: Layout einer Entgratanlage

In einer späteren Ausbaustufe ist auch das abschließende Palettieren der Teile in den Versandgitterboxen durch den Entgratroboter vorgesehen.
Die Methode der passiven Programmanpassung führte zum Erfolg. Die realistische Programmierzeit betrug ca. 3 Stunden incl. der Einstellung der optimalen Auslenkkraft. Als

Werkzeug wird ein Schleifkopf verwendet. Der Werkzeugverschleiß ist beträchtlich. Die Kosten für das Werkzeug betragen alles in allem ca. 8.000,— DM.
Die stationäre Anordnung des Werkzeugs erleichtert das effiziente Absaugen des Staubes, der beim Entgraten anfällt.
Der Einsatz eines Sensors erschien uns unmöglich, da dieser zu hohe Abfrage- und Auswertzeiten aufweist.

Möglichkeiten der steuerungstechnischen Integration von Industrierobotern

Dr.-Ing. Jürgen Hesselbach, Robert Bosch GmbH,
Geschäftsbereich: Industrieausrüstung, Erbach

1. Einleitung

Industrieroboter werden in den unterschiedlichsten mechanischen und steuerungstechnischen Ausführungsformen in einem weiten Bereich eingesetzt. Dieser umfaßt neben der Handhabung von Werkstücken Fertigungs- und Montageaufgaben (Bild 1).

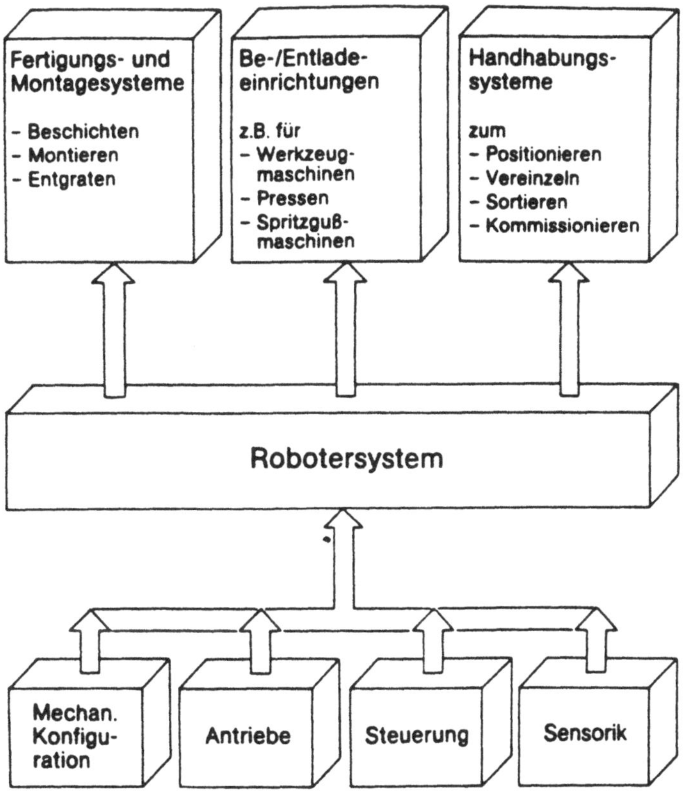

Bild 1: Anwendungsbereiche und Komponenten von Robotersystemen

Dabei werden Roboter in verschiedenen Organisationsformen in die Produktion eingebunden. Diese sind insbesondere:
- die **Einzellösung;**
- die **Roboterlinie** (z. B. Montagelinien), hier werden Teilaufgaben von verschiedenen Geräten in einer Linie bearbeitet. Die Verkettung hinsichtlich des Materialflusses erfolgt in der Regel starr. Die Verknüpfung des Informationsflusses der einzelnen Steuerungseinheiten geschieht z. B. über speicherprogrammierbare Steuerungen (SPS);
- die **Fertigungs**- bzw. **Montagezelle,** Montagezellen bestehen z. B. aus einem oder mehreren mit Greifern oder Werkzeugen ausgerüsteten Robotern. Weitere Komponenten sind z. B. Magazine, Stationen für Verfahrensoperationen, Zuführeinrichtungen, Sensoren und Verkettungseinrichtungen. Der Roboter führt dabei Handhabungs- und/oder Verfahrensoperationen durch. In Fertigungszellen (oder -Inseln) beschränkt sich seine Aufgabe in der Regel auf die Handhabung, z. B. die Beschickung einer Werkzeugmaschine. Kennzeichnend für eine autonome Zelle ist, daß sie weitgehend ohne menschliche Eingriffe arbeitet.
- Automatisierte Zellen- (oder Insel-) Lösungen können zu **flexiblen Fertigungs**- bzw. **Montagesystemen** zusammengefaßt werden. Dies bedeutet, ein zentrales Leitsystem steuert und koordiniert z. B. NC-gesteuerte Werkzeugmaschinen und Roboter, Transport-, Zufuhr- und Lagereinrichtungen. Deren autonome, hierarchisch untergeordneten, Steuerungseinrichtungen können gegebenenfalls unabhängig davon miteinander kommunizieren. Dies setzt flexible und leistungsfähige Schnittstellen der Robotersteuerung zu peripheren Einrichtungen aber auch zu übergeordneten Steuerungssystemen voraus.

Im folgenden wird nun die Steuerung von Industrierobotern und ihre Einbindung in hierarchisch strukturierte Gesamtsysteme betrachtet. Teilthemen sind hierbei:
- die Merkmale, insbesondere der Funktionsumfang, heutiger Robotersteuerungen;
- sowie ihre für die Integrationsfähigkeit notwendigen Schnittstellen.

Abschließend wird kurz auf eine realisierte Lösung aus dem Bereich des Lackierens eingegangen.

2. Robotersteuerungen und ihre Merkmale

Die Einzelkomponenten eines Robotersystems (Bild 1) bestimmen dessen Leistungsfähigkeit. Wesentlich trägt dazu die eingesetzte Steuerungstechnik bei. Ihre Fähigkeiten werden festgelegt durch:
- den gerätetechnischen Aufbau, z. B. Zahl und Art der Prozessoren, Speicherumfang, Anzahl der regelbaren Achsen, Schnittstellen usw.;
- das Betriebssystem (oder -programm). Dieses definiert den Funktionsumfang, die Bedienerschnittstelle und den Programmierkomfort.

Die grundsätzlichen Aufgaben des Steuerungsrechners lassen sich folgendermaßen zusammenfassen:
- Bereitstellung von Bedienfunktionen;
- gegebenenfalls Unterstützung beim Erstellen und Testen der Anwenderprogramme vor Ort, sowie ihre Verwaltung;
- Erzeugung und Koordination der Antriebsbewegungen entsprechend den Vorgaben des Programms (Bewegungssteuerung);
- gegebenenfalls die Korrekturen des Programm- bzw. Bewegungsablaufes durch Sensorsignale (die Sensordatenverarbeitung);

— die Unterstützung bei der Fehlersuche (Diagnose);
— die Kommunikation mit peripheren Geräten, anderen Steuerungen sowie übergeordneten Rechnern.

Den heute üblichen Funktionsumfang von Roboter- (Bahn-) Steuerungen faßt Bild 2 vereinfacht zusammen.

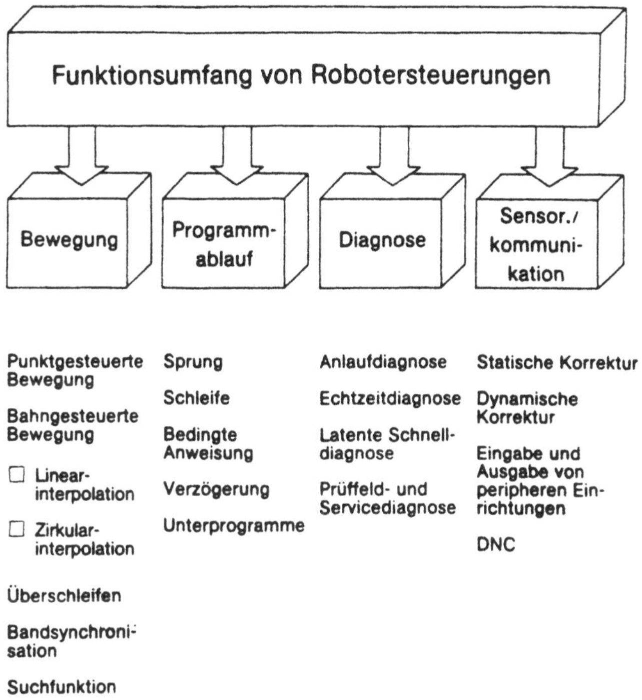

Bild 2: Funktionsumfang von Robotersteuerungen

Ein wichtiges Unterscheidungsmerkmal ist die Art der Bewegungssteuerung. Hier unterscheidet man prinzipiell zwischen Punkt- und Bahnsteuerungen. Bahnsteuerungen erlauben die Bewegung eines Werkzeuges durch den Roboter entlang einer vorgegebenen Bahn mit konstanter Bahngeschwindigkeit. Bei Punktsteuerungen hingegen kann der Bewegungsablauf zwischen den programmierten Start- und Endpunkten beeinflußt werden. Während vor allem für einfache Handhabungsaufgaben Punktsteuerungen vorherrschen, verlangen Bearbeitungsvorgänge zunehmend Bahnsteuerungen. Neben der Erweiterung der Bewegungsmöglichkeiten bieten diese folgende zusätzliche Vorteile:
— Erweiterung des Funktionsumfangs (z. B. Bandsynchronisation);
— Integration messender bzw. intelligenter Sensoren;
— Unabhängigkeit der Programmierung aufgrund der gegebenen Entkopplung von der Kinematik des Gerätes.

Ein weiteres wichtiges Kriterium zur Unterscheidung von Robotersteuerungen ist die Art der Programmierung. Diese hängt hier stark von der jeweiligen Anwendung ab. Während bei den Lackierrobotern vorzugsweise mit den sogenannten Playback-Verfahren programmiert wird, setzt sich bei Montagerobotern verstärkt die Programmierung mit problemorientierten Sprachen durch. Gründe dafür sind vor allem:
— die verlangte Reduzierung der Programmierzeiten, (d. h. vorzugsweise off-line-Programmierung, z. B. in der Arbeitsvorbereitung);
— die notwendige Berücksichtigung von Randbedingungen aus der Roboterumgebung beim Programmablauf (d. h. durch Eingangssignale gesteuerte Sprünge, Verzwei-

gungen usw. im Programm). Diese können Teach-In-Verfahren nicht oder nur unzureichend berücksichtigen;
- die Nutzung der Daten übergeordneter Systeme (z. B. CAD) für die Programmerstellung.

3. Aufbau von verketteten Steuerungssystemen

3.1 Gesamtkonfiguration

Steuerungssysteme im Bereich der Produktionsautomatisierung sind üblicherweise hierarchisch aufgebaut. Das heißt, die lokalen Steuerungseinrichtungen sind mit übergeordneten z. B. zentralen Rechnern verbunden (Bild 3). Unterschieden wird hierbei zwischen Gruppensteuerungen (z. B. Zellenrechner) und Leitrechner.

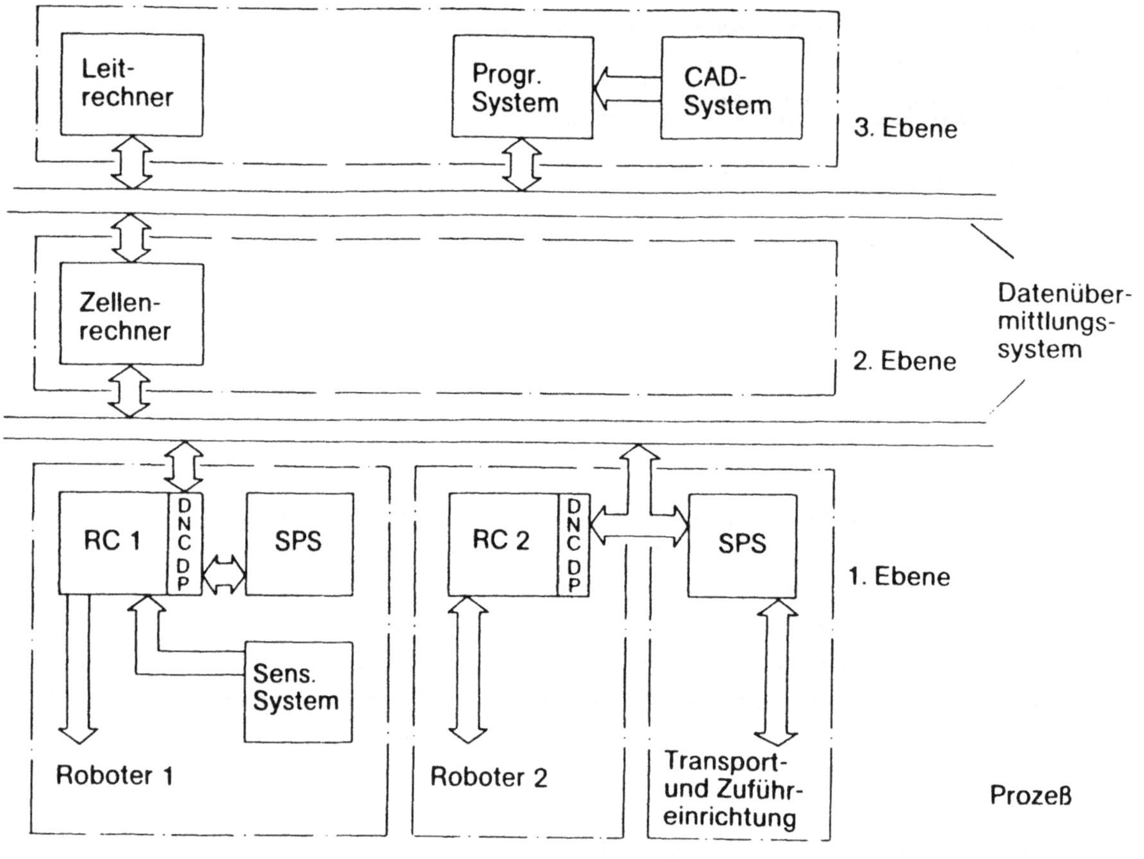

Bild 3: Steuerungshierarchie flexibler Systeme mit Industrieroboter

Der Gruppenrechner koordiniert die Operationen der Einzelsteuerungen auf der untersten Ebene dieser Hierarchie (Roboter-, Werkzeugmaschinen, Transportsteuerungen usw.). Dies beinhaltet im einzelnen:
- die Überwachung von Störungsdiagnose,
- Protokollierung von Daten,
- Verwaltung und Dokumentation von Programmen,
- Übertragung von Anwenderprogrammen (im Rahmen des sog. DNC-Betriebs) an die Einzelsteuerungen,
- die Realisierung einer oder mehrerer Ausfallstrategien (bei Störung in einer Station).

Der Leitrechner kann seinerseits mit einem zentralen Betriebsrechner für die Fertigungsplanung und -steuerung gekoppelt werden. Der Zugriff auf CAD-Systeme ermöglicht darüber hinaus die Nutzung von Geometriedaten zur Erstellung der Anwenderprogramme. Datenübertragungssysteme bilden das Bindeglied zwischen den einzelnen Ebenen der Steuerungshierarchie. Diese unterscheiden sich im wesentlichen [1] durch die Art:
- der Konfigurationsform
- sowie des Übertragungsprotokolls.

Angebotene Konfigurationsformen basieren auf Stern-, Ring- und Bussystemen.
Die Anschlußfähigkeit der Einzelsteuerung an das Leitsystem wird durch die physikalische Ausführung der Schnittstellen festgelegt. Darüber hinaus müssen aber auch die logischen Randbedingungen erfüllt werden, damit die verschiedenen Teilnehmer miteinander kommunizieren können. Dies verlangt ein an beiden Seiten identisches Übermittlungsprotokoll.
Wegen der bisher fehlenden Normierung einer einheitlichen DNC-Schnittstelle setzen die verschiedenen Anbieter entweder
- selbstentwickelte Protokolle
- oder rechnerverbundorientierte (normierte) Verfahren ein.

Der zweite Ansatz bietet den Vorteil, daß auch Geräte verschiedener Hersteller in das Automatisierungssystem integriert werden können. Ein Beispiel hierfür ist vor allem das von General Motors definierte lokale Netzwerk mit dem „Manufactory Automatisation Protocol" (MAP).

3.2 Gerätetechnische Schnittstellen der Robotersteuerung

Für die oben skizzierte Einbindung der Robotersteuerung in übergeordnete Systeme, zum Anschluß von peripheren Bedien-, Programmier- und Protokolliereinrichtungen sowie Sensoren benötigt diese die entsprechenden gerätetechnischen Schnittstellen (Bild 4).

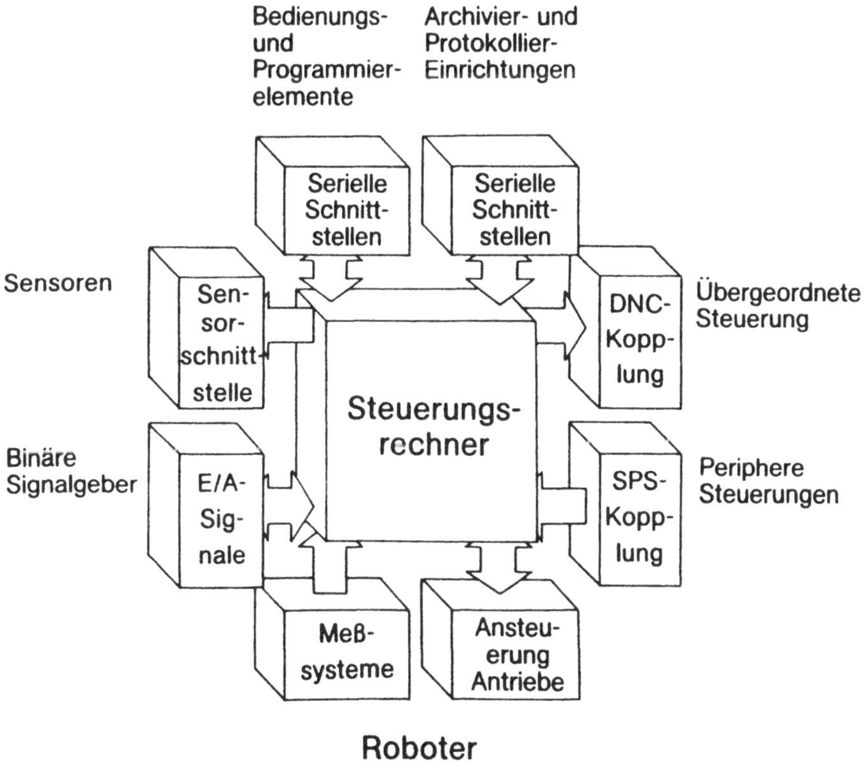

Bild 4: Schnittstellen von Robotersteuerungen

Ein ausgeführtes Bild dazu zeigt Bild 5. Es handelt sich dabei um eine Bahnsteuerung für Industrieroboter mit bis zu acht Achsen.

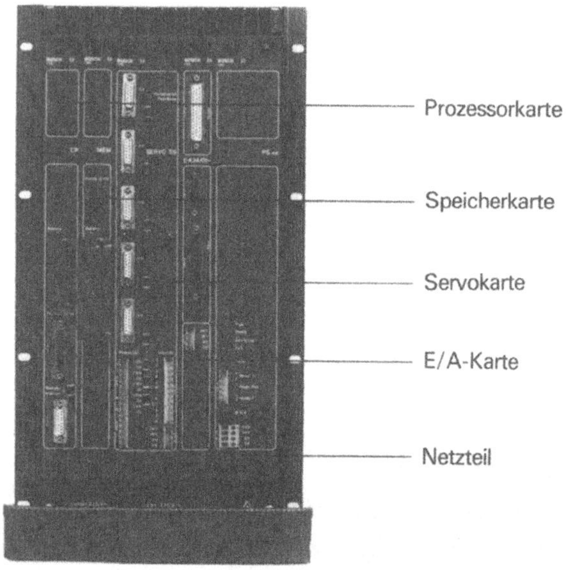

Bild 5: Ausgeführte Robotersteuerung

Schnittstellen zu Bedien-, Programmier- und sonstigen peripheren Einrichtungen sind:
- 20 mA für ein beliebiges Bedienungsterminal (z. B. Teletype, intelligentes Bildschirmterminal usw.);
- RS 422 für das Handbediengerät;
- und über eine Zusatzschaltgruppe V.24-Schnittstellen für Drucker usw.; sowie eine Floppy-Disk-Schnittstelle.

Wahlweise stehen zur Verfügung:
- die Koppelmöglichkeit zu speicherprogrammierbaren Steuerungen (z. B. über Dual-Port-RAM);
- sowie der Anschluß an ein Fertigungsleitsystem (spez. Schnittstelle zum Bosch-Anlagenbus/BAB oder V.24).

Die Sensordateneingabe ist über folgende Schnittstellen möglich:
- die binären Anwendereingänge. Diese können im Programm abgefragt und verknüpft werden;
- eine analoge Schnittstelle $\pm$ 10 V für die Verarbeitung analoger Sensorsignale, z. B. taktiler Sensoren;
- die V.24-Schnittstelle. Darüber kann der Bewegungsablauf des Roboters auf Anwenderprogramm- oder Betriebssystemebene beeinflußt werden.

3.3 Off-line Programmierung von Industrierobotern

Ein weiterer wichtiger Gesichtspunkt bei der steuerungstechnischen Integration von Industrierobotern in Produktionssysteme ist deren Programmierung mit Hilfe übergeordneter Rechnersysteme. Dies bedeutet, daß aus den geometrischen Beschreibungsdaten der Teile sowie der Anlage auch die Steuerdaten für die einzelnen Produktionseinrichtungen erzeugt werden. Diese konsequente Umsetzung des CIM-Gedankens (Computer Integrated Manufacturing) in die Praxis setzt jedoch auch für Industrieroboter den Einsatz von Programmiersystemen auf der Basis problemorientierter Sprachen voraus [2]. Neben der Bewegungsbeschreibung verlangt ein lauffähiges Programm aber die Eingabe weiterer Informationen wie (Bild 6):

— technologische Daten, vor allem bei Bearbeitungsaufgaben (z. B. beim Lackieren Farbmenge und Parameter für die Ausformung des Farbstrahls);
— Angaben über den logischen Ablauf verschiedener Einzelvorgänge unter Berücksichtigung von Randbedingungen aus der Peripherie des Roboters (insbesondere bei der Montage).

Die Nutzung der CAD-Daten beschränkt sich damit auf die programmtechnische Beschreibung von Bewegungssequenzen.

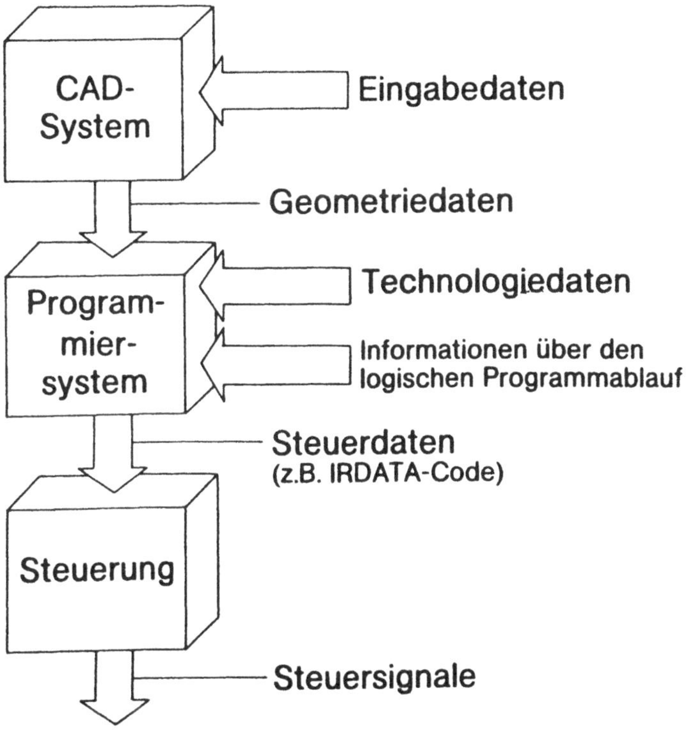

Bild 6: Kopplung zwischen CAD- und Programmiersystem

CAD- und Programmiersystem arbeiten unabhängig voneinander [3].

Das Programmiersystem erzeugt aus den gesamten Eingabedaten das Anwenderprogramm und paßt dieses gegebenenfalls an die Robotersteuerung an. Neuere Ansätze gehen von einem normierten Zwischencode aus, der unmittelbar von den Robotersteuerungen interpretiert wird. Eine derartige Schnittstelle ist der IRDATA-Code (Industrial Robot Data), der sich in Normung befindet [4]. Diese Lösung bietet den wesentlichen Vorteil, daß das Programm auf einem externen Programmiersystem erzeugt und ohne Anpassung an die jeweilige Robotersteuerung auf diese übertragen und ausgeführt werden kann. Damit lassen sich also ohne größere Schwierigkeiten verschiedene Fabrikate über ein System programmieren.

Derartige übergeordnete Programmiersysteme können vorteilhaft für die Behandlung der speziellen Probleme der Programmierung räumlich verteilter Kinematiken eingesetzt werden. Hilfsmittel hierzu sind:

— Kollisionsbetrachtungen (evtl. graph. unterstützt),
— Simulation des Programmablaufs.

So bieten einzelne Hersteller bereits einfache Zusatzprogramme zu ihren CAD-Systemen an, die zumindest die Erzeugung des Bewegungsablaufs des Roboters und dessen graphische Darstellung einschließlich des Umfeldes ermöglichen.

4. Anwendungsbeispiel

Als Einsatzfall wird die Steuerungskonfiguration einer Station für die Detaillackierung von Automobilkarosserien beschrieben. Bei der Detaillackierung wird im Innenbereich der Karosserie (z. B. Motor- oder Kofferraum) spritzlackiert. Die dabei notwendigen komplexen Bewegungsabläufe verlangen den Einsatz von Industrierobotern in Gelenkarmbauweise mit 6 — 7 simultan bewegten Achsen (Bild 7).

Bild 7: Lackierroboter

Die wesentlichen Merkmale dieses Gerätes sind:
- sieben hydraulisch angetriebene Achsen,
- eine Reichweite von 2.650 mm,
- Bahngeschwindigkeiten von 1,5 m/s an der Spritzpistole (mit Schwankungen von + 2%).

Neben der Lackieraufgabe ist dieser Roboter auch in der Lage, Handhabungsfunktion (wie z. B. Türen öffnen/schließen usw.) zu übernehmen. Die erforderlichen Taktzeiten werden durch eine entsprechende Mehrfachanordnung von Roboterpaaren erreicht (Beispiel in Bild 8).
Ein Roboterpaar übernimmt dabei jeweils eine bestimmte Zone an der Karosserie (z. B. Motorraum).

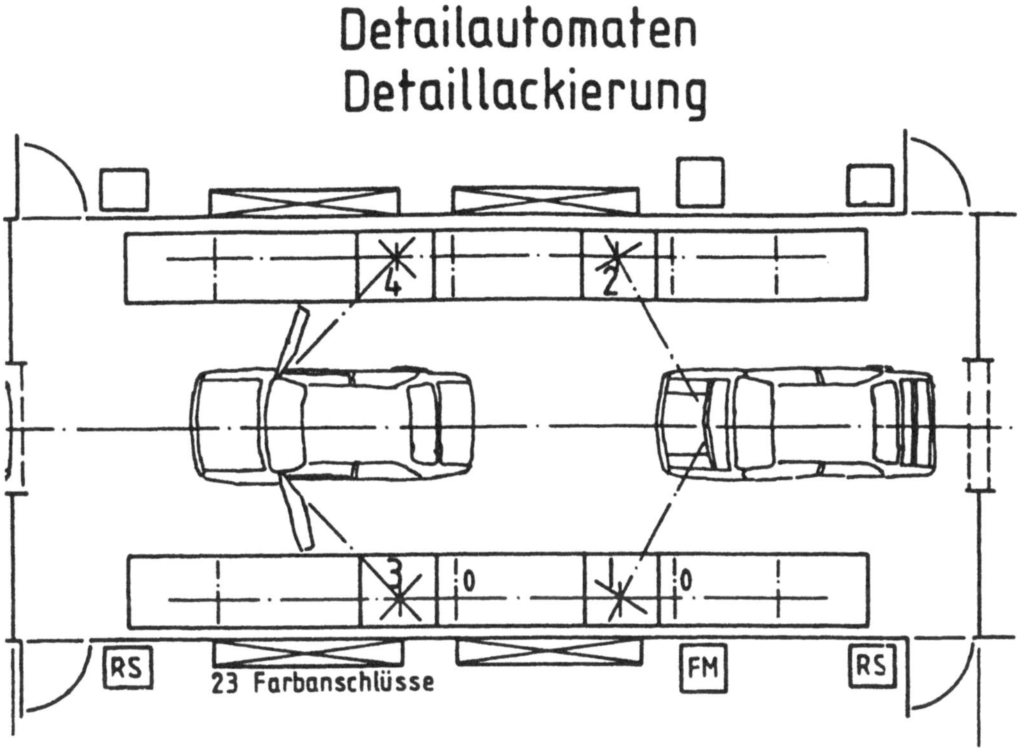

Bild 8: Station für die Detaillackierung

Die jeweilige Roboter-Bahnsteuerung steuert die Bewegungen der einzelnen Roboter synchron zum Förderband. Außerdem erzeugen und übergeben diese Steuerungen Daten an einen peripheren Rechner, der wiederum Dosier- und Ventileinheiten aktiviert. Diese Daten beinhalten Informationen z. B. über:

- die Farbmenge (abhängig von der Farbe);
- Parameter für Ansteuersignale der Spritzpistole, die eine bestimmte Ausformung des Farbstahls bewirken (z. B. Lenkluft).

Die Datenübertragung erfolgt hier über 8-bit-breite Datenkanäle.
Neben umfangreichen Bewegungsfunktionen verfügt die eingesetzte Robotersteuerung über zahlreiche, den Programmablauf beeinflußende, Funktionen sowie arithmetische, logische und vergleichende Operationsmöglichkeiten (siehe dazu auch [2]).
Die Programmierung der Aufgabe geschieht einzeln für jeden Roboter mit Hilfe des steuerungsinternen Programmiersystems. Das Programmgerüst (Bewegungsanweisungen, Ein-/Ausschaltpunkte der Spritzpistole auf der Bahn, Farbmenge usw.) wird mit Hilfe eines Editors in der problemorientierten Sprache BAPS (Bewegungs- und Ablaufprogrammiersprache [2]) formuliert. Dieses Gerüst setzt ein steuerungsinterner Übersetzer in den IRDATA-Zwischencode um.
Für die im Programm nicht explizit angegebenen Stützpunkte erzeugt dieser Übersetzer eine Punkte-Datei. Diese wird durch Anfahren der gewünschten Punkte mit den entsprechenden Koordinatenwerten aufgefüllt. Die Programmerstellung mit dieser hybriden Methode ist relativ einfach. Wesentlich schwieriger hingegen ist die Ermittlung der günstigsten Technologieparameter bei der Optimierung des Programms. Mittelfristig bietet sich hier die Nutzung der Daten vom CAD-System (im Karosseriebereich meist vorhanden) sowie der von Technologie-Datenbanken an. Die hier skizzierten Merkmale des Programmiersystems, nämlich

— IRDATA-Schnittstelle
— sowie separate Punkte-Datei,
erlauben dabei eine relativ einfache Anbindung dieser Steuerung an übergeordnete Programmiersysteme.
Die Einzelsteuerungen werden durch eine übergeordnete Steuerung (auf Basis eines Rechnerkartensystems — Bild 9) koordiniert.

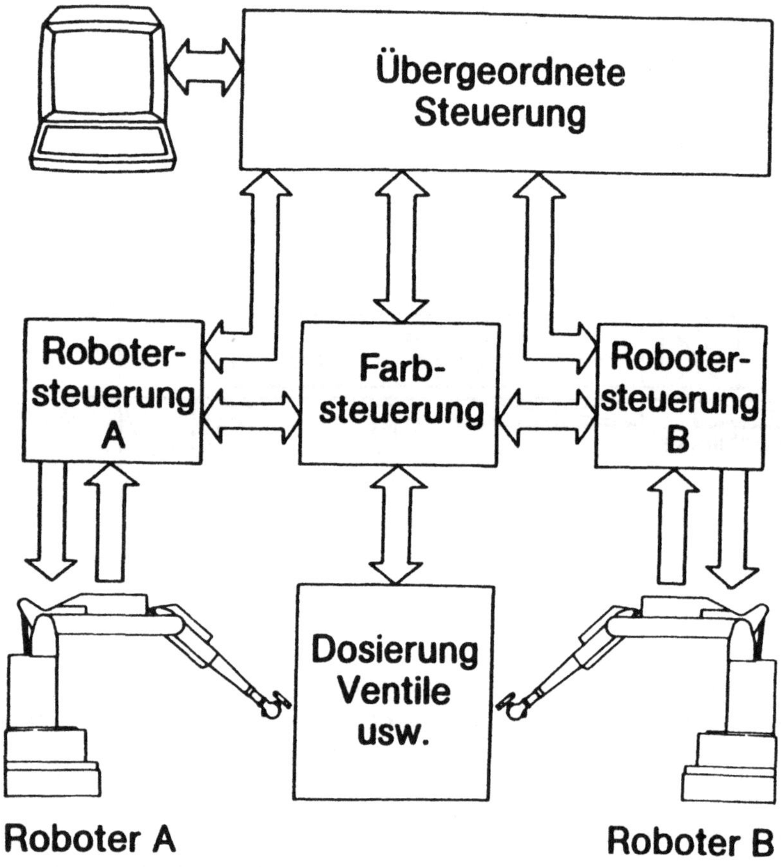

Bild 9: Gesamtes Steuerungssystem

Ihre wesentliche Aufgabe besteht in:
— der zentralen Bedienung,
— Echtzeitüberwachung mit Anzeige aller Funktionsabläufe und Betriebszustände,
— Zuweisung des aktuellen Programms an die untergeordneten Steuerungen,
— Synchronisation der Roboterabläufe.
Der Informationsaustausch zur zentralen Leittechnik beschränkt sich in der jetzigen Ausbaustufe auf:
— Angaben über Karosserietyp und Farbe
— sowie Fehlermeldungen.

Literatur:

[1] Eggers, A.: DNC-Systeme. ZwF 78 (1983) Nr. 7.
[2] Hesselbach, J., Storr, A., Kissling, M., Schumacher, H.: Programmiersysteme für Industrieroboter. wt-Z. ind. Fertig. 74 (1984) Nr. 9, S. 524 — 528.
[3] Hellwig, H., Hellwig U., Paulus, M.: Die Kopplung und die Integration von CAD und CAM, Teil 3 VDI-Z Bd. 127 (1985) Nr. 1/2.
[4] VDI 6863 Bl. 1 (Entwurf): Programmierung numerisch gesteuerter Handhabungseinrichtungen IRDATA. Allgemeiner Aufbau und Satztypen. Berlin, Köln: Benth 1984.

Reaktionsmöglichkeiten von Industrierobotern auf Sensorsignale — Anwenderbedürfnisse und Strukturen der Sensorrückkopplung

Dr.-Ing. Gerhard Hirzinger, Deutsche Forschungs- und Versuchsanstalt für Luft- und Raumfahrt e. V. (DFVLR) Institut für Dynamik der Flugsysteme, Weßling

I. Problemstellung

Sensoren, die einem Roboter Information über seine Umwelt liefern und ihn zu entsprechenden Reaktionen veranlassen, gelten als die Schlüsseltechnologie der nächsten Robotergeneration (s. Bild 1).

Vor allem die Montagetechnik und die verschiedenen Bearbeitungsprozesse wie Schleif- und Entgratvorgänge sollen dadurch den Robotern erschlossen werden. Neben den abbildenden Sensoren (z. B. TV-Kameras zur Objekterkennung) scheint gerade in der Montage und bei der Materialbearbeitung der „Tastsinn" in der Roboterhand sehr wichtig, er ist bei sehr „feinfühligen" Vorgängen überhaupt nicht durch das Auge zu ersetzen. Ähnliche Bedeutung darf in Zukunft der berührungslosen Näherungssensorik beigemessen werden, wegen der im Vergleich zur Bildverarbeitung geringen Komplexität bei guter Verwertbarkeit der Sensorsignale [10]. Diese Art von Sensorik fehlt dem Menschen gänzlich und kann dazu beitragen, jene räumliche Information zu gewinnen, die sich der Mensch durch das Stereo-Sehen der beiden Augen holt, solange die Hand ein zu greifendes Objekt nicht verdeckt. Stereo-Sehen bei Robotern könnte sich im Greifer abspielen und so das Verdeckungsproblem vermeiden, dürfte aber die nächsten Jahre noch nicht für eine breite industrielle Anwendung in Frage kommen. Mit dem Begriff „Tastsinn" verbindet man i. a. Sensoren, die im Robotergreifer die Druckverteilung bei Berührung messen, das Rutschen eines Gegenstandes in der Hand oder die Kräfte/Momente in der Handwurzel. Diese Kraft-Momenten-Sensorik ist wohl inzwischen am weitesten fortgeschritten. Langjährige Entwicklungen am JPL in Pasadena am Charles Stark Draper Lab und bei der DFVLR führten inzwischen zu kommerziell verfügbaren Systemen. Tatsächlich reicht für viele Anwendungen die Erfassung der Kräfte/Momente in der Handwurzel des Roboters aus.

Unter der „berührungslosen Näherungssensorik" wollen wir hier ganz allgemein nichtabbildende Sensoren verstehen (z. B. Entfernungsmesser — einzeln oder in ganzen

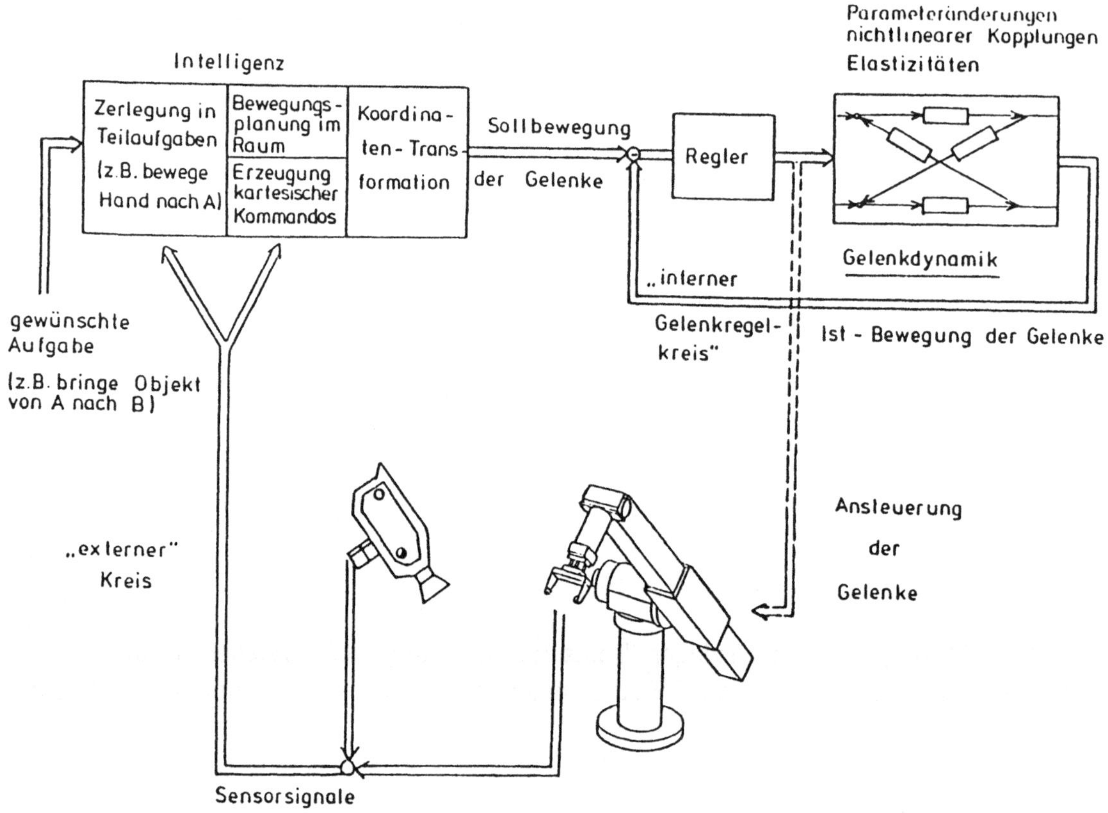

Bild 1: Struktur einer „intelligenten" Robotersteuerung

Feldern —, induktive, kapazitive Sensoren), die eine Information darüber liefern, wieweit der Robotergreifer von einem Objekt oder Hindernis noch entfernt ist bzw. in welchem räumlichen Winkel er zu diesem steht [9, 10]. Auch hierfür können zwei bei der DFVLR entwickelte Sensoren als Beispiel dienen, nämlich ein auf kleinstem Raum realisierter und damit mehrfach in einem Robotergreifer integrierbarer Entfernungsmesser nach dem Triangulationsprinzip sowie ein induktiver Sensor, der die dreidimensionale Abweichung von der Mitte eines Lochs in Metall erfaßt. Das typische Ausgangssignal eines induktiven Schweißnahtsensors ist in Bild 2 dargestellt.
Interessant ist nun der Vergleich solcher „niedrig-dimensionaler" Sensoren bezüglich der Signalverarbeitung mit objekterkennenden Bildverarbeitungssystemen. Dort stellt ja die Verarbeitung der Sensordaten einen hohen, noch immer zeitraubenden Aufwand dar. I. a. wird aber dabei die Lage und Orientierung eines Objekts so genau erfaßt, daß ein einmaliger Erkennungsvorgang bei stillstehendem Roboter ausreicht, um diesen dann für den Greifvorgang richtig zu positionieren. Es reicht also meist aus, nur einmal kurzzeitig sensorischen „Kontakt" mit der Umwelt des Roboters herzustellen. Sogar beim „Griff auf das laufende Band" wird normalerweise so verfahren; dabei muß natürlich die Bandgeschwindigkeit relativ genau bekannt sein. Eine fortwährende Rückkopplung der Objekterkennung ist wegen der immer noch erforderlichen Auswertezeiten von mehr als 100 ms problematisch, scheint aber auf den ersten Blick auch nicht nötig, wenn man davon ausgeht, daß der Roboter die nach der Erkennung kommandierte Bewegung exakt ausführt. Hier liegen nun ganz wesentliche Unterschiede zum Verhalten des Menschen, der z. B. gerade bei Greifvorgängen sich voll auf die laufende Rückkopplung von Sensorsignalen abstützt. Letztlich liegt hierin auch der Grund, warum der menschliche Arm so leicht

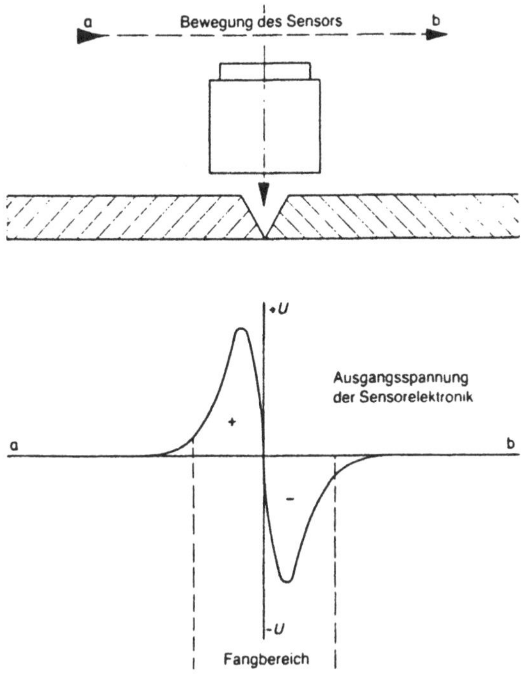

Bild 2: Typische Ausgangsspannung eines induktiven Sensors bei Bewegung über einer Schweißnaht (aus [9])

gebaut sein und doch erhebliche Gewichte handhaben kann, während unsere heutigen Roboter durch ihre enorme Steifigkeit — die ein entsprechend großes Gewicht mit sich bringt — versuchen, hohe mechanische Genauigkeiten zu garantieren. Meist werden ohnehin nur Wiederholgenauigkeiten garantiert, weil sich Roboter nie ganz exakt fertigen lassen; daher wird die Koordinatentransformation mit nicht exakt bekannten Abmessungen gespeist, die zudem von Roboter zu Roboter variieren. Statt nun einen hohen Aufwand in die Vermessung von Robotern zu stecken, scheint es dem Verfasser aussichtsreicher, die on-line-Rückkopplung von Sensorsignalen zu forcieren, weil dann die angesprochenen Probleme, insbesondere die Genauigkeit der Koordinatentransformation, ganz erheblich an Bedeutung verlieren.
Bereits Roboter der ersten Generation hatten i. a. binäre Eingänge, mit denen einfache Sensoren den Bewegungsablauf nach dem Schema ,,Eintritt eines Ereignisses" abbrechen oder in eine andere Bewegungssequenz leiten konnten. Diese ,,ereignisorientierte" Art der Sensorik läßt sich besonders leicht in Robotersprachen integrieren. Aber auch die Einbeziehung von TV-Objekterkennungs-Systemen, die vor dem Ablauf der Bewegung dem Roboter die programmierten Punkte an Hand der erkannten Objektlagen z. B. über eine serielle Schnittstelle modifizieren, beginnt Stand der industriellen Technik zu werden. Hingegen steckt die kontinuierliche Rückkopplung niedrig-dimensionaler Sensoren immer noch in den Anfängen. Das Kernproblem: ,,Wie bringt man einem Roboter, dessen Greifer mit kontinuierlich und ggf. proportional messenden Sensoren bestückt ist, eine Aufgabe in kurzer Zeit bei, so daß er sie auch bei vornehmlich leicht geänderten Umweltbedingungen auf Anhieb wiederholen kann?", ist im allgemeinen komplex und birgt eine Reihe von Teilproblemen, die im folgenden näher betrachtet werden. Verfahren, die eine automatische Problemlösung ermöglichen würden, stehen bisher höchstens ansatzweise zur Verfügung und führen in den Bereich der maschinellen Intelligenz.

II. Kontinuierliche Sensorsignalrückkopplung bei Robotern

Der Begriff „kontinuierlich" ist so zu verstehen, daß die Sensorinformation z. B. als Abstands- oder Kraft/Momentensignal laufend abgetastet und in einer Zykluszeit typisch zwischen 10 und 60 msec in die Robotersteuerung eingeführt und verarbeitet wird, etwa auf der Ebene des sog. Interpolationstaktes (derzeit z. B. 64 msec bei der Robotersteuerung RCM2). Es liegt daher auf der Hand, den sensorgeführten Roboter als Abtastregelsystem zu betrachten, wobei es keine Rolle spielt, daß in diesem System mehrere Prozessoren zusammenarbeiten müssen, um die anfallenden Verarbeitungszeiten in Grenzen zu halten. Bild 3 zeigt eine mögliche Struktur einer Sensorintegration in eine moderne Robotersteuerung. Die einzelnen Blöcke könnten durchaus von separaten Prozessoren realisiert werden.

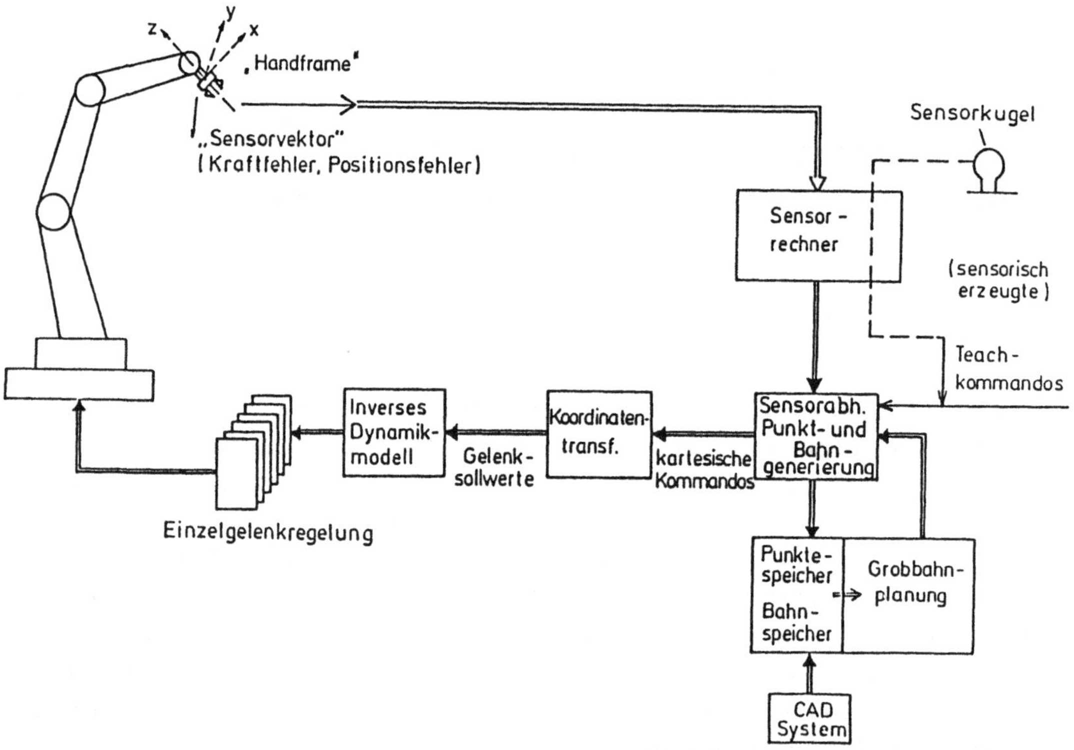

Bild 3: Grobstruktur einer auf Sensorik basierenden Robotersteuerung

Wie bei jedem Regelungssystem ist es wichtig, die Dynamik der zu regelnden Strecke zu kennen. Ein Roboter ist kein sprungfähiges System, d. h. er reagiert im einfachsten Fall mit einer bestimmten „Ersatzzeitkonstante". In Bild 4 und 5 ist die Struktur einer einfachen Kraftrückkopplung gezeigt. Danach wird der Roboter auf einen Positionssvektor $\underline{p}$ hinter eine „Wand" $\underline{p}_w$ kommandiert (Bild 4); er wird dabei leicht verbogen, da er physikalisch natürlich die Wand nicht durchdringen kann und übt über seine Steifigkeitsmatrix $\underline{S}$ einen Kraft/Momentenvektor $\underline{K}$ aus. Baut man nun den Regelkreis nach Bild 5 auf und führt den Fehler $\Delta\ \underline{K}$ gegenüber einem Sollwertvektor $\underline{K}_{soll}$ über einfache proportionale Verstärkungen in inkrementale Bewegungskommandos $\delta\ \underline{p}_c$ zurück, dann wird der Roboter ziemlich sicher dauernd auf die Wand klopfen, weil wegen der verzögerten Reaktion jedes Roboters ein „Vorhalt" im Rückführgesetz benötigt wird, um gut zu stabilisieren. Bereits ein sog. differentieller Anteil in der Rückführung kann eine wesentliche Verbesserung bringen.

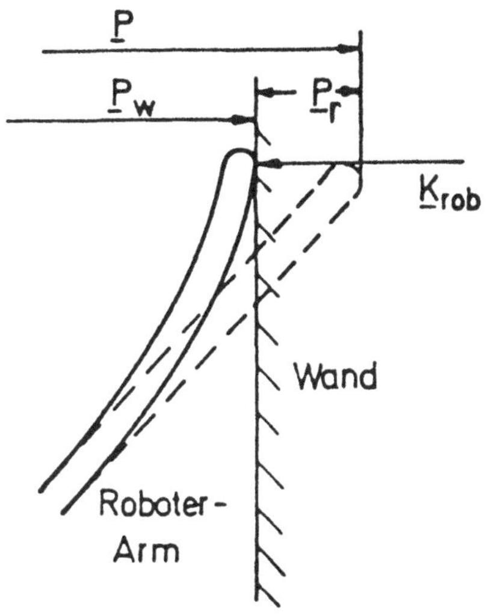

Bild 4: Mechanische Deformation eines Roboterarmes bei Auftreffen auf ein Hindernis

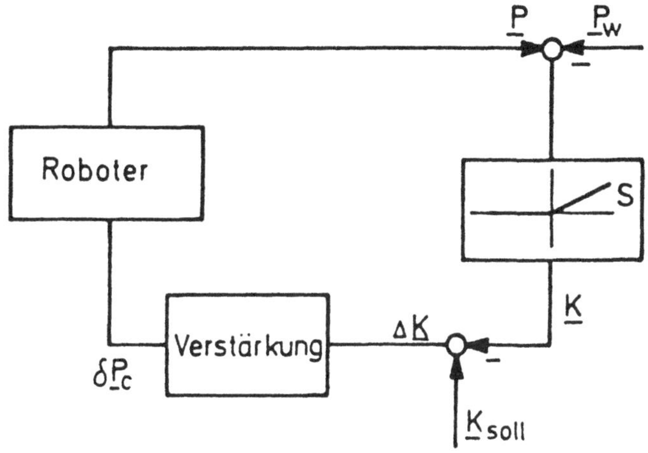

Bild 5: Einfachster Kraftregelkreis für Bild 4

Die in Bild 5 angedeutete Transformation eines Kraftregelproblems in ein Positionsregelproblem hat den Vorteil, daß sie mit heute verfügbaren Robotern durchführbar ist. Der bei sehr steifen Robotern entsprechend hohe Verstärkungsfaktor $\underline{S}$ im Kreis läßt sich durch eine entsprechend niedrige Reglerverstärkung kompensieren. Dies hat allerdings seine Grenzen, vor allem in der endlichen Meßgenauigkeit der Positionsgeber in den Gelenken. Beträgt die kleinste kommandierbare Positionsänderung $\delta \, \underline{p}_{min}$, so kann man mit der Robotersteifigkeit $\underline{S}$ minimale Kraftänderungen $\Delta \, \underline{K} = \underline{S} \, \delta \, \underline{p}_{min}$ erzeugen. Abhilfe schafft hier nur der Übergang zu wesentlich genaueren Positionsgebern oder die direkte Ansteuerung der Motordrehmomente über die sensierte Kraft-Fehler. Diese direkte Ansteuerung der Motormomente durch den Roboteranwender ist bisher jedoch nur im Labor möglich und löst natürlich auch das Problem nicht, daß der Roboter bei plötzlichem Auftreffen auf ein Hindernis dieses wegen seiner mechanischen Trägheit zerstören kann. Wesentlich unproblematischer ist generell das Rückkopplungsproblem bei berührungslosen Sensoren, die von vorneherein Positions/Orientierungsdifferenzen messen.
Wegen der begrenzten Reaktionsgeschwindigkeiten eines Roboters führen bei den in der Montage besonders interessanten Fügevorgängen zweifellos rein passive Methoden — dort wo sie ausreichen — zu höheren Arbeitsgeschwindigkeiten als die aktive Sensorrückkopplung. Typische Beispiele sind die sog. „remote center-compliance"-Entwicklungen des Charles Stark Draper Lab oder des IPA Stuttgart, die über eine definiert ausgelegte Nachgiebigkeit im Greifer schnelle Fügevorgänge überall dort ermöglichen, wo eine Anphasung der zu fügenden Teile machbar ist, die über den auftretenden Toleranzen liegt. Hier wird eine aktive Kraft-Momenten-Rückkopplung von der Geschwindigkeit her wohl erst dann konkurrieren können, wenn der Roboter zusätzliche Freiheitsgrade ähnlich der menschlichen Hand erhält und die Rückkopplung nicht mehr über den gesamten Roboterarm erfolgt, sondern sich vorrangig im Greifer abspielt. Auf dem Weg dorthin stellt wohl die Verwendung eines passiven Ausgleichselements hoher Brandbreite, dessen Auslenkungen in allen Freiheitsgraden sensorisch erfaßt werden (z. B. optisch wie beim Instrumented Remote Center Compliance „IRCC" des Draper Lab oder über einen K/M-Sensor) eine gute Zwischenlösung dar. Der Roboter kann sich dann dem eigentlichen passiv ablaufenden Fügevorgang nachregeln, kennt damit die aktuelle Position des Fügeteils und kann sich so auf nicht zufällige Positionsänderungen einstellen.

Die Frage nach der in einem externen Sensorregelkreis relevanten Abtastzeit richtet sich im Normalfall stark nach der Dauer der Koordinatentransformation (typisch 10 — 30 msec mit heutigen Mikroprozessoren); dies leuchtet sofort ein, wenn man bedenkt, daß die Sensorwerte im Robotergreifer oder -werkzeug anfallen und daher ihre Interpretation nur bei Kenntnis der Handstellung (beschrieben vorzugsweise durch die sog. Lagematrix) möglich ist. Desgleichen müssen die aus der Sensorik abgeleiteten (Korrektur-)Kommandos in Gelenkwinkel umgerechnet werden; d. h. die Operationen, die im Interpolationstakt bei Umrechnung von zwei benachbarten kartesischen Punkten in Gelenkwinkeländerungen anfallen, werden auch für die Sensorkorrekturen benötigt. Naheliegend ist es daher, im Interpolationstakt beides zu realisieren und das Sensor-Regelprogramm parallel laufen zu lassen. Dies ist in Bild 6 angedeutet. Ob man für die Umrechnung kartesischer Positions-/Orientierungsinkremente $\delta \underline{p}$ in Gelenkinkremente $\Delta \underline{q}$ ein analytisches oder ein differentielles Verfahren anwendet, ist für unsere Betrachtungen hier zweitrangig. Aus Bild 6 soll aber auch hervorgehen, daß vom Abtasten des Sensorsignals bis zur Ausgabe der zugehörigen Gelenkwinkeländerungen durchaus zwei Interpolationstakte verstreichen können.

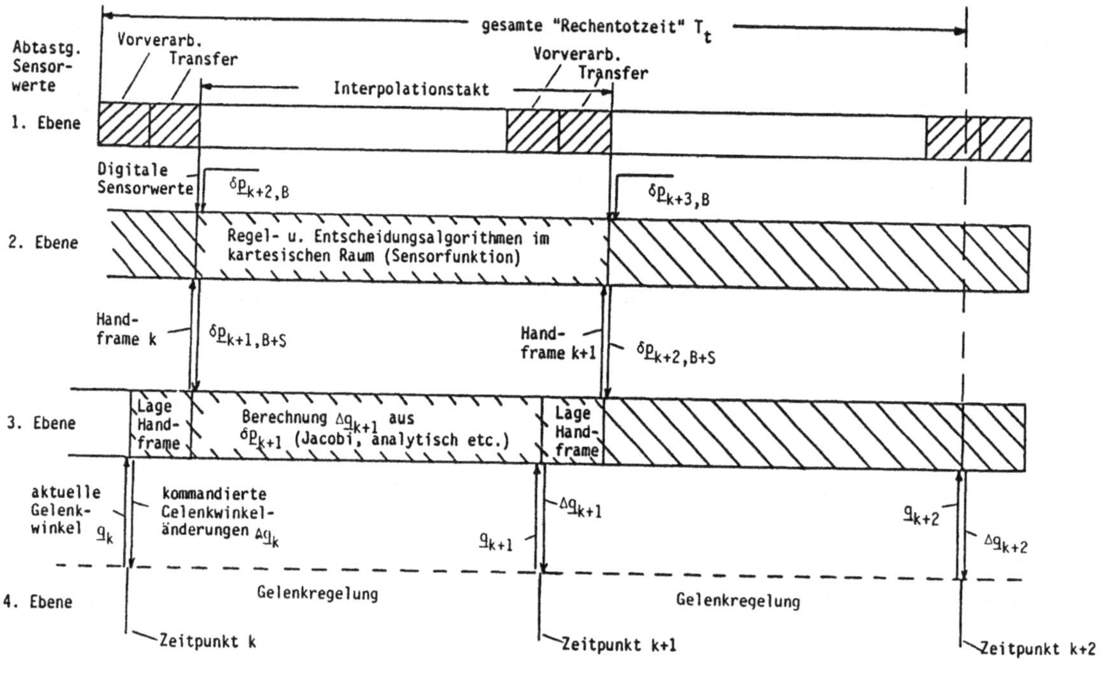

Bild 6: Mehrebenen-Struktur einer Robotersteuerung mit Sensorverarbeitung. Der Index k steht für den k-ten Interpolationstakt, der Index I für „vom Bahninterpolator", der Index S für „vom Sensor".

Inwieweit die Abtastzeit des kartesischen Interpolationstaktes für die Sensorrückkopplung ausreicht, läßt sich nicht allgemein beantworten. Es ist z. B. ohne weiteres denkbar, die in Bild 6 angedeuteten Berechnungen der Jacobi-Matrix und ihrer Inversion im Hintergrund und somit langsamer ablaufen zu lassen. Die Berechnung der Lagematrix und der eigentlichen Regelalgorithmus könnten dann wesentlich häufiger ablaufen um den Preis einer Koordinatentransformation, die sich nicht auf die allerneuesten Gelenkstellungen bezieht. Gerade bei Sensorrückführung fällt dies i. a. nicht ins Gewicht, weil auftretende Fehler sofort wieder korrigiert werden. So ist es durchaus denkbar, von den derzeit realisierten Abtastzeiten (z. B. 28 msec beim PUMA-Roboter mit VAL2, 64 msec bei RCM2, 30 msec in einer bei der DFVLR entwickelten Robotersteuerung) auf 10 msec oder weniger zu kommen, z. B. synchron mit einem Feininterpolationstakt auf Gelenkebene. Ob dies sinnvoll ist, hängt letztlich davon ab, was geregelt werden soll. Beschränkt man sich auf die Vorstellung vom Roboter als träger Masse, die mit Motoren begrenzten Drehmoments bewegt wird, so kommt man leicht auf Ersatzzeitkonstanten von 100 msec, auch wenn die Anregelzeit der Motoren im msec-Bereich liegt. Hierfür reicht eine Abtastzeit von 30 msec ohne weiteres aus (siehe [13]). Man hat in den Anfängen der digitalen Regelung oft übersehen, daß es keine Verbesserung des Regelverhaltens bringt, wenn man die Abtastzeit auf weniger als ein Drittel oder Viertel der dominanten Systemzeitkonstanten reduziert.

Möchte man dementsprechend über die externe Sensorik auch höherfrequente Anteile, die z. B. von der Getriebeelastizität herrühren und bei Entgratvorgängen u. U. stark angeregt werden, ausregeln, dann müßte man die Abtastfrequenz entsprechend erhöhen.

Aus Bild 6 geht auch hervor, daß die Totzeit T_t im Regelsystem „sensorgeführter Roboter" nicht nur von den Rechenzeiten abhängt, sondern auch von der Dauer der Sensordatenvorverarbeitung (z. B. Berechnung von Kräften/Momenten aus Spannungen), und natürlich von der Datenübertragungszeit. Hier scheinen dem Verfasser serielle Schnittstellen mit nur 9.600 Baud ungeeignet, weil dann bereits ein einziger 6D-Kraft/Momentensensor für die Übertragung von 3 Kräften und 3 Momenten auf Übertragungszeiten von 25 — 30 msec kommen kann. Demgegenüber liegt die Vorverarbeitungszeit solcher niedrigdimensionaler Sensoren meist unter 5 msec und fällt daher nur bei sehr schnellen Robotern als Beitrag zur Totzeit ins Gewicht. Ein bei der DFVLR entwickeltes dezentrales Sensorrechnersystem verarbeitet und überträgt die Werte von z. B. 2 6D-Kraft-/Momentensensoren und bis zu 16 entfernungsmessenden Sensoren über eine parallele Schnittstelle in 7 — 8 msec. Die Robotersteuerung gibt dabei dem Sensorrechner (1. Ebene in Bild 6) an, welche Sensoren in der nächsten Zeit abgefragt werden und der Sensorrechner überprüft, ob diese Sensoren tatsächlich alle vorhanden sind. Unter Umständen, d. h. vor allem wenn die Vorverarbeitungs- und Transferzeiten gering sind, kann es sinnvoll sein, auf einen eigenen Sensorrechner zu verzichten und die Interpretation der abgetasteten Analogsignale (z. B. Multiplikation mit einer Eichmatrix) auf der Ebene 2 in Bild 6, der Sensorfunktionsebene, mit zu erledigen.

Die beiden dominierenden Effekte einer Sensorrückkopplung bei Robotern (mechanische Zeitkonstante und Rechentotzeit) sind dann regelungstechnisch gut zu beschreiben, wenn — eine nicht zu große Abtastzeit vorausgesetzt — die Bewegung des Roboters allein von der Sensorik beeinflußt wird (z. B. Drücken auf eine Unterlage mit bestimmter Kraft). Ist jedoch der sensorischen Beeinflussung eine gesteuerte Bahnbewegung überlagert, so können Probleme auftreten, die rein regelungstechnisch wegen der komplexen Raum-Zeit-Relationen nur schwer beherrschbar sind. Es lassen sich dann vor allem zwei Fälle unterscheiden,

a) Der Roboter bewegt sich auf einer vorprogrammierten Bahn. Ein Sensor erfaßt Abweichungen zu einer aktuellen Sollbahn (z. B. eine gegebene Schweißnaht wie in Abb. 2) und erzeugt Korrekturkommandos. Wegen der unvermeidlichen Ersatzzeitkonstante τ wird ein Korrekturkommando zum Zeitpunkt t_i faktisch erst zum Zeitpunkt $t_i + \tau$ ausgeführt, was den Korrektureffekt völlig zunichte machen kann (s. Bild 7). Dabei hilft es wenig, daß die Sensordaten wegen der fast unverzögert vorliegenden Lagematrix der Hand richtig im Raum interpretiert werden.

   Es ist hier im Prinzip auch unerheblich, ob die Bahnsteuerung „schleppfehlerfrei" arbeitet oder nicht. Abhilfe des Problems könnte nur ein vorauseilender (d. h. vor dem Werkzeug angebrachter) Sensor liefern, dessen Information allerdings in Beziehung zur relativen Verschiebung gegenüber dem Werkzeug und zur Bewegungsgeschwindigkeit gebracht werden muß. Das größte Problem für einen prädiktiven Sensor aber stellen scharfe Kurven dar; die Unterbringung des Sensors auf einem gegenüber dem Werkzeug beweglichen und regelbaren Verschiebetisch wäre hier wohl die einzige, aber aufwendige und nicht für alle Aufgaben geeignete Lösung [9, 11].

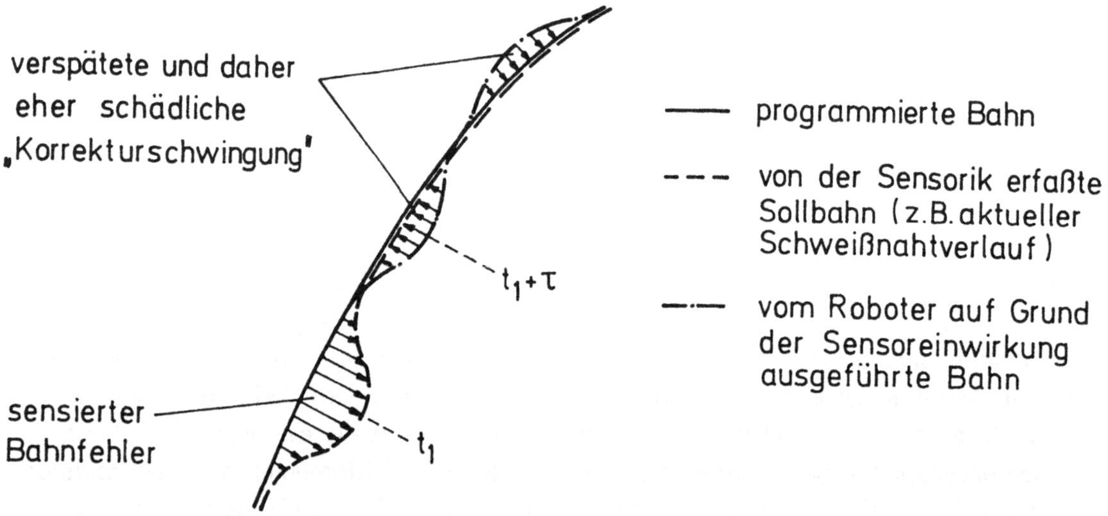

Bild 7: Verspätete Ausführung eines Korrekturkommandos längs einer programmierten Bahn

b) Der Roboter läuft längs einer programmierten Bahn, die mit der zu sensierenden Bahn (z. B. Schweißnaht) eigentlich übereinstimmt. Durch dynamische Verzerrungen der Roboterbewegung (die sich sicher auch mit moderner Gelenkregelung nicht ganz beseitigen lassen) treten jedoch Fehler auf, die auch ein vorlaufender Sensor nicht kompensieren kann. Ihre Ursache liegt hier im bewegten Roboterwerkzeug, nicht in der stationären Umgebung. Da dieser Fall häufig bei einer starken Geschwindigkeitserhöhung gegenüber dem Teach-Lauf auftritt, kann man eigentlich hier nur zweistufig vorgehen:
   i) in einem ersten Lauf die dynamischen Verzerrungen sensieren,
   ii) in einem zweiten Lauf per Software einen prädiktiven Sensor nachzubilden, d. i. ein Algorithmus, der aufgrund der beim vorherigen Lauf sensierten Fehler vorausschauend Korrekturkomandos abgibt, aber im Grunde keine on-line Regelung betreibt.

III. Nutzeranforderungen und realisierte Lösungen

Die in der Praxis derzeit wohl am häufigsten vorkommenden Aufgaben für eine Sensorrückkopplung sind das Bearbeiten bzw. Führen eines Werkzeugs an einer Kontur (3-dimensional), die von einer geplanten Sollkontur abweicht.
Dabei ist der Schwierigkeitsgrad dieser Aufgabe von der geforderten Bahngeschwindigkeit, der geforderten Bahngenauigkeit und vom Maß der Abweichungen abhängig.
Tabelle 1 gibt einen Überblick über Bahngeschwindigkeiten für robotergeführtes Bearbeiten, Fügen und Beschichten [11].

	Verfahren	prozeßbedingte Geschwindigkeit m/min
Bearbeiten	Fräsen Schleifen Wasserstrahlschneiden Plasmaschneiden Laserschneiden	2,4 6,0 15,0 1,0 15,0
Fügen	Lichtbogennahtschweißen	1,0
Beschichten	Klebeauftrag Lackieren	36,0 90,0

Tabelle 1: Typische Bahngeschwindigkeit (aus [11])

Gemäß den Bahngeschwindigkeiten aus Tabelle 1 stellen die Verfahren Klebeauftrag und Lackieren extreme Anforderungen an die Dynamik. Beim Klebeauftrag muß die Raupe einen konstanten Querschnitt aufweisen, die Raupenlage korrekt liegen und dies längs gekrümmter Bahnen. Das Lackieren wird weitestgehend ohne externe Sensorik ausgeführt, da die Anforderungen an die Bahngenauigkeit geringer sind.
Wasserstrahl- und Laserschneiden erfordern ein genaueres Bahnführen, wobei hohe Geschwindigkeiten vorliegen.
Zur Prozeßoptimierung stellt der Vorschub (Bahngeschwindigkeit) häufig eine Regelgröße dar. Hierzu soll das Absteuerverhalten des Systems hohe Dynamik aufweisen (Rücknahme der Bahngeschwindigkeit bei steigender Belastung). Diese Problematik tritt in extremer Form beim Gußputzen und Entgraten auf, wo Stellen ohne Grat mit Stellen massiver Gratausprägung wechselweise vorkommen.
Das robotergeführte Gußputzen und Entgraten wurde trotz Einsatz von Kraft- und Leistungssensoren nicht befriedigend gelöst. Einmal, weil zwischen Kraft-/ bzw. Leistungssignal und Gratgeometrie keine eindeutigen Beziehungen bestehen, zum anderen weil die wesentliche Bezugsgröße, die Lage der Gratwurzel (Übergang Grat/Werkstück) überhaupt nicht erfaßt wurde. Hierzu wären geometriemessende Sensoren, eindimensionale Mehrfachanordnungen oder Lichtschnittsensoren (Lichtband) erforderlich. Dabei stößt man auf das Problem der Zugänglichkeit, da erstens keine direkte Messung am Wirkort möglich ist und generell ein Mangel an miniaturisierten Sensoren, welche eine minimale Zugänglichkeit ermöglichen würden, besteht.
Der Ansatz einer kombinierten Geometrie-Technologie- (Leistung, Kräfte) Sensorik scheint hier Erfolg zu versprechen. Auch für diesen Anwendungsfall wurde ein prädiktiver Sensor, der das Vorhandensein eines Grates und dessen Größe erfaßt, zur Regelung der Bahn und zur Regelung des Vorschubs benutzt werden können. Diese Information muß aber 3-dimensional sein, was prinzipiell durch Lichtschnittsensoren (Lichtband) oder 2-dimensionale Bildverarbeitungssysteme mit zusätzlicher Höhenmessung zu realisieren wäre.
Beim Lichtbogennahtschweißen werden an die Sensoren extreme Forderungen nach Umweltverträglichkeit und Störgrößenunterdrückung gestellt. Diese Probleme an der Meßstelle sind hier kritischer als Probleme der Systemdynamik, da die prozeßbedingten Bahngeschwindigkeiten mit ca. 1 m/min nicht allzu hoch sind. Daneben sollte das Sensorsystem neben der Erfassung der 3-dimensionalen Fugengeometrie auch den Nahtanfang

und das Nahtende erfassen. Das regelungstechnische Konzept der Bahnkorrektur sollte verknüpft werden mit einer Regelung der Schweißparameter wie Vorschubgeschwindigkeit, Drahtvorschub, Strom oder Spannung. Die Schweißprozeßregelung ist damit gekoppelt mit der Bahnführung des Roboters.

Bei der Entwicklung von Schweißnahtsensoren wurden beachtliche Fortschritte erzielt, doch sind die heutzutage verfügbaren Schweißsensoren noch nicht in der Lage, alle Anforderungen der verschiedenen Schweißnahtarten und -lagen zu verarbeiten [9, 11].

Setzt man geeignete Sensoren und schnelle Schnittstellen voraus, dann bleibt für den Anwender das Problem, dem Roboter mitzuteilen, wie er auf welche Sensorsignale reagieren soll, d. h. im einfachsten Fall nach welcher Richtung er proportional zu einem bestimmten Ablagesignal ausweichen soll. Koppelt man das bereits angesprochene Regelungsproblem ab (Wahl von Verstärkungsfaktoren etc.), so verbleibt als Hauptproblem die Zuordnung von Bewegungskommandos zu Sensormustern. Bei diesen kann es sich auch um Differenzmuster handeln, wenn z. B. die nominalen, also die gewünschten, Sensormuster längs der Bahn abgespeichert sind.

Es existieren heute bereits einige Robotersteuerungen, die es dem Anwender erlauben, solche Zuordnungen zu definieren. So erlaubt z. B. die ASEA-S2-Steuerung u. a. die Vorgabe von 3 Richtungen im Hand- oder Basissystem per Teach-in, in denen der Roboter auf 3 eindimensionale Signale reagieren kann. Etwas anders liegen die Verhältnisse bei der „SIEMENS Robot Control" RCM2 (s. Bild 8).

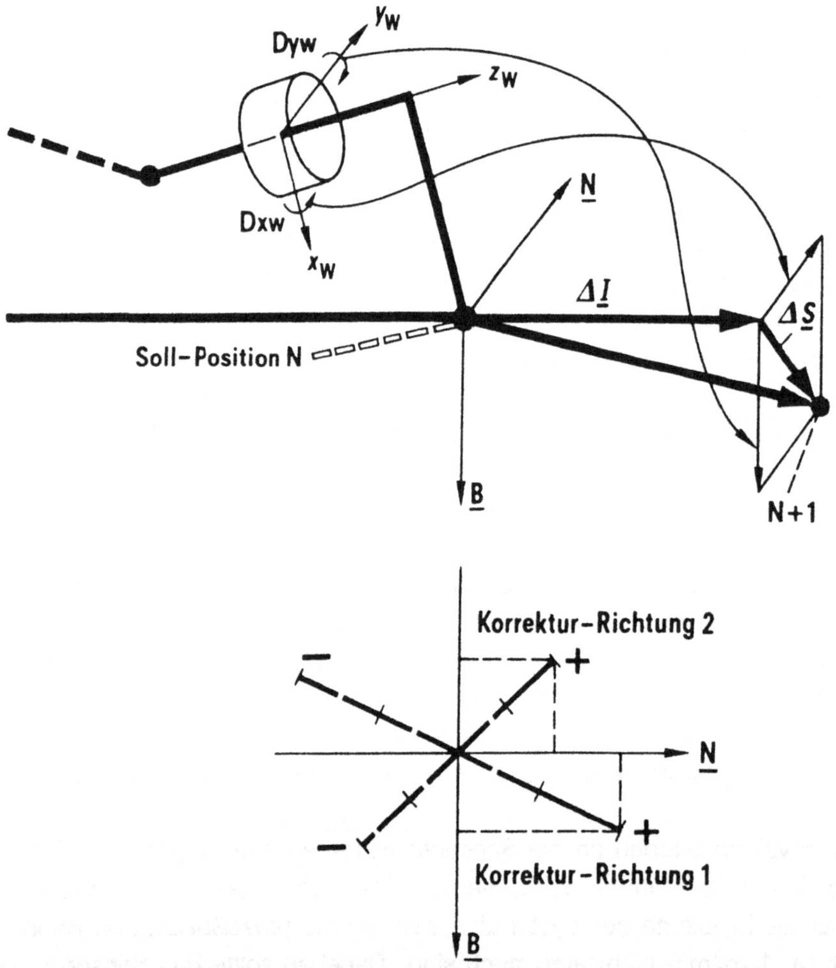

Bild 8: Definition der Sensorkorrekturrichtungen in der SIEMENS RCM2-Steuerung (aus [7])

Dort wird senkrecht zur Ebene Werkzeugvektor-Bahntangente eine Normale definiert. Auf dieser und auf der Bahntangente steht wiederum eine sog. Binormale senkrecht. In der Ebene Normale-Binormale kann der Anwender dann 2 Korrekturrichtungen definieren, in denen Bahnkorrekturen proportional zu 2 eindimensionalen Sensorsignalen erfolgen [7]. Fallen Werkzeug- und Bahntangentenvektor zusammen, so kann man sich durch Definition eines gedachten Werkzeugs behelfen.
In Richtung der Bahn stoppt der Roboter bei Überschreiten einer Sensorsignalschwelle. Mit diesen Hilfsmitteln wurde z. B. das Problem gelöst, mit einem bei der DFVLR entwickelten induktiven 3D-Lochmitten-Sensor den Roboter in vorgegebenem Abstand über einem Metalloch zu zentrieren (Bild 9).

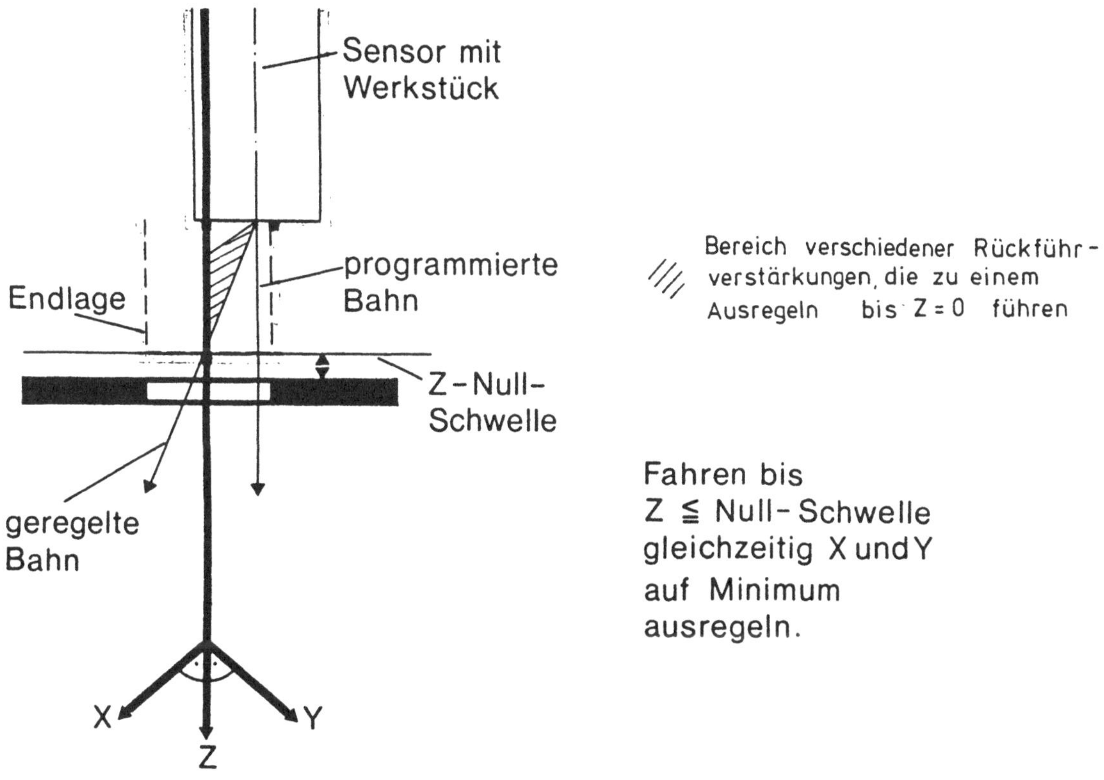

Bild 9: Einstufiges Zentrieren eines induktiven Lochmitten-Sensors mit der RCM2-Steuerung

Durch 2 Sensorsignale wird dabei die x-y-Abweichung in der Lochebene ausgeregelt, das z-Signal stoppt den Roboter lediglich bei der Annäherung. In Bild 9 markiert der schraffierte Bereich eine Schar möglicher Bewegungstrajektorien, die bei Veränderung der Proportionalverstärkung für die x-y-Regelung zu einem rechtzeitigen Ausregeln des x-y-Fehlers führen, bevor der Roboter anhält.
Längerfristig scheint es wichtig, neben der Einführung schneller genormter Sensorschnittstellen das Programmieren sensorgeführter Aufgaben zu vereinfachen und zu automatisieren. Vor diesem Hintergrund wurde bei der DFVLR in Oberpfaffenhofen eine Robotersteuerung entwickelt, die sich voll auf die Sensorrückkopplung abstützt und zwar bereits beim Programmiervorgang. So kann der Roboter ausgehend von nur wenigen Stützpunkten eine sensorgeführte Bahngenerierung durchführen. Dabei können die Bahninkremente zusammen mit den registrierten Sensormustern abgelegt und für späteren Bezug in der Automatikphase herangezogen werden. „Grobkommandos", die von einem Bahn-

interpolator herrühren (den z. B. ein CAD-System mit Grobpunkten versorgt) oder direkt von einem menschlichen Operateur (sensorisch generiert über die „Sensorkugel", mit der sich Roboter 6-dimensional steuern lassen [8]), zerlegt der Roboter bei sensorischem Kontakt mit der Umwelt automatisch in eine sensorgeregelte und eine positionsgesteuerte Richtung. Er nimmt dem Operateur damit die Aufgabe ab, über spezielle Korrekturrichtungen nachzudenken. Die Gesamtstruktur dieses Systems der Sensorprogrammierung, das kartesische Kommandos liefert und daher vom speziellen Robotertyp unabhängig ist, zeigt Bild 10, wo angedeutet wird, daß die Menue-Steuerung wahlweise über Sprach-Ein-/Ausgabe erfolgen kann. Einzelheiten dieses Systems, insbesondere dessen sensorische Korrekturmöglichkeiten in der Automatikphase sind in [12, 14] näher beschrieben.

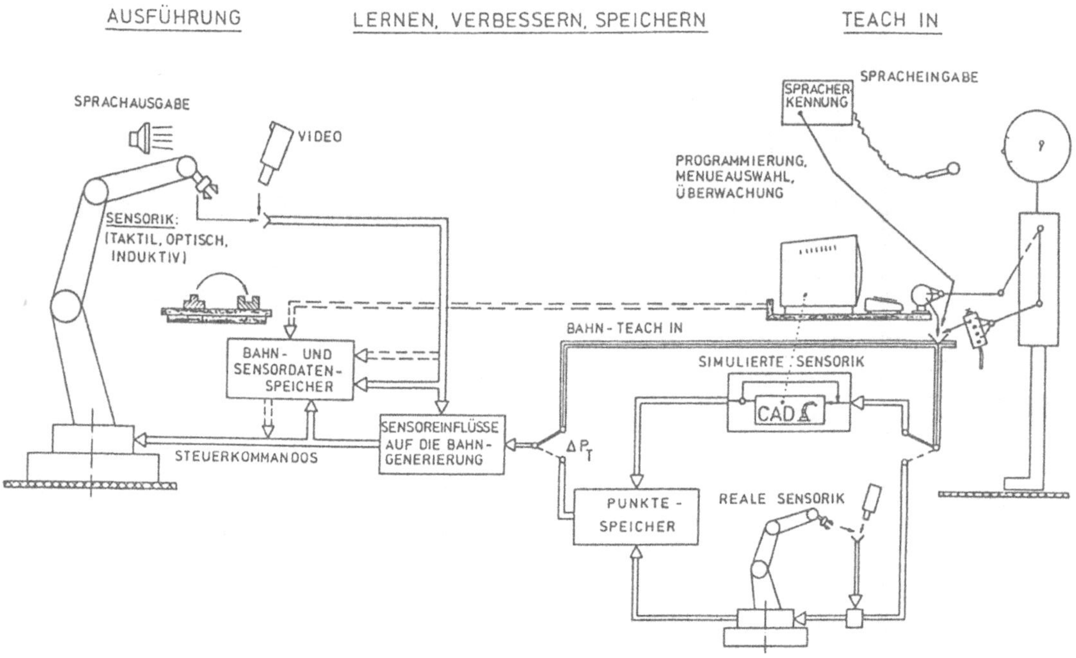

Bild 10: Struktur der DFVLR-Sensorprogrammierung

IV. Schlußbemerkung

Die Sensorrückkopplung bei Robotern verlangt vom Anwender ein prinzipielles Verständnis der Roboterdynamik und der relevanten Rechentotzeiten. Allerdings wäre es wünschenswert, daß künftige Robotersteuerungen die entsprechenden Reglerkenngrößen automatisch und sensorabhängig einstellen. Ähnliches gilt für die Erkennung der erforderlichen Korrekturrichtungen. Erste Ansätze hierzu liegen bereits vor.

Literatur:

[1] Schmieder, L., Mettin, F., Vilgertshofer, G.: Kraft-Drehmoment-Fühler. Patent EO 1L1/22.
[2] Plank, G., Hirzinger, G.: Controlling a Robot's Motion Speed by a Force-Torque-Sensor for Deburring Problems, 4th IFAC-IFIP Symposium on Information Control Problems in Manufacturing Technology, Gaithersburg, Maryland, USA, Oct. 26 – 28, 1982.
[3] Hirzinger, G.: Direct Digital Robot Control Using a Force-Torque-Sensor, IFAC Symposium on Real Time Digital Control Applications, Guadalajara, Mexico, Jan. 15 – 21, 1983.

[4] Nevins, J. L., Whitney, D. E.: The Force Vector Assembler Concept. On Theory and Practice of Robots and Manipulators. Proceedings 1st CISM Symposium, Udine, 1973.
[5] Craig, J. J., Raibert, M. H.: Hybrid Position/Force Control of Manipulators. Transaction of the ASME, Journal of Dynamik Systems, Measurements and Control, Vol 102, June 1982, pp. 126 – 132.
[6] Heindl. J., Hirzinger, G.: Kraft-Momenten-Sensorgriff und Verfahren zum kombinierten Programmieren von Roboterbewegungen und Bearbeitungskräften bzw. -momenten. Patent P3240251.1 beantragt 30.10.1982.
[7] Hirzinger, G., Meier, Ch.: Industrie-Roboter mit Sensorrückführung am Beispiel Kraft-Momenten-Industriesensorik. Interkama-Kongreß, Düsseldorf, 8./9. u. 14./15. Nov. 1983.
[8] Hirzinger, G., Heindl, J.: Sensor programming — a new way for teaching a robot paths and forces/torques simultaneously. RoViSeC3, Cambridge/Massachusetts, 1983.
[9] Schmall, K. H.: Sensoren für Schweiß- und Schneidvorgänge. Automobil-Industrie 4/82.
[10] Ahrens, U.: Entwicklung und Anwendung von Sensoren in der automatisierten Handhabung. AWF-Seminar „Sensoren in der Fertigungstechnik", Soden, 1983.
[11] Baum, Hilsky, Höhns, Rogos: Probleme und Anforderungen der Sensor-Rückführung aus Anwendersicht. Arbeitspapier der Innovationsgesellschaft für fortgeschrittene Produktionssysteme in der Fahrzeugindustrie mbH (INPRO), 1985.
[12] Hirzinger, G., Landzettel, K.: Sensory Feedback for Robots with Supervised Learning. IEEE Conf. St. Louis/Missouri, März 1985.
[13] Ackermann, J.: Abtastregelung. Band 1 und 2. Springer Verlag 1983.
[14] Hirzinger, G.: Probleme der Sensorrückkopplung in automatisierten Prozessen. ROBOTEK'84 München, 1984.

Fabrik 2000 — Integration von Material- und Informationsfluß

o. Prof. Dr.-Ing. H. J. Warnecke, Fraunhofer-Institut für Produktionstechnik
und Automatisierung (IPA), Stuttgart

1. Die Fabrik der Zukunft, ein Dienstleistungsbetrieb

Mit zunehmendem internationalem Wettbewerb und Verschiebungen in der internationalen Arbeitsteilung durch technische und soziale Entwicklungen laufen Unternehmungen zwei Gefahren des Zurückfallens: strategisch bei Märkten und Produkten, und operativ in ihrer Produktionstechnik (Bild 1).

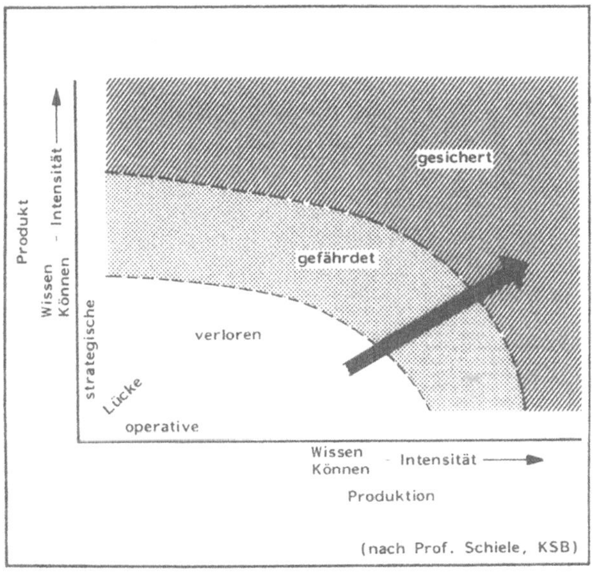

Bild 1: Wettbewerbsfähigkeit durch know-how-intensive Produkte und Produktion

Für die Zukunft bedeutet dies, daß wir aufgrund der bestehenden Standortbedingungen nur noch in den Branchen bzw. Produktbereichen konkurrenzfähig sein werden, wo entweder hohes technisches Wissen und Können für das Produkt und/oder aber für das Produktionsverfahren erforderlich ist.

Die Fabrik der Zukunft wird ohne Zweifel nur dann in der Lage sein, die drohenden operativen Lücken im Fertigungsbereich sukzessive zu schließen, wenn modernen und leistungsfähigen Fertigungseinrichtungen und -verfahren ein straff organisierter Informations- und Materialfluß zur Seite gestellt wird, der weitgehend von einer Rechnerhierarchie unterstützt wird.
Der Produktionsbetrieb wird mehr und mehr den Charakter eines Dienstleistungsbetriebes annehmen, der in der Lage ist, ein aufkommendes Bedürfnis schnell zu decken. Deswegen spielt die Fähigkeit zur Marktanpassung (economy of scope) eine sehr viel größere Rolle für das Überleben des Betriebes als Produktivität allein (economy of scale).

2. Entwicklungen zur Automatisierung des Informationsflusses

Mehr und mehr setzt sich die Erkenntnis durch, daß nach den Rationalisierungsschüben in den sechziger und siebziger Jahren im Produktionsbereich nur die „Information", ihr Besitz und ihre effiziente Nutzung zentraler ins Blickfeld der Unternehmen gerät. Die Information ist schlechthin ein neuer Produktionsfaktor geworden, dessen Beschaffung und Verarbeitung erheblichen Aufwand erfordert.
Genaue Informationen, gezielt zur richtigen Zeit, sind heute mehr denn je die Voraussetzung für auch in der Zukunft erfolgreiche Unternehmen. Die heute verfügbaren Informations- und Kommunikationssysteme können schon jetzt einen entscheidenden Beitrag leisten.
Für den Bereich der Konstruktion ist durch die hohe Kostenverantwortung am Gesamtprodukt (ca. 70%) ein hohes Potential zur Verwirklichung der unternehmerischen Ziele durch Einsatz rechnergesteuerter Hilfsmittel vorhanden.
Der Einsatz von CAD-Systemen (CAD: **C**omputer **A**ided **D**esign) zur Zeichnungserstellung entbindet den Konstrukteur von Routinearbeiten, so daß er sich mehr auf die Lösung technischer Probleme konzentrieren kann, was zu einer Reduktion der Produktentwicklungszeit führt.
Erweiterungen des zunächst rein graphisch orientierten Konstruktionsarbeitsplatzes durch Aufgabenbereiche der Arbeitsvorbereitung (Bild 2) führen zum Aufbau von CAP-Systemen (CAP: **C**omputer **A**ided **P**lanning).

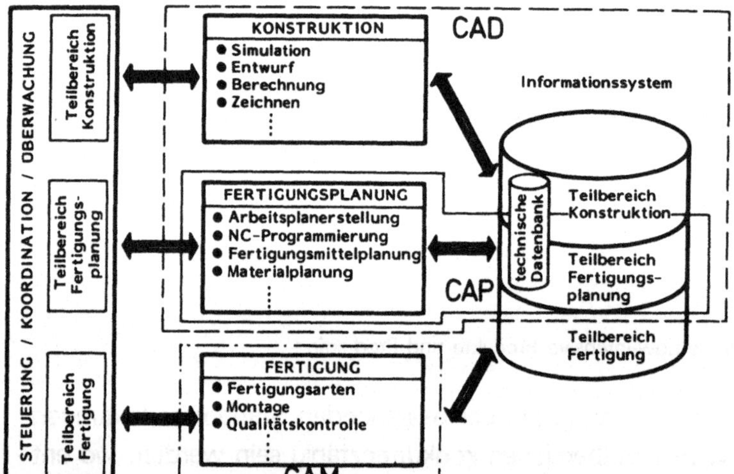

Bild 2: Einordnung von Begriffen in den technischen Planungsprozeß

Diese Systeme enthalten Programmpakete zur rechnergestützten Arbeitsplanerstellung, zur automatischen Stücklistengenerierung sowie zur Erstellung aller benötigten Fertigungspapiere. Zunehmend an Bedeutung gewinnt die automatische Generierung der NC-Programme für die Bearbeitungsmaschinen (Bild 3).
Funktionen dieser Art erweitern den CAD-Begriff und stellen den Übergang zu integrierten CAD/CAM-Systemen (CAM: **C**omputer **A**ided **M**anufacturing) dar.
Als Oberbegriff zu CAD wird häufig der Begriff CAE angeführt. Er beinhaltet Berechnungen nach der Finite-Elemente-Methode, die im Anschluß an die Zeichnungserstellung zur Überprüfung des konstruierten Teils vorgenommen werden. Möglich sind ebenso Kollisionssimulationen bei bewegten Teilen oder Belastungstests.
Der Bereich Produktionsplanung ist wegen der durchzuführenden umfangreichen Berechnungen, der zu verwaltenden großen Datenmengen, häufiger Wiederholung von Routinetätigkeiten und stark vernetztem Informationsfluß ein traditionelles Einsatzgebiet für EDV in Industriebetrieben.

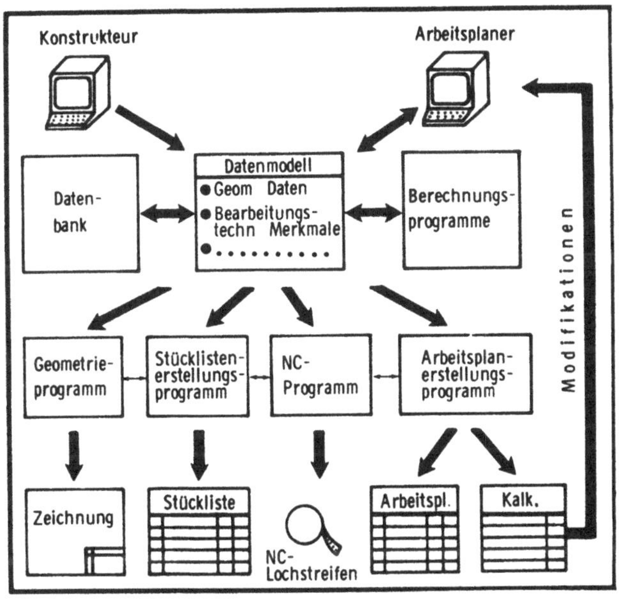

Bild 3: Integrierte Herstellung von Fertigungsunterlagen

Alle am Markt erhältlichen rechnerunterstützten Produktionsplanungssysteme lassen sich nach dem Grad ihrer Anpassung an den speziellen Anwendungsfall in Individual-Software und Standard-Software unterteilen. Die Standard-Software ist im Laufe der letzten Jahre immer flexibler geworden, was sich in der zunehmenden Berücksichtigung betriebsindividueller Gegebenheiten ausdrückt und zu einem sprunghaften Ansteigen der Implementierungen von Standard-Software-Systemen geführt hat.
Im Rahmen der Verbesserungen von Standard-Software hinsichtlich ihrer Anpassungsfähigkeit entstanden die sogenannten Modularprogramme, die aufgrund ihres modularen, d. h. in eindeutig definierbare Programmteile zerlegbaren Aufbaus, eine weitgehend Anpassung des Programms an benutzerindividuelle Erfordernisse ermöglichen.
Wesentlicher Bestandteil jedes Produktionsplanungssystems ist ein umfangreiches Datenmanagement, das eine redundanzfreie Speicherung komplizierter Datenstrukturen ermöglicht. Besonders zu erwähnen sind die aus Teile- und Struktursätzen bestehenden Stücklisten, sowie die Arbeitspläne und Betriebsmittelstammdaten, wobei in größeren Industriebetrieben beispielsweise die Verwaltung von 100.000 Teilestammsätzen mit mehreren 100.000 Struktursätzen keine Seltenheit ist. Zum Einsatz kommen hier moderne

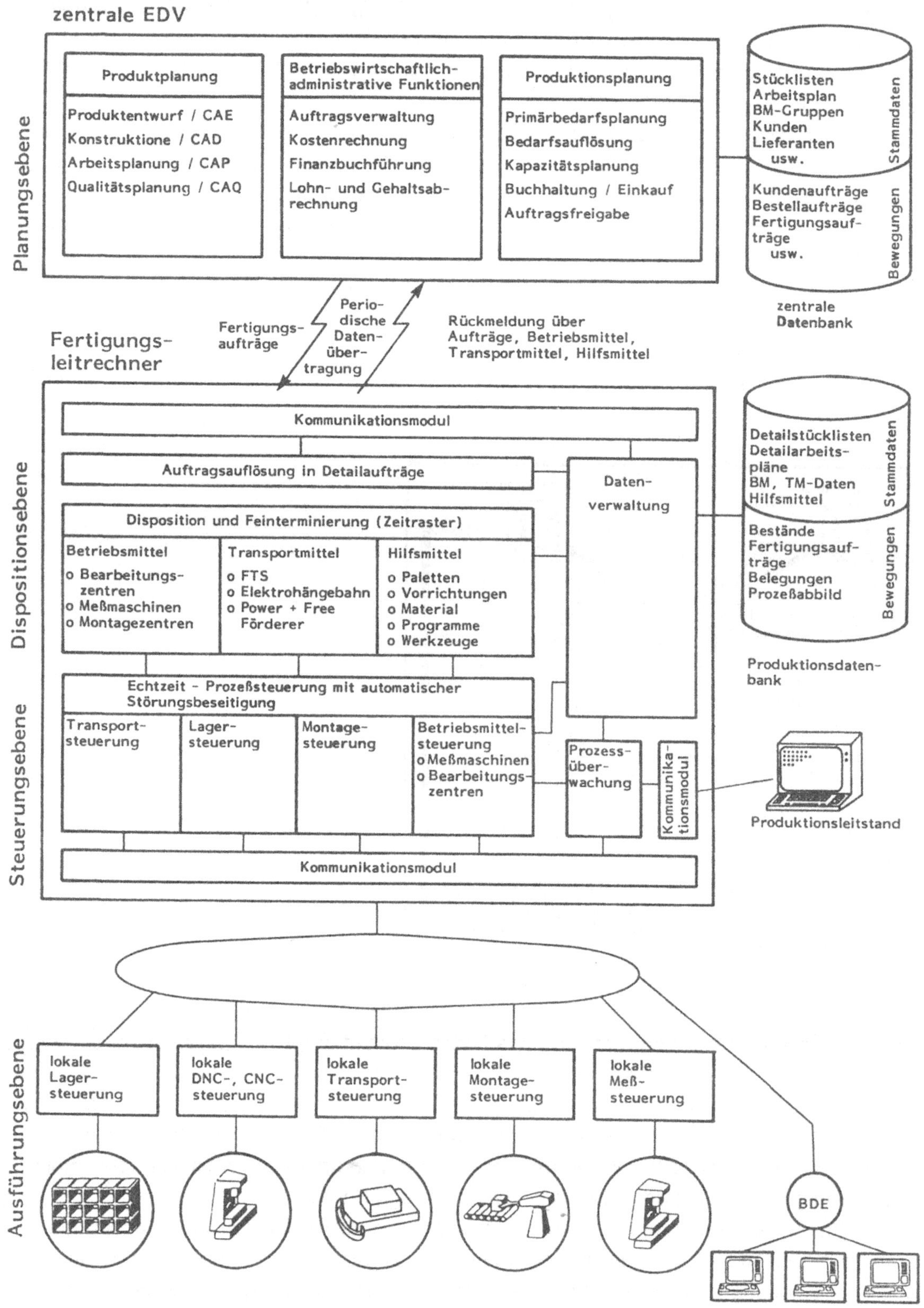

Bild 4: Funktionsaufteilung zwischen der zentralen EDV und dem Fertigungsleitrechner

Datenbanksysteme, die jeglichen Komfort in bezug auf Datenzugriffe zur Verfügung stellen.
Für die Planungsphasen und die betriebswirtschaftlich, administrativ orientierten Funktionen eines Produktionsplanungs- und -steuerungssystems werden aufgrund der unterschiedlichen Anforderungen an das Antwortverhalten des Rechners und an dessen Betriebssystems mehr kommerziell ausgerichtete Host-Rechner verwendet. Eine typische Funktionsaufteilung aller PPS-Komponenten (PPS: **P**roduktions**p**lanungs- und -**s**teuerungssystem) auf die zentrale EDV und einen Fertigungsleitrechner ist in Bild 4 dargestellt.
Dem Fertigungsleitrechner untergeordnet sind Steuerungsrechner für DNC-Systeme, Lager- und Transportsysteme sowie BDE-Stationen. Innerhalb von Inhouse-Netzen (Ringnetze oder Bussysteme) kann eine Vielzahl externer Geräte angeschlossen werden. Die Verknüpfung von „Insellösungen" für Entwicklung/Konstruktion, Arbeitsvorbereitung und Fertigungsprozeß über dezentrale, hierarchisch organisierte Rechnersysteme mit gemeinsamer Datenbasis führt zu einem integrierten EDV-System, welches als CIM (CIM: **C**omputer **I**ntegrated **M**anufacturing) bezeichnet wird.
Dieses Konzept beinhaltet die Integration des betriebswirtschaftlich administrativen und des technischen Informationssystems, sowohl bezüglich eines geschlossenen EDV-Konzepts als auch zur Nutzung betriebswirtschaftlicher Rationalisierungspotentiale. Für die Realisierung von CIM-Konzeptionen sind integrierte Fertigungseinrichtungen mit automatischer Versorgung und Entsorgung sowie offene Software-Systeme bereitzustellen, die sich an die gewachsene Organisationsstruktur unter Berücksichtigung eines gesteigerten Informationsvolumens anpassen lassen.

3. Komponenten zur Gestaltung materialflußgerechter Fertigungssysteme

Kleinere Losgrößen, hervorgerufen durch eine zunehmende Vielfalt an Produkten und kundenspezifisch anpaßbaren Produktvarianten lassen sich auf den bisher in vielen Betrieben noch anzutreffenden, starr automatisierten Fertigungsanlagen wegen des großen Umrüstaufwandes nur mit einem nahezu unvertretbar hohen Aufwand fertigen. Die Konkurrenzsituation zwingt jedoch gerade auf diesem Gebiet zu einer weitergehenden Automatisierung der Produktionsvorgänge, insbesondere unter Berücksichtigung des Arbeitskostenniveaus in der Bundesrepublik Deutschland, um auch zukünftig wirtschaftlich fertigen zu können.
Die Verknüpfung eines hohen Automatisierungsgrades mit hoher Flexibilität der verwendeten Fertigungs- und Fördermittel ist demnach eine Forderung mit zunehmend stärker werdender Bedeutung. Flexibilität setzt sich hierbei vor allem aus zwei Komponenten zusammen, die sich aus den Veränderungen der Produktionsbedingungen ableiten lassen:

- Unter der Flexibilität hinsichtlich der Produktvarianten ist die Anpassungsfähigkeit besonders der Fertigungs- und Materialflußkomponenten an die im System zu fertigenden unterschiedlichen Werkstücke in bezug auf Abmessungen, Gewichten und Bearbeitungsverfahren zu verstehen.
- Flexibilität gegenüber im System auftretenden Störungen bedeutet die Verbindung des „totalen" Systemzusammenbruchs durch Umplanungs- oder Umleitungspläne. Bei Systemen mit sich ersetzenden Maschinen dient hierzu die Verlagerung der Aufträge auf gleichwertige, nicht gestörte Fertigungsmittel. Bei sich ergänzenden Maschinen ist die Möglichkeit zur Aus- bzw. Wiedereinschleusung bereits begonnener Aufträge aus bzw. in das System zur externen Bearbeitung zu verstehen.

Unabhängig vom Einsatzgebiet flexibler Fertigungssysteme kann für das Materialflußsystem festgestellt werden, daß die anfangs eingesetzten Rollenbahnsysteme bei kleineren Anlagen weitgehend durch schienengeführte Transportwagen, bei größeren Systemen durch induktiv geführte Fahrzeuge abgelöst wurden (Bild 5). Die Hauptvorteile moderner Verkettungssysteme sind der vergleichsweise geringe Flächenbedarf und eine größere Flexibilität hinsichtlich Linienführung bzw. Maschinenaufstellung. Darüber hinaus ist die spätere Erweiterung dieser Transportsysteme ebenso möglich, wie eine Erhöhung der Transportkapazität durch Integration zusätzlicher Fahrzeuge.

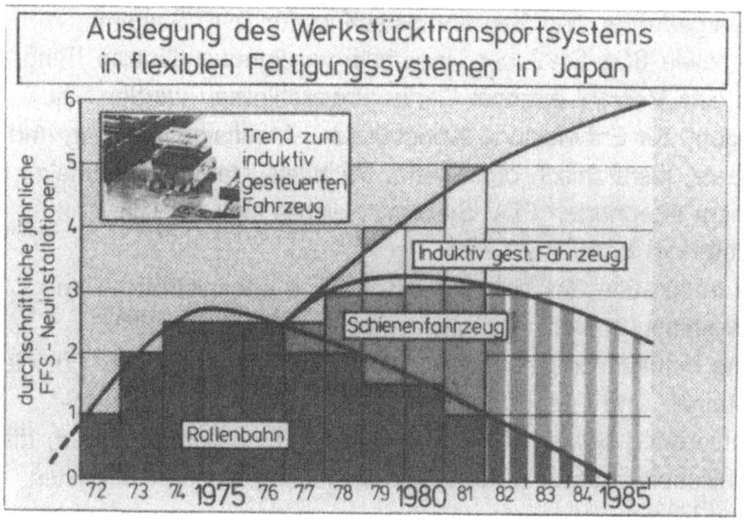

Bild 5: Entwicklung des Einsatzes unterschiedlicher Verkettungseinrichtungen in flexiblen Fertigungssystemen in Japan

Unter dem Gesichtspunkt „Funktionen-Integration" wird gegenwärtig am IPA eine weitergehende Lösung entwickelt und aufgebaut (Bild 6 und 7). Ein allein fahrendes Fahrzeug, das an einem Leitdraht induktiv geführt wird, trägt einen Industrieroboter; er bedient die Maschine, indem er den Auftrag (Werkstücke und Werkzeuge) an die Maschine bringt. Damit muß das maschinennahe Magazin nicht so groß sein, daß es eine längere Zeit

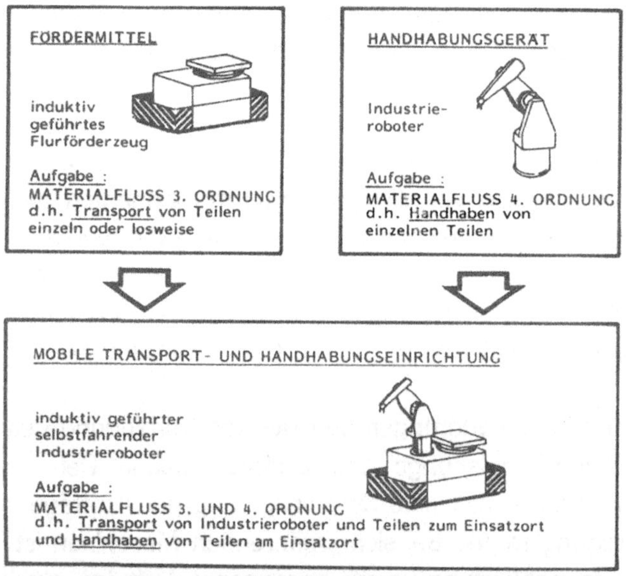

Bild 6: Integration von Transport- und Handhabungsfunktionen

Bild 7: Werkzeugversorgung eines Bearbeitungszentrums mit mobilem Industrieroboter (IPA — Versuchsaufbau)

überbrücken kann. Es wird automatisch vom Lager versorgt, an dem sich dieses Fahrzeug selbst bedienen kann. Das Ziel ist auch hier, die Nutzung der Anlagen zu steigern, um die Stückkosten zu senken.
Die Bemühungen um flexible Automatisierung werden sich in nächster Zukunft insbesondere auf den maschinennahen Werkstück- und Werkzeugfluß sowie die Gestaltung der zugehörigen materialfluß- und informationstechnischen Schnittstellen konzentrieren. Durch eine herstellerübergreifende Standardisierung rein betriebsmittelspezifischer Schnittstellen wie Palettenabmessungen oder -übergabehöhen sollte unabhängig vom Automatisierungsgrad des Gesamtsystems der Einsatz universeller Förder- und Förderhilfsmittel ermöglicht werden. Die Flexibilität der direkt mit den Werkstücken in Kontakt tretenden Teilelemente wie Handhabungsgreifer, Spannvorrichtungen, Werkstückaufnahmeelemente im Magazin läßt sich nicht beliebig steigern, insbesondere nicht zu vertretbaren Kosten. Eine praxisnahe Abhilfe ist daher eher von schnell wechsel- oder umrüstbaren Teilelementen zu erwarten.

4. Konzept eines automatischen Montagesystems mit hoher Flexibilität

Die Forderung nach hoher Flexibilität automatischer Montagesysteme kann von herkömmlichen automatischen Montagesystemen nicht erfüllt werden. Diese sind meist für die Montage eines Produktes in großen Stückzahlen ausgelegt. Produktänderungen oder zusätzliche Varianten, durch die sich oftmals auch der Montageablauf ändert, erfordern deshalb zumeist aufwendige Umbaumaßnahmen im bestehenden Montagesystem, sofern eine Anpassung des Montagesystems an die neuen Montageaufgaben überhaupt möglich ist. Nachfolgeprodukte können in den seltensten Fällen auf der bestehenden Anlage automatisch montiert werden.
Insbesondere bei kleineren und mittleren Serien sind jedoch automatische Systeme erforderlich, mit denen verschiedene Produkte montiert werden können, um eine ausreichende Auslastung zu erreichen.
Ein Mittel zur flexiblen Automatisierung ist sicherlich der Industrieroboter. Im Gegensatz zu anderen Fertigungsbereichen ist die Anzahl der eingesetzten Industrieroboter im Mon-

tagebereich vergleichsweise noch sehr gering, wie das in Bild 8 dargestellte Beispiel der Bundesrepublik Deutschland zeigt.
Aber auch der Einsatz von Industrierobotern im Montagesystem ist allein noch nicht ausreichend, um ein flexibles Gesamtsystem zu erhalten. Insbesondere im Montagebereich sind außer dem Industrieroboter eine Vielzahl von sogenannten peripheren Einrichtungen (z. B. Montagevorrichtungen, Werkzeuge, Teilebereitstellung etc.) notwendig. Es ist ebenso erforderlich, diese Peripherie sowie die Verkettungsstruktur flexibel zu gestalten, da nur dadurch die Flexibilität des Industrieroboters voll genutzt werden kann.

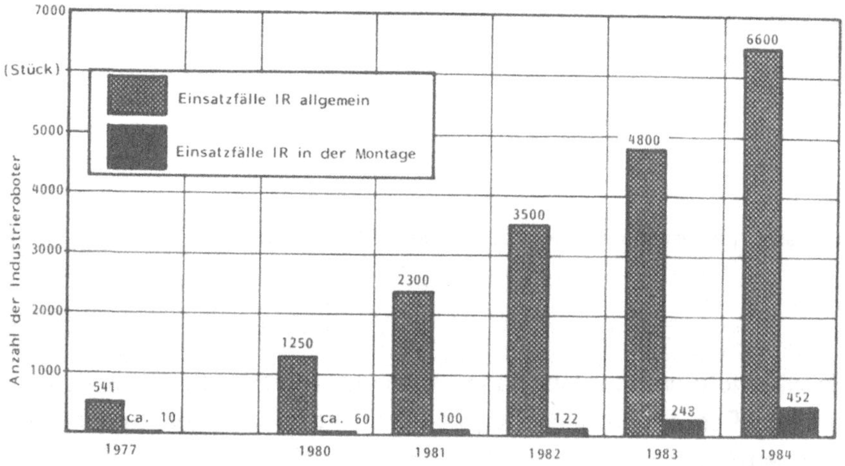

Bild 8: Industrieroboter in der Bundesrepublik Deutschland

Zur Lösung der erwähnten Problematik wurde am Fraunhofer Institut für Produktionstechnik und Automatisierung (IPA), Stuttgart, in Zusammenarbeit mit IBM das Konzept für ein vollautomatisches flexibles Montagesystem entwickelt. Im Vordergrund der Entwicklungsarbeiten standen höchstmöglicher Automatisierungsgrad bei höchstmöglicher Flexibilität des Montagesystems.
Die geforderten Eigenschaften des automatischen Montagesystems sind:
— automatischer Betrieb des Gesamtsystems in drei Schichten (**weitgehend** unbemannt),
— Montage unterschiedlicher Produkte bzw. Baugruppen in beliebigen Stückzahlen und Losgrößen,
— automatischer Materialfluß,
— automatische Umrüstung.
Das Ergebnis der Entwicklungsarbeiten ist das Konzept eines modular aufgebauten, flexiblen vollautomatischen Montagesystems (Bild 9), das die gestellten Anforderungen erfüllt. Alle Teilsysteme des Montagesystems arbeiten automatisch und sind weitestgehend produktunabhängig. Durch die flexible Verkettungsstruktur ist das Montagesystem weniger störanfällig und von bestimmten Montageabläufen unabhängig. Der automatische Materialfluß zwischen Lager bzw. vor- und nachgelagerten Fertigungssystemen und dem Montagesystem sowie die automatische Umrüstung der Teilsysteme für neue Aufgaben, ermöglicht den vollautomatischen Betrieb des Gesamtsystems.
Durch den modularen Systemaufbau läßt sich das Gesamtsystem an unterschiedlichste Aufgaben und Arbeitsumfänge anpassen, da dadurch einerseits der stufenweise Aufbau und andererseits die Integration von weiteren Teilsystemen möglich wird. Um die eigentliche Aufgabe des Montagesystems — die automatische Montage unterschiedlicher Baugruppen bzw. Produkte — zu ermöglichen, ist ein umfangreiches Materialflußsystem für die automatische Teilebereitstellung und automatische Umrüstung erforderlich.

Da das Gesamtkonzept, insbesondere durch dieses System bestimmt wird, soll dies zunächst beschrieben werden. Die Auslegung des Materialflusses wurde bestimmt durch eine wichtige Grundregel für die automatische Produktion: **„Die einmal hergestellte definierte Lage eines Werkstücks sollte nicht vor Beendigung aller durchzuführenden Arbeitsgänge ohne zwingenden Grund aufgegeben werden".**

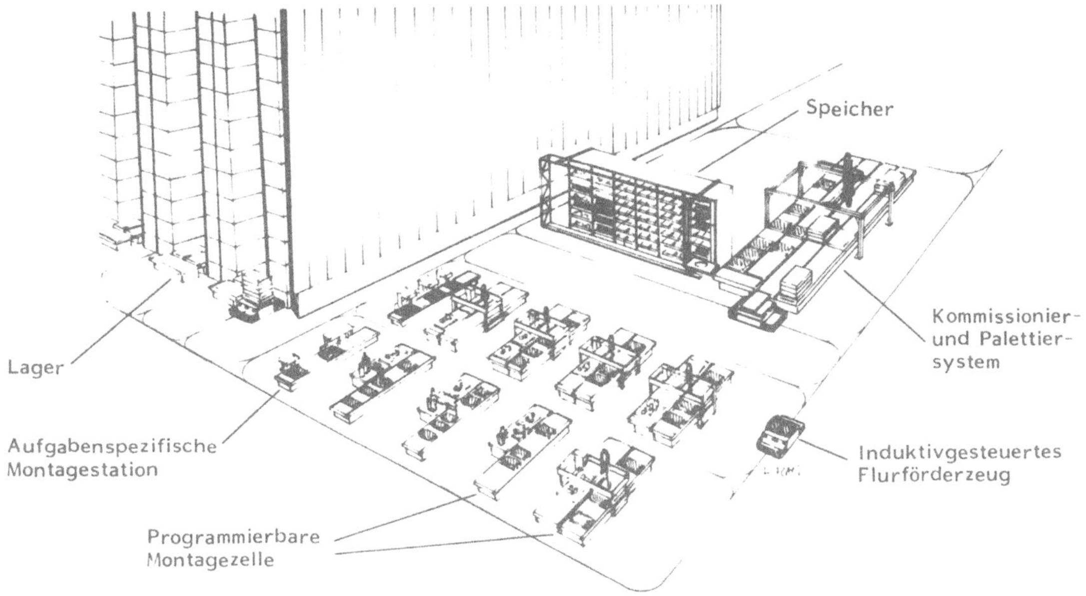

Bild 9: Flexibles automatisches Montagesystem

Die Verkettung der einzelnen Teilsysteme und Stationen sowie der Materialfluß zwischen dem Montagesystem und dem Lager bzw. den vor- und nachgelagerten Fertigungsbereichen erfolgt durch ein flexibles Fördersystem. Es ist ausgelegt für den Transport von Systempaletten, Werkzeug- und Vorrichtungspaletten sowie Europaletten.

Das flexible Fördersystem besteht aus induktiv geführten Flurförderzeugen, die mit Rollen ausgerüstet sind für die automatische Übergabe und Übernahme von Paletten. Die Vorteile eines Fördersystems mit induktiv geführten Flurförderzeugen sind:

- einfache Erweiterungsfähigkeit des Fördersystems,
- hohe Verfügbarkeit, da der Ausfall eines einzelnen Fahrzeugs nicht den ganzen Transportfluß blockiert,
- kurzfristige Dispositionsmöglichkeit, d. h. Zielort oder Fahrweg können jederzeit umdisponiert werden,
- Anbindung auch von weit entfernten Produktionsbereichen,
- hohe Kompatibilität,
- integrierbar in bestehende Produktionsanlagen, ohne die Zugänglichkeit zu beeinflussen.

Der Speicher im Montagesystem hat die Aufgabe, Werkstücke (auf Paletten) vor, zwischen oder auch nach Beendigung der einzelnen Produktionsschritte für eine bestimmte Zeit aufzunehmen sowie die momentan nicht eingesetzten Werkzeug- und Vorrichtungspaletten zu lagern. Da er aufgrund der flexiblen Verkettungsstruktur bei Bedarf in die Verkettung einbezogen wird, kann er außer als reiner Vorratsspeicher auch als Störungsspeicher, also Puffer, sowohl für die einzelnen Teilsysteme als auch für das gesamte Montagesystem gegenüber angrenzenden Bereichen (Lager, Produktion) eingesetzt werden.

Der Speicher besteht aus einem Regel mit programmierbarem Regalbediengerät, das den wahlfreien Zugriff zu den einzelnen Speicherplätzen ermöglicht.
Um einen automatischen Materialfluß zwischen Lager und Montageroboter zu ermöglichen, müssen die Werkstücke, die auf Europaletten gelagert werden, automatisch auf Systempaletten umgesetzt werden. Voraussetzung für eine automatische Umsetzung, d. h. Kommissionierung bzw. Palettierung ist eine handhabungsgerechte Verpackung der Werkstücke, wie sie durch das Werkstückmagazin sichergestellt wird. Kern des Teilsystems für die Kommissionierung und Palettierung ist der Palettierroboter für die automatische Handhabung der Werkstückmagazine. Es wurde ein Industrieroboter mit Portalaufbau gewählt, da diese Bauform einen für die Aufgabenstellung optimalen Arbeitsraum des Industrieroboters ermöglicht.

5. Integration erfordert ganzheitliche Systembetrachtung

Die Vielzahl von Zielkonflikten in der Produktion (Bild 10) zeigt, daß die Wettbewerbsfähigkeit eines Produktionsbetriebs durch teiloptimale Lösungen nur begrenzt erhalten werden kann. Deswegen ist die Betrachtung des gesamten Produktionssystems erforderlich, da eine Lösung aller Zielkonflikte nur durch gesamtheitliche Betrachtung aller direkt oder indirekt am Produktionsprozeß beteiligten Bereiche eines Unternehmens möglich ist.

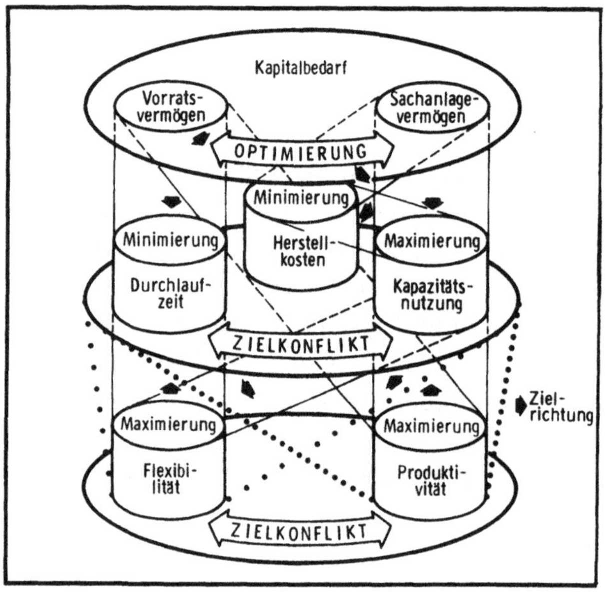

Bild 10: Optimierung des Kapitalbedarfs innerhalb des Zielsystems der Produktion

Die Fabrik der Zukunft ist dadurch gekennzeichnet, daß im Team und simultan zwischen den Fachbereichen zusammengearbeitet werden muß. Wir haben es einmal etwas provozierend dargestellt — mit deutscher Sicht und japanischer Sicht (Bild 11). Links im Bild schaut jeder Deutsche aus seinem Blickwinkel auf das Problemfeld, die Japaner betrachten es rundherum.
Gegenüber den im „großen Stil" errichteten rechnergeführten Fertigungssystemen bzw. vollautomatisierten Fabriken, die in Japan und in den USA realisiert wurden, erscheint im vorwiegend mittelständisch strukturierten Maschinenbau in Deutschland ein schrittweiser Zugang zur hochautomatisierten, flexiblen Fertigung der gangbare Weg. Sowohl bei den Bearbeitungssystemen wie auch im Materialflußsystem können verschiedene Automatisie-

rungsstufen mit dem Ziel der verketteten rechnerintegrierten flexiblen Fertigung sukzessive durchlaufen werden.

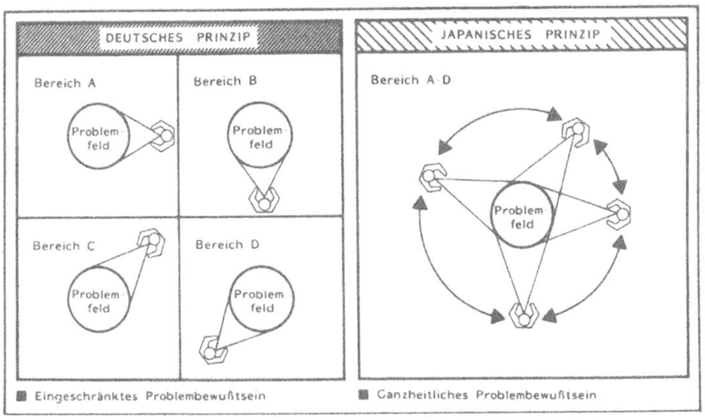

Bild 11: Formen der Problembetrachtung

Wegen der Bedeutung der ganzheitlichen Gestaltung von Material- und Informationsfluß sowie der heute technisch gegebenen Möglichkeiten und Hilfsmittel müssen auch hinsichtlich der Aufbauorganisation von Unternehmen neue Überlegungen angestellt werden. Ein Schritt in die aufgezeigte Richtung wäre die Bildung der Verantwortungsbereiche „Materialfluß-Management" oder „Material-Logistik" und „Informationsfluß-Management" oder „Informations-Logistik". Kapitalbedarf und Liquidität, Kosten, Termine und Wettbewerbsfähigkeit könnten dadurch besser „im Griff" gehalten werden.